金融科技系列

金融软件测试

从入门到实践

中电金信质量安全团队◉著

FOUNDATIONS OF FINANCIAL SOFTWARE TESTING

人民邮电出版社
北京

图书在版编目（CIP）数据

金融软件测试从入门到实践 / 中电金信质量安全团队著. -- 北京 : 人民邮电出版社, 2024.5
（金融科技系列）
ISBN 978-7-115-62502-1

Ⅰ. ①金… Ⅱ. ①中… Ⅲ. ①金融－应用软件－测试
Ⅳ. ①TP311.55

中国国家版本馆CIP数据核字(2023)第154467号

内容提要

随着社会的不断进步，各行各业都在拥抱数字化转型，软件的应用规模不断扩大，普及率呈现大幅度上升的趋势。软件测试是保障软件质量的重要环节，金融软件测试更是金融业务与测试技术融合的重要领域。

本书通过 9 章内容，深入浅出地介绍了金融软件测试的基础知识、常用工具、相关标准、项目管理知识、用例设计方法、执行方法、报告编写等内容，并通过银行国际业务测试项目实战带领读者全面复盘所学知识和相关技巧。

本书围绕金融软件测试进行讲解，帮助读者理解基础知识，掌握实践技能。本书适合金融软件测试领域的从业者、软件测试专业的师生以及想了解或进入该行业的相关人员阅读。

◆ 著　　　　中电金信质量安全团队
责任编辑　胡俊英
责任印制　王　郁　焦志炜

◆ 人民邮电出版社出版发行　　北京市丰台区成寿寺路 11 号
邮编　100164　　电子邮件　315@ptpress.com.cn
网址　https://www.ptpress.com.cn
三河市君旺印务有限公司印刷

◆ 开本：800×1000　1/16
印张：19.75　　　　2024 年 5 月第 1 版
字数：392 千字　　　2024 年 5 月河北第 1 次印刷

定价：89.80 元

读者服务热线：(010)81055410　印装质量热线：(010)81055316
反盗版热线：(010)81055315
广告经营许可证：京东市监广登字 20170147 号

编委会

前言

随着互联网的快速发展，软件的应用规模不断扩大，其复杂度大幅提升，各行各业在加快数字化转型步伐的同时，对于软件研发项目标准化建设愈加重视，投入力度越来越大。软件测试是软件研发项目全生命周期中用于保障软件质量的重要环节，金融软件测试更是金融业务与测试技术融合的重要领域。

随着 IT 在金融行业的广泛应用，金融行业的业务量不断增加，交易模式也在不断变化，金融机构对信息化的要求也越来越高，软件测试已经成为支撑金融机构转型发展、保障产品和服务质量、提升客户满意度、控制金融风险的重要手段。在金融 IT 发展的进程中，金融软件测试的价值将进一步得到体现，成为促进金融业务发展的新动能。

目前市面上已经出版了一些软件测试相关的优质图书，但与金融软件测试相关的图书却比较少见。金融软件测试在传统软件测试的基础上增加了金融行业属性，因此对软件测试有更加细致的要求。金融业务领域较为广泛，包括银行、保险、信托、证券、基金、互联网金融等。由于金融业务系统以及相关联的系统通常比较复杂，因此对金融软件测试人员的业务能力和技术能力的要求也相对较高。鉴于此，我们着力编写了这本金融业务知识与金融软件测试相结合的书。希望读者能通过本书学习到金融软件测试的基础知识和必要的实践技能，成为优秀的金融软件测试工程师。

本书的读者对象

本书特别注重理论与实践相结合，期望读者既能领会金融软件测试的知识和方法，又能将这些知识和方法应用到实际工作中去。本书适用于以下类型的读者：

- 有意将金融软件测试作为其全职工作的人员或金融软件测试爱好者；
- 计算机应用、计算机软件、软件工程、软件测试等专业的师生；
- 想要改变职业赛道，转入金融软件测试领域的人员；
- 希望增强金融软件测试领域知识的人员，包括软件测试人员、开发人员、项目经理、软件开发团队的其他人员等。

本书的组织方式

本书将金融软件测试的相关知识分 9 章展开，具体介绍如下。

第 1 章，“金融软件测试概述”，介绍软件测试的发展历程、软件测试的分类、软件测试常见模型，并进一步聚焦金融软件测试，介绍其发展历程、测试类型及人才培养思路等。通过本章的学习，读者会对金融软件测试有初步的了解和认识。

第 2 章，“金融软件测试基础知识”，介绍金融软件功能测试、金融软件非功能测试和互联网金融软件测试的基础知识。通过本章的学习，读者会了解金融软件功能测试、非功能测试的流程和方法，并加深对传统金融软件测试和互联网金融软件测试的认识。

第 3 章，“常用软件测试工具”，重点介绍中电金信软件有限公司自研的 4 类金融软件测试工具。通过本章的学习，读者会了解到相关工具在金融软件测试中的使用方法。

第 4 章，“测试准入准出标准”，介绍什么情况下可以开始当前版本的测试工作，什么情况下可以结束当前版本的测试工作。通过本章的学习，读者会了解到金融软件功能测试和非功能测试的准入准出标准。

第 5 章，“金融软件测试项目管理”，介绍金融软件测试项目管理方法、软件测试流程、项目评审流程、需求变更流程、缺陷管理流程、测试轮次管理、测试参数管理、测试数据管理等项目管理知识。通过本章的学习，读者会对金融软件测试项目管理的方法论有初步的了解和认识。

第 6 章，“金融软件测试用例设计方法”，介绍金融软件测试用例要素、常规功能测试用例设计方法、功能测试和非功能测试用例设计。通过本章的学习，再结合实际的金融软件测试案例，读者可以对每种测试用例设计方法和测试用例设计场景有更深的理解。

第 7 章，“金融软件测试执行”，介绍金融软件测试项目中功能测试执行和非功能测试执行的具体流程和操作方法，测试执行是测试过程中的核心环节。

第 8 章，“金融软件测试报告编写”，介绍如何编写测试报告，如何在测试报告中进行缺陷统计等。通过本章的学习，读者可以了解测试报告的主要内容以及如何编写一份规范的测试报告。

第 9 章，“银行国际业务测试项目实战”，通过实际的金融软件测试项目将前面章节的知识串联起来。通过本章的学习，读者可以深入了解金融软件项目的整个测试过程。

每章的开篇都设计了导读部分，使读者能够在较短的时间内对整章的内容有概括性的了解。本书还提供了一些有针对性的思考和练习题（配套答案可通过异步社区获取），能帮助读者更加全面和深入地掌握相关章节的内容。

本书用到的测试工具

本书用到的测试工具为中电金信软件有限公司（以下简称“中电金信”）的自研产品，分别是测试质量管理工具、自动化测试工具、性能测试工具和测试数据管理工具。

对于以上测试工具的使用，中电金信提供了公有云按需租用、产品购买&线下部署、测试人力服务、项目合作&定制化开发 4 种合作模式：

- 公有云按需租用是指客户可根据项目需求，评估所需服务器体量、设备数量等，租用相关工具；
- 产品购买&线下部署是指客户可购买产品（使用许可），然后由中电金信提供线下部署、维护和升级服务；
- 测试人力服务是指客户将测试业务和需求提交给中电金信，由中电金信提供专业测试人员及测试工具，并按时测试交付；
- 项目合作&定制化开发是指中电金信根据客户提出的定制化需求向其提供定制开发服务。

如您需要任何咨询或合作，可通过邮件联系我们，邮箱地址为 dehao.duan@gientech.com；也可拨打我们的咨询热线 4000209900。

致谢

非常感谢人民邮电出版社的相关工作人员，他们为本书的出版做了大量的工作。

本书的编写和整理工作由中电金信完成，编委会的全体人员在近一年的编写过程中付出了辛勤的劳动，在此一并表示衷心的感谢。

在写作过程中，本书参考了相关的图书、网络技术资料、文章及同行的心得，在此向这些内容的贡献者表示感谢！

资源与支持

资源获取

本书提供如下资源：

- 本书思维导图；
- 各章思考和练习题的答案；
- 配套彩图文件；
- 异步社区 7 天 VIP 会员。

要获得以上资源，您可以扫描下方二维码，根据指引领取。

提交勘误

作者和编辑尽最大努力来确保书中内容的准确性，但难免会存在疏漏。欢迎您将发现的问题反馈给我们，帮助我们提升图书的质量。

当您发现错误时，请登录异步社区（https://www.epubit.com/），按书名搜索，进入本书页面，单击“发表勘误”，输入勘误信息，单击“提交勘误”按钮即可（见右图）。本书的作者和编辑会对您提交的勘误进行审核，确认并接受后，您将获赠异步社区的 100 积分。积分可用于在异步社区兑换优惠券、样书或奖品。

与我们联系

我们的联系邮箱是 contact@epubit.com.cn。

如果您对本书有任何疑问或建议，请您发邮件给我们，并请在邮件标题中注明本书书名，以便我们更高效地做出反馈。

如果您有兴趣出版图书、录制教学视频，或者参与图书翻译、技术审校等工作，可以发邮件给我们。

如果您所在的学校、培训机构或企业，想批量购买本书或异步社区出版的其他图书，也可以发邮件给我们。

如果您在网上发现有针对异步社区出品图书的各种形式的盗版行为，包括对图书全部或部分内容的非授权传播，请您将怀疑有侵权行为的链接发邮件给我们。您的这一举动是对作者权益的保护，也是我们持续为您提供有价值的内容的动力之源。

关于异步社区和异步图书

“异步社区”是由人民邮电出版社创办的 IT 专业图书社区，于 2015 年 8 月上线运营，致力于优质内容的出版和分享，为读者提供高品质的学习内容，为作译者提供专业的出版服务，实现作者与读者在线交流互动，以及传统出版与数字出版的融合发展。

“异步图书”是异步社区策划出版的精品 IT 图书的品牌，依托于人民邮电出版社在计算机图书领域的发展与积淀。异步图书面向 IT 行业以及各行业使用 IT 的用户。

目录

01

第1章 金融软件测试概述

本章导读

本章主要介绍软件测试发展、软件测试分类、软件测试模型以及金融软件测试发展、金融软件测试类型等内容。通过对本章知识的学习，您应该能够对金融软件测试有初步的了解和认识，为后续学习做好准备。

1.1 软件测试概述

1.1.1 软件测试发展

随着互联网的快速发展，软件的规模不断扩大，复杂程度大幅度提升，用户对软件质量的要求也越来越高。除了基本的功能需求，用户对软件的性能以及数据安全性等方面的要求也越来越高。在软件的整个研发过程中，开发人员的开发工作非常重要，测试人员的测试工作更是保证软件质量的关键。

软件测试是伴随着软件开发而产生的。软件测试发展到现在大致经历了5个重要的时期，在每个时期，人们对软件测试都有着不同的认识和理解，对软件测试的定义也有所不同。

1.1.1.1 第一个时期（1957年之前）：调试为主

20世纪50年代，那时候软件自身的规模很小、复杂度低，通常由开发人员自己承担需求分析、设计、开发和测试等工作。软件开发的过程混乱无序、相当随意，还没有明确的测试概念。开发人员误以为测试等同于调试，目的都是纠正软件中已经知道的故障，常常自己完成这部分工作，但实际上这部分工作不能算是真正的软件测试。这个时期对测试的投入极少，测试介入得比较晚，常常是等到形成代码，产品已经基本定型时才进行测试。

1.1.1.2 第二个时期（1957～1978 年）：证明为主

1957 年，Charles L. Baker 在《软件测试发展》一书中对调试和测试进行了区分：调试是确保程序做了程序员想让它做的事情；测试是确保程序解决了它该解决的问题。这是软件测试史上一个重要的里程碑，它标志着测试终于自立门户了。这个时期计算机应用的数量、成本和复杂性都大幅度提升，测试的重要性也大大增强，这个时期测试的主要目的就是证明软件是满足要求的，也就是说"做了该做的事情"。

1.1.1.3 第三个时期（1979～1982 年）：破坏为主

1979 年，Glenford J. Myers 在测试界的经典之作《软件测试的艺术》（*The Art of Software Testing*）一书中对测试重新进行了定义："测试是为发现错误而执行程序的过程"。因此不要只是为了证明程序能够正确运行而去测试软件；相反，应该一开始就假设软件中隐藏着错误，然后去测试程序，发现尽可能多的错误。这个观点较之前以证明为主的观点，有很大的进步，也被称为"证伪"。它暗示了软件测试是一个具有破坏性的过程，这意味着我们不仅要证明软件做了该做的事情，也要证明它没做不该做的事情，这样才会使软件测试更加全面，更容易发现问题。这个时期的测试目的主要是找出软件中潜在的错误，所以说它是以破坏为主的。这也使得软件测试和软件开发独立开来，测试需要更为专业的人员进行。

1.1.1.4 第四个时期（1983～1987 年）：评估为主

1983 年，Bill Hetzel 在《软件测试完全指南》（*The Complete Guide of Software Testing*）一书中指出，"测试是以评价一个程序或者系统属性为目标的任何一种活动。测试是对软件质量的度量"。软件测试的定义又发生了改变，测试不单纯是一个发现错误的过程，还作为软件质量保证（Software Quality Assurance，SQA）的主要职能，包含软件质量评价的内容。

在这个时期，软件规模逐渐扩大、复杂度越来越高，人们开始为软件开发设计各种流程和管理方法，并提出了在软件生命周期中通过分析、评审、测试来评估产品的理论，软件测试工程在这个时期得到了快速的发展，并且形成了行业标准（IEEE/ANSI）。1983 年 IEEE 在软件工程术语中给软件测试赋予了新的定义，即"使用人工或自动的手段来运行或测定某个软件系统的过程，其目的在于检验它是否满足规定的需求或弄清预期结果与实际结果之间的差别”。这个定义明确指出软件测试的目的是检验软件系统是否满足需求。软件测试不再只是开发后期的活动，而与整个开发流程融合成一体。

1.1.1.5 第五个时期（1988 年至今）：预防为主

在这个时期，人们已经开始意识到，软件测试不应该仅是事后用来证明软件是对的或是不对的，而应该走向前端，进行缺陷预防。Dave Gelperin 和 Bill Hetzel 在 1988 年发表的一篇名为《软件测试的发展》（“The Growth of Software Testing”）的文章中提到：预防为主是当下软件测试的主流思想之一。STEP（Systematic Test and Evaluation Process，系统化测试和评估过程）是最早以预防为主的生命周期模型，STEP 认为测试与开发是并行的，整个测试的生命周期是由计划、分析、设计、开发、执行和维护组成的。也就是说，软件测试不是在开发完成后才开始介入，而是贯穿于整个软件生命周期。我们都知道，没有 100%完美的软件，零缺陷是不可能的，所以我们要做的是尽量早地介入，尽量早地发现明显的或隐藏的缺陷，发现得越早，缺陷修复的成本就越低，产生的风险也越小。

1.1.2 软件测试分类

软件测试是一项复杂的工程，软件测试方法种类繁多，有白盒测试、黑盒测试、静态测试、动态测试、集成测试、功能测试等。从不同的角度考虑可以有不同的划分方法，对软件测试进行分类是为了更好地明确软件测试的过程，了解软件测试究竟要完成哪些工作，尽量做到全面测试。本书也从不同的角度对软件测试进行了划分，详情可参见表 1-1。

表 1-1 软件测试分类

序号	分类方法	具体划分
1	测试设计方法	黑盒测试、白盒测试、灰盒测试
2	测试阶段	单元测试、集成测试、系统测试、验收测试
3	是否手工执行	手工测试、自动化测试
4	测试方向	功能测试、性能测试、安全测试等
5	测试状态	静态测试、动态测试
6	其他测试	冒烟测试、回归测试等

接下来针对表 1-1 中的软件测试分类，分别做相应的介绍。

（1）按照测试设计方法进行分类，软件测试主要分为以下 3 种。

- 黑盒测试：又称数据驱动的测试或输入输出驱动的测试。它把测试对象当成一个看不见的黑盒子，在完全不考虑程序内部结构和处理过程的情况下，测试者仅依据程序功能的需求规范，确定测试用例和推断测试结果的正确性。它是站在使用软件或程序的角度，从输入数据与输出数据的对应关系出发进行的测试。黑盒测试注重于测试软件的功能性需求，着眼于程序外部结构，不考虑内部逻辑结构。
- 白盒测试：又称结构测试或逻辑驱动测试，是一种按照程序内部逻辑结构和编码结构，设计测试数据并完成测试的一种测试方法。测试者可以看到软件系统的内部结构，清楚盒子内部的东西以及内部是如何运作的，可以使用软件的内部结构和知识来指导测试数据及测试方法的选择。
- 灰盒测试：是介于黑盒测试与白盒测试之间的一种综合测试方法，是基于程序运行时的外部表现，同时结合程序内部逻辑结构来设计测试用例、执行程序并采集程序路径执行信息和外部用户接口结果的测试技术。

（2）按照测试阶段进行分类，软件测试主要分为以下 4 种。

- 单元测试：又称模块测试，是针对软件设计的最小单元（程序模块或函数等）进行正确性检验的测试工作。目的在于检验程序模块或函数等是否存在各种差错，是否能正确地实现其功能。
- 集成测试：又称组装测试或联合测试，其在单元测试的基础上，将所有已经通过单元测试的模块按照设计要求组装成子系统或系统进行测试。集成测试主要用来检查各个单元模块结合到一起能否系统性地配合并正常运行。
- 系统测试：是将整个软件系统看作一个整体进行的测试，需要对功能、性能，以及软件所运行的软件和硬件环境等进行测试。系统测试的主要依据是“系统需求规格说明书”。
- 验收测试：是在系统测试之后进行的测试，以用户测试为主，或由质量保障人员共同参与，是软件正式交给用户使用前的最后一道工序。验收测试的目的是确保软件准备就绪，并且可以让最终用户将其用于执行软件的既定功能和任务。

（3）按照是否手工执行进行分类，软件测试主要分为以下两种。

- 手工测试：不使用任何测试工具，由测试人员逐个执行事先设计好的测试用例，通过键盘、鼠标等输入一些参数来测试系统各功能模块，对比软件返回的实际结果是否与测试用例中的预期结果一致。在手工测试中，每个需要测试/验证的功能点都需要人为地逐个验证。当软件经过版本迭代后需要进行回归测试时，使用手工测试效率相对较低，但目前手工测试仍然是无法被替代的一种测试方法。

- 自动化测试：把手工执行的测试过程，转变成机器自动执行的测试过程。通常我们所说的自动化测试是指功能自动化测试，即通过自动化测试工具或其他手段，按照测试人员的测试计划进行自动化测试。相对于手工测试而言，自动化测试主要体现在自动化测试工具，通过编写代码模拟人工操作，这样就可以通过重复执行程序来进行重复的测试。如果软件有一小部分发生改变，只需要修改一小部分代码，就可以重复对软件进行自动化测试，这样可以减少手工测试的工作量，提高测试效率和软件质量。

（4）按照测试方向进行分类，软件测试主要分为以下 3 种。

- 功能测试：检查软件系统各个功能模块的实际功能是否符合用户的需求。测试的大部分工作主要围绕软件的功能进行。功能测试又可以细分为界面测试、易用性测试、安装测试、兼容性测试等。
- 性能测试：验证软件系统的性能是否满足需求规格说明书中给定的指标要求。性能测试主要是通过性能测试工具模拟多种正常、峰值以及异常负载条件来对系统的各项性能指标进行测试。
- 安全测试：对软件产品进行测试以确保产品符合安全需求定义和产品质量标准。

（5）按照测试状态进行分类，软件测试主要分为以下两种。

- 静态测试：指不实际运行被测软件程序，只是通过代码检查、文档评审、程序分析等手段对被测软件进行检测的技术。
- 动态测试：指通过运行和使用被测软件程序，输入相应的测试数据来检查实际运行结果和预期结果是否一致的技术。动态测试是目前企业实施项目测试的主要方式。

除了以上几种分类中所涉及的测试类型以外，在实际测试中我们还会遇到诸如冒烟测试（指正式测试前的测试，目的是检查软件是否具备可测试性，确保软件的基本功能正常）和回归测试（指修改旧代码后，重新进行测试以确认修改后没有引入新的错误或导致其他代码产生错误）等其他测试。每一种测试都有各自的特点和适用场景，通过对本节的学习，读者可以结合平时所测项目对本节内容加以理解和应用。

1.1.3 软件测试模型

软件测试在软件的生命周期中占有重要地位，它能发现程序中的错误、降低代码出错风险、保证代码质量。在传统的瀑布模型中，软件测试只是其阶段性工作的一部分——进行代码的测试。而在现代化软件工程中，软件测试是贯穿整个软件生命周期，保证软件质量的重要手段之一，是软件工程化非常重要的一个环节。

在软件开发的实践过程中，人们总结出很多软件开发生命周期模型，这些模型都有其独特的阶段，都给特定的软件开发项目或团队带来了有利和不利的影响，比较典型的软件开发生命周期模型有边做边改模型、瀑布模型、快速原型模型、螺旋模型、增量模型、演化模型、喷泉模型、智能模型、混合模型、RAD（Rapid Application Development，快速应用开发）模型以及基于网络、面向对象的 RUP（Rational Unified Process，统一软件开发过程）模型。但这些软件开发生命周期模型没有给予测试足够的重视和诠释，所以才会有软件测试模型的诞生。这些软件测试模型兼顾了软件开发过程，对开发和测试做了很好的融合。这些软件测试模型将测试活动进行了抽象，明确了测试与开发之间的关系，是测试管理的重要参考依据。本节主要介绍以下几种软件测试模型，分别为瀑布模型、V 模型、W 模型、H 模型和敏捷模型。

1.1.3.1 瀑布模型

瀑布模型由瀑布开发模型演变而来，是面向过程的软件测试模型。在软件项目的整个阶段，图 1-1 所示的瀑布模型分为制订可行性计划、需求分析、系统设计、软件编码、软件测试和运维 6 个基本阶段。其过程是将上一阶段接收的工作对象作为输入，当该阶段完成后会输出该阶段的工作成果，并将该阶段的工作成果作为下一阶段的输入。该模型规定这 6 个基本阶段自上而下、相互衔接，如同瀑布流水，逐级下落。从本质上讲，它是一个软件开发架构，开发过程是通过一系列阶段顺序展开的，从需求分析直到产品发布和维护。如果在其中某个阶段有信息未被覆盖或有问题，就要返回到上一阶段，并对该阶段进行适当的修改才能进入下一阶段。这样每个阶段都会产生循环反馈，开发过程从一个阶段“流动”到下一阶段，这也是瀑布模型名称的由来。

瀑布模型强调阶段的划分和各阶段工作及其文档的完备性，并要求每个阶段都有相应的检查点，当前阶段完成后，方可进入下一阶段。对于用户需求非常明确，并且在开发过程中没有或很少有变化的项目来说，正确使用瀑布模型可以提高效率、节省时间和降低成本。但在实际的项目开发过程中，项目的需求可能会经常变更，针对这种情况，采用瀑布模型有些不切实际。在瀑布模型中，由于每个阶段严格按照线性方式来执行，用户只有在整个阶段的后期才能见到开发的成果，而且在需求分析或系统设计中出现的错误也只能在项目后期的软件测试中才能够被发现，在无形中增加了项目开发的风险，从而导致后期修复成本的增加和更为严重的后果出现。

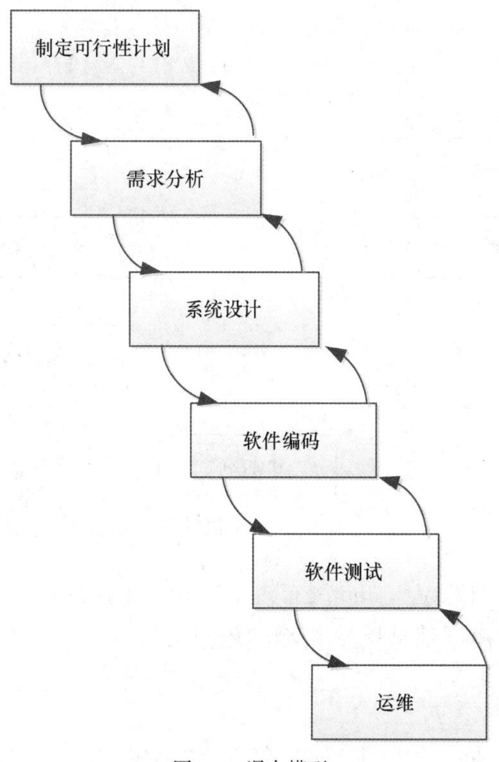

图 1-1 瀑布模型

1.1.3.2 V 模型

V 模型是瀑布模型的变种，最早是由已故的 Paul Rook 在 20 世纪 80 年代后期提出的，目的在于提高软件开发的效率，改善软件开发的效果。它不再把软件测试看作一个事后的弥补行为，而是将其作为一个与开发同等重要的过程，反映了软件测试与分析、设计、编码的紧密关系。在图 1-2 所示的 V 模型中，从左至右分别描述了基本的软件开发过程和测试过程，左边是开发过程的各个阶段，右边是测试过程的各个阶段。图 1-2 中明确地标注了测试过程中存在的不同类型的测试及其与相应开发阶段的对应关系，将测试过程加在开发过程的后半部分，每一个开发阶段都对应一种类型的测试，使每一个开发阶段都能够被检测到。

V 模型常常忽视了软件测试对需求分析、概要设计等阶段的验证和确认。由于软件测试介入较晚，只能在软件开发结束之后才开始，没有涉及需求分析、概要设计、详细设计等前期工作，因此不能发现这些前期工作产生的缺陷，这些缺陷往往在后期的系统测试和验收测试中才能被发现，从而导致软件修复的代价增加。

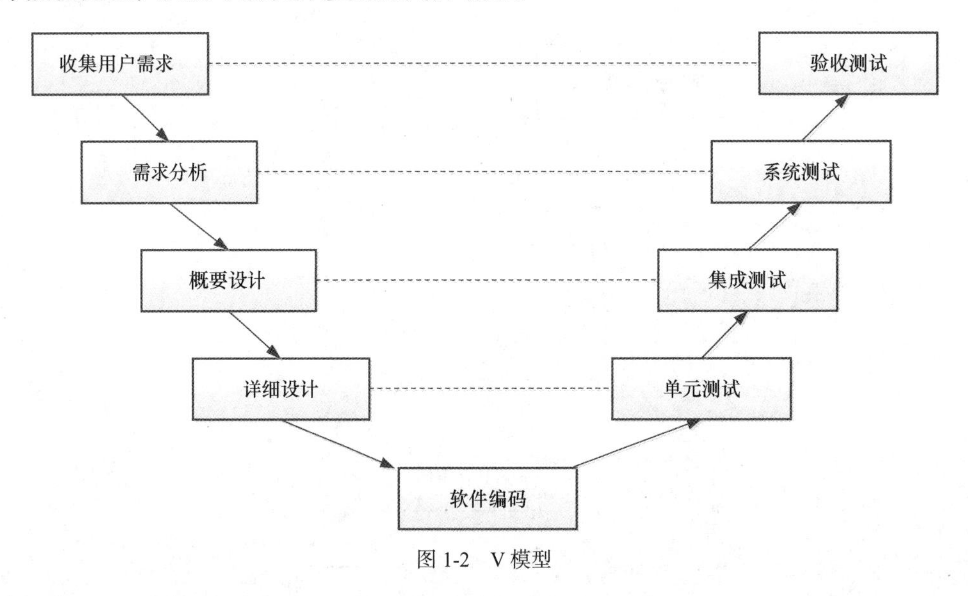

图 1-2 V 模型

V 模型在测试模型中的地位，如同瀑布模型在开发生命周期模型中的地位，是一种最基础的测试模型，其他测试模型都是从 V 模型演化而来的。

1.1.3.3 W 模型

W 模型是 V 模型的扩展，相对于 V 模型，W 模型更加科学。W 模型在 V 模型的基础上增加了软件各开发阶段应同步进行的测试，强调测试伴随着整个软件开发生命周期，而且测试的对象不仅仅是软件，需求、功能和设计同样需要测试。从图 1-3 中可以看到，W 模型由两个 V 模型组成，也称双 V 模型，开发是一个“V”，测试是与开发并行的“V”。W 模型与 V 模型的不同之处在于，W 模型中的测试是从需求分析开始的，软件测试人员在需求分析阶段就参与项目测试，而不是等到软件编码完成后才开始测试，这样可以尽早地发现需求分析阶段的缺陷。而且测试阶段划分得更加详细和清楚，不仅包含后期的单元测试、集成测试、系统测试和验收测试等，还包含前期的测试计划和测试方案设计等内容。在 W 模型中，测试与开发是同步进行的，有利于尽早地发现问题。

W 模型也存在局限性，W 模型和 V 模型都把软件的开发视为需求分析、设计、编码等一系列串行的活动，同时测试过程和开发过程保持着一种线性的前后关系，上一阶段完全结束，才可以开始下一阶段的工作，无法支持迭代、自发性以及变更调整。面对当前软件开发复杂多变的情况，W 模型仍无法解决测试管理所面临的一些问题。

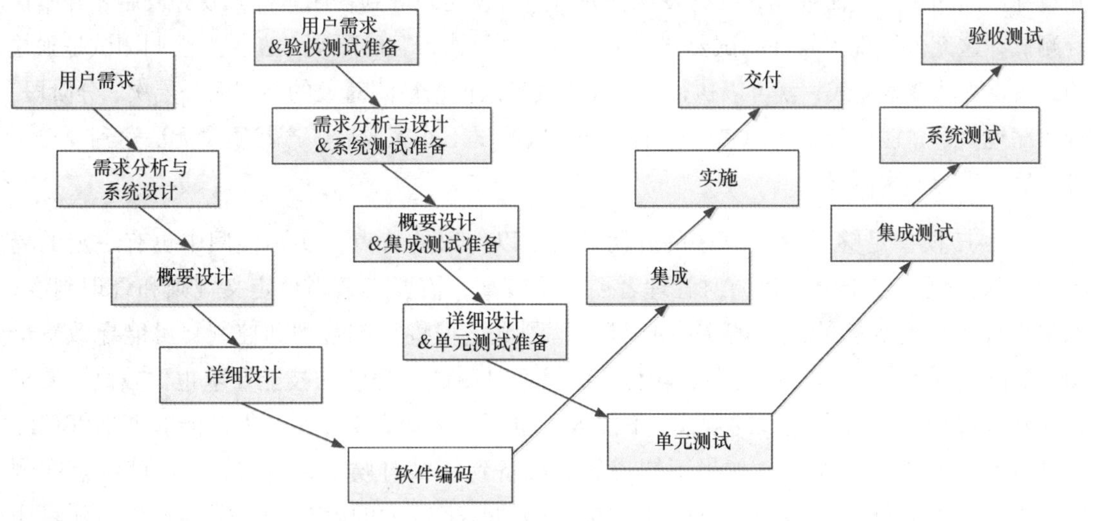

图 1-3 W 模型

1.1.3.4 H 模型

H 模型将测试从开发流程中分离出来，形成一个完全独立的流程，将测试准备活动和测试执行活动清晰地展现出来。H 模型认为软件测试是一个独立的流程，贯穿于产品的整个生命周期，与其他流程并发进行，所以在 H 模型中并没有关于开发的流程，只有关于测试的流程，测试的流程并没有像 V 模型和 W 模型那样进行明确的区分。

图 1-4 所示的 H 模型中的流程仅仅演示了在整个生命周期中某个层次上的一次测试“微循环”。当测试条件准备完成，进入测试就绪状态后，H 模型中就有一个测试就绪点，即测试的一个准入标准。图 1-4 所示的 H 模型中的其他流程可以是任意开发流程（如开发阶段的一些设计流程等）。当测试条件成熟了，并且测试准备活动已经完成，进入测试就绪点，测试就可以执行了。

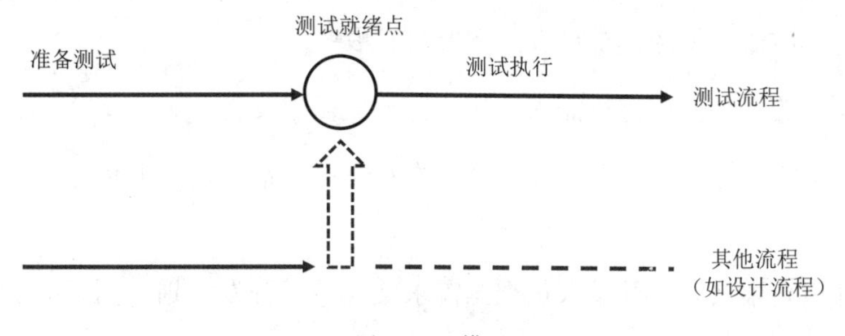

图 1-4 H 模型

H模型与V模型和W模型的不同之处在于，H模型的核心是将软件测试过程独立出来，并贯穿产品的整个生命周期，与开发流程并行进行，无须等到程序全部开发完成后才开始执行测试，这充分体现了软件测试要“尽早准备，尽早执行”的原则。H模型强调测试是独立的，只要测试准备完成，就可以执行，而且测试可以根据被测对象的不同而分层次、分阶段、分次序地执行，测试还是可以被迭代的，若一次测试工作完成后，产品质量无法达到要求，可以反复进行多次测试。

虽然H模型足够灵活，但这也造就了它难以驾驭的特点，实际使用中也有一定的局限性。该模型太过于模型化，对管理者要求比较高，需要其清晰地定义规则和管理制度；如果管理者没有足够的经验就实施H模型，测试过程将很难管理和控制，可能导致事倍功半，测试活动的成本收益比会比较低。H模型对测试工程师的技能要求也比较高，要求其能够很好地定义每个迭代的规模，不能太大也不能太小；软件测试人员能够准确管理测试活动和判断测试就绪点。如果不知道测试准备到什么时候是合适的，测试就绪点在哪里，就绪标准是什么，会为后续的测试执行启动带来很大的困难。H模型对整个项目团队的协作要求也比较高，如果其中一个迭代无法有效完成，那么整个项目就会受到很大的影响。

1.1.3.5 敏捷模型

在业务快速变换的环境下，人们往往无法在软件开发之前收集到完整而详尽的软件需求。没有完整而详尽的软件需求，传统的软件开发生命周期模型就难以展开工作。敏捷模型就是为了解决此类问题，在互联网的快节奏下应运而生的一种软件测试模型。在敏捷模型中，软件项目在构建初期被拆分为多个相互联系而又独立运行的子项目，然后迭代完成各个子项目，在开发过程中，各个子项目都要经过软件测试。当客户有需求变更时，敏捷模型能够迅速地对某个子项目做出修改以满足客户的需求。在这个过程中，软件一直处于可使用状态。在敏捷模型中，软件开发不再是线性的，开发的同时会进行测试工作，甚至可以提前写好测试代码，因此敏捷模型有“开发未动，测试先行”的说法。

敏捷模型的具体流程如图1-5所示，分为如下步骤。

（1）根据用户的产品需求进行需求分析，并形成需求文档。

（2）对需求文档进行需求评审，参与评审的人员有产品经理、开发人员、测试人员、QA人员。

（3）需求评审结束之后，开发人员根据需求文档编写开发计划，同时测试人员也要介入项目中编写测试计划。

（4）开发人员根据开发计划进行产品开发，同时测试人员根据测试计划开始着手重复测试用例的编写。测试用例编写完成后，由产品经理、开发人员、测试人员、QA 人员等评审。

（5）开发计划和测试用例通过评审之后，开发人员开始编写代码。

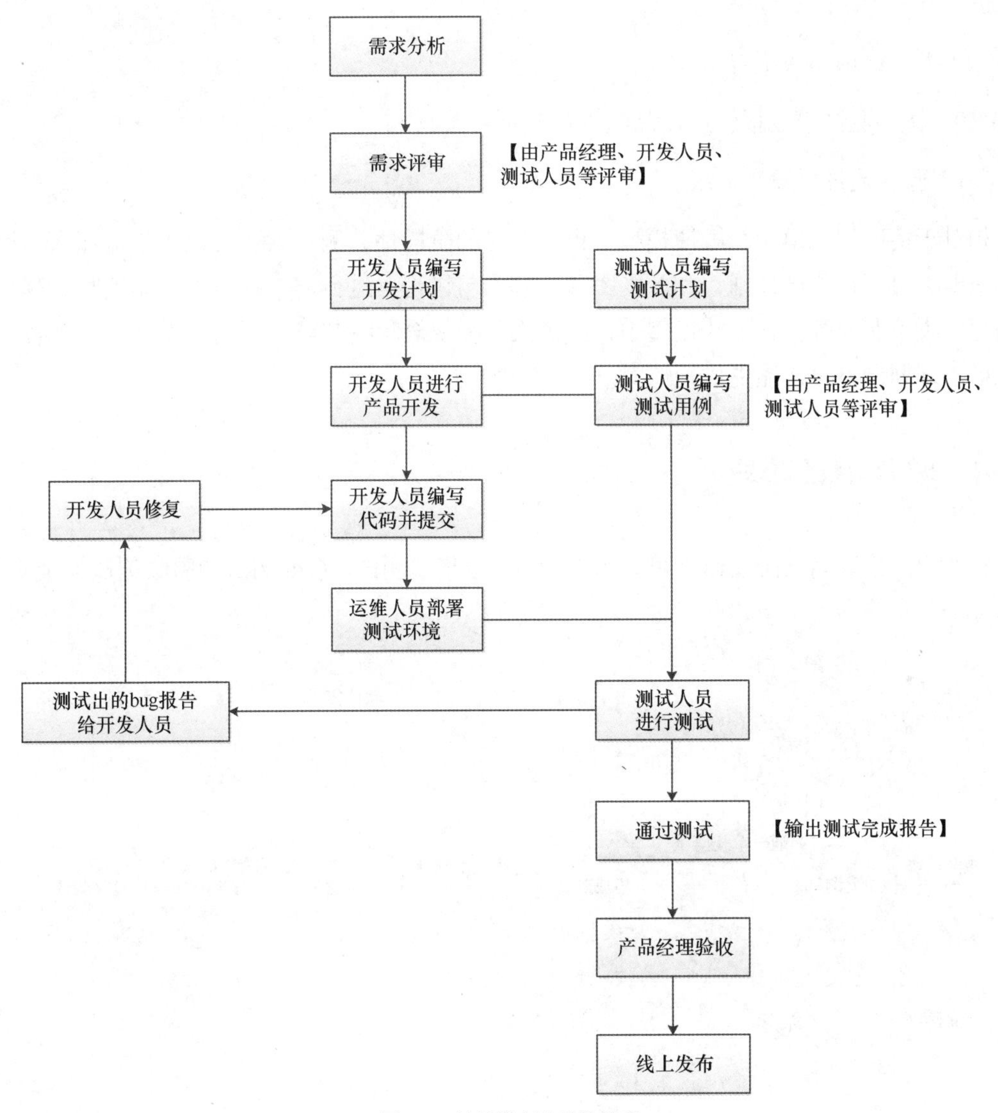

图 1-5 敏捷模型的具体流程

（6）开发人员编写完成代码并提交后，由运维人员部署测试环境，测试人员根据测试用例开始进行测试。

（7）测试人员在执行测试的过程中，如果出现 bug，将出现的 bug 进行汇总，交由开发人员进行修复。

（8）重复（6）、（7）步骤，修复后进行回归测试，等全部测试用例通过测试不再出现 bug 后，进行下一步操作。

（9）编写测试完成报告。

（10）输出测试完成报告后产品经理进行项目验收。

（11）验收通过后发布上线。

相对于传统测试模型，敏捷模型不再有明显的阶段性，测试人员可以更早地加入项目团队，根据项目制订测试计划，和开发团队一起参与讨论，进行需求评审、计划编写、测试用例编写、决策制定等。在敏捷模型中，测试人员需要全程参与整个项目开发活动，当客户需求变更、计划调整时，能更快地应对。

1.1.4 软件测试阶段

软件测试按照测试阶段通常可分为单元测试、集成测试、系统测试和验收测试 4 个阶段，如图 1-6 所示。

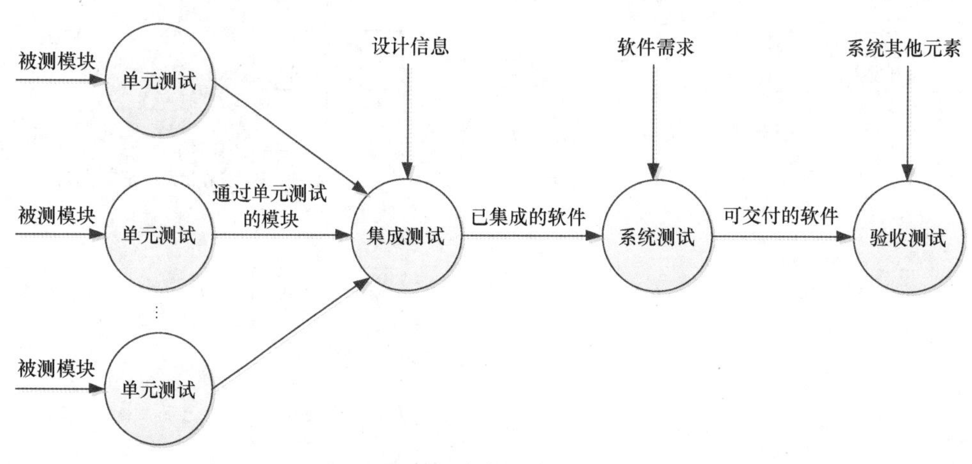

图 1-6 软件测试阶段

1.1.4.1 单元测试

单元测试是对开发人员编写完成的一个个程序单元进行测试，软件测试的对象是软件设计的最小单元——通常是模块、类或函数。通过对每个程序单元内部进行测试，以便发现程序单元内部的错误，从而检验软件基本组成单元的正确性。

单元测试是所有测试中最底层的一类测试，是第一个环节，也是最重要的一个环节，是唯一能够保证代码覆盖率达到 100%的测试，是整个软件测试过程的基础和前提。程序员在编程过程中，每写 100 行代码大约会犯 150 个错误；编写与编译、运行结束后，每 100 行代码中残留 1～3 个缺陷。而寻找与修改程序缺陷的代价占总体开发投资的 40%～80%。缺陷在整个开发流程中被发现得越早，修改的代价就越低，所以单元测试可以防止开发的后期因缺陷过多而失控，单元测试的性价比是最高的。

据统计，大约有 80%的软件缺陷是在软件设计阶段引入的，并且修正一个软件缺陷的成本将随着软件生命周期的进展而上升。缺陷发现得越晚，修复它的费用就越高，而且呈指数级增长的趋势。

1.1.4.2 集成测试

集成测试是在单元测试的基础上，将所有已经通过单元测试的模块按照设计要求组装成子系统或系统进行测试，目的是确保这些不同的软件模块之间通信和交互的正确性。在进行集成测试之前，需要确保单元测试已经完成。如果没有经过单元测试，那么集成测试的效果会受到很大的影响，并且会大幅增加软件单元代码纠错的代价。

既然单元测试已经通过了，为什么还需要进行集成测试？因为很多时候一些模块单独运行可以正常工作，但是不能保证把这些模块连接起来以后也能正常工作，由于各种原因，系统中可能仍旧存在缺陷，如下所示。

- 在实际的项目开发中，会涉及很多的功能模块，每个模块可能会由不同的软件开发人员进行开发和设计，每个开发人员对模块的理解和编程逻辑也会有所不同，通过进行集成测试，可以验证软件模块是否可以统一工作。
- 有些时候，当数据从一个模块传递到另外一个模块时，数据的结构会发生变化。程序中对于系统异常情况考虑得不充分有可能会导致问题的出现。
- 在项目模块开发时，客户可能会频繁更改需求，往往会导致新的需求没有进行单元测试，此时集成测试就显得非常重要。
- 有些模块会与第三方工具或 API 进行交互，要确保第三方工具或 API 接收的数据是正确的，就需要进行集成测试。

集成测试通常采用黑盒测试和白盒测试相结合的测试技术，关于黑盒测试用例的设计方法，第 6 章将给出详细的介绍，读者可对这部分内容进行学习；白盒测试通常由开发人员来完成，本书暂未涉及。

1.1.4.3 系统测试

系统测试是将经过集成测试的软件，作为计算机系统的一个部分，与系统中其他部分结合，在实际运行环境下对计算机系统进行一系列严格、有效的测试，以发现软件潜在的问题，保证系统的正常运行。系统测试的对象不仅包括需要测试的软件，还包括软件所依赖的硬件、外设，甚至包括某些数据、某些支持软件及其接口等。因此，必须将系统中的软件与各种依赖的资源结合起来，在实际运行环境下进行测试。

系统测试的目标是通过对照系统需求规格说明书，检查软件是否存在与系统需求规格说明书不符合或矛盾的地方，从而验证软件的功能和性能等是否满足需求规格说明书所制定的要求。

系统测试是基于需求规格说明书的黑盒测试，以功能测试为主，还包括性能测试、安全测试、可靠性测试、稳定性测试等。下面简单介绍在金融软件测试中常见的几种系统测试。

（1）功能测试是系统测试中最基本的测试，它不考虑软件内部的实现逻辑，主要根据软件的需求规格说明书和测试需求列表，验证软件的功能实现是否符合软件的需求规格说明书。功能测试主要是为了发现以下几类错误。

- 软件中是否有不正确或遗漏的功能？
- 功能实现是否满足用户需求和系统设计的隐藏需求？
- 软件是否有明确的数据接收输入？数据接收输入是否有正确的数据输出结果？

（2）性能测试是指测试软件在集成系统中的运行性能，目标是度量软件的实际性能和预先定义的目标有多大差距。一种典型的性能测试是压力测试，即当系统同时接收极大数量的用户访问和用户请求时，测试系统的应对能力。性能测试要有工具的支持，当然也不是所有场景都可以被性能测试工具覆盖，面对一些特殊需求，还是需要测试人员自己设计测试脚本或测试用例来完成。

（3）安全测试是指验证系统的保护机制是否能够抵御入侵者的攻击。保护测试是安全测试中一种常见的测试，主要用于测试系统的信息保护机制。

有关功能测试和性能测试相关的内容，在本书后续章节中会进行详细介绍。

1.1.4.4 验收测试

验收测试是测试的最后一个阶段，是在软件产品正式投入运行前所要进行的测试。由于测试人员不可能完全模拟用户的实际使用情况，所以软件是否真正满足最终用户的需求，应由用户进行一系列的验收测试。验收测试的目的是确保软件准备就绪，向用户展示所开发的软件能够满足合同或用户所规定的需求，验证软件实际工作的有效性和可靠性，确保最终用户能用该软件顺利地实现既定功能和执行既定任务。

验收测试可以是有计划、系统的正式测试，也可以是非正式的测试。正式验收测试一般称为用户验收测试（User Acceptance Test，UAT），通常由熟悉业务流程的用户或独立的测试人员来完成，通过使用已经完成系统测试后的应用程序，根据测试计划和执行结果来验证需求是否被有效地传达和执行。非正式验收测试又分为 Alpha 测试（α 测试）和 Beta 测试（β 测试）。Alpha 测试是指软件开发公司组织内部人员通过模拟各类用户行为对即将上市的软件产品（称为 Alpha 版本）进行测试，试图发现错误并修正，通常是由用户、测试人员、开发人员等共同参与的内部测试（内测）。Alpha 测试的关键在于尽可能逼真地模拟系统实际运行环境和用户对软件产品的操作，并尽最大努力涵盖用户所有可能的操作方式。而 Beta 测试指的是内测后的公测，即软件完全交给最终用户测试，经过 Alpha 测试调整的软件称为 Beta 版本。软件开发公司组织各领域的典型用户在日常生活中实际使用 Beta 版本，并要求用户报告异常情况、提出批评意见，软件开发公司对 Beta 版本进行修正和完善后，再将软件产品交付给用户使用。

1.1.5 本节小结

本节主要介绍了软件测试发展的不同时期对软件测试的不同理解和定义，通过对软件测试进行不同角度的分类以及进行软件测试模型的介绍，方便读者了解每一种测试都有各自的特点和适用场景。读者需要理解每种测试的方式和意义，并结合后续章节的介绍将相应测试技术在实际测试工作中加以运用。

1.2 金融软件测试概述

金融软件测试在传统软件测试的基础上增加了行业属性，金融行业包含银行业、保险业、信托业、证券业和租赁业等。金融软件测试依然在软件测试的范畴中，依据自身的行业属性与特点，在某些软件测试的分类中有更加细节化的测试要求。本节首先通过介绍金融行业 IT

发展的历史，从软件测试领域出发，阐述不同时期金融软件测试工作的变化，并根据软件测试在金融行业多年的发展历程，介绍金融软件测试人员的能力要求及发展方向；最后结合金融行业的业务特性，介绍金融软件测试方法和应用。

1.2.1 金融软件测试发展

在金融的发展历程中，12 世纪出现了银行的雏形，16 世纪中期出现了股票，18 世纪保险业开始出现。20 世纪 60 年代，银行、证券、保险业纷纷引入 IT 系统来逐渐代替手工作业，这标志着金融业务信息化历程的开始[①]。而软件测试所扮演的岗位、角色、职责变化离不开整体金融 IT 架构的发展。针对不同时期金融 IT 架构的升级换代，本书将金融软件测试的发展历程分为 5 个时期。

1.2.1.1 第一个时期（脱机业务的处理）：隶属于开发团队的测试人员

20 世纪 70 年代，首家大型国有银行引进了第一套理光-8（RICOH-8）型主机系统进行金融业务的运营，揭开了我国金融电子化发展的序幕。将银行的部分手工业务由计算机来进行处理，实现了对公业务、储蓄业务、联行对账业务、编制会计报表等日常业务的自动化处理，大大提高了银行业务处理的效率。而此时的 IT 系统仅在银行内部使用，主要用于实现从人工处理到机器处理的转变，还不涉及联网的工作。此时，测试人员隶属于开发团队，测试团队由开发团队统一管理。由于对技术要求不高又缺少对专业测试人员的重视，大多数开发团队甚至没有专业的测试人员，系统的软件测试工作由开发人员、售后人员、项目经理或者业务人员来完成。

1.2.1.2 第二个时期（联机业务的处理）：独立的测试人员

随着 IBM 公司的 SAFEII 系统的引入，我国金融行业开启了 IT 发展之路。借助于一个完整的商业应用，SAFEII 落地大型银行并做定制化的改造。随着银行的业务规模不断扩大，对于系统开发人员和测试人员的需求不断加大。我国金融行业内的信息化之路也让独立测试人员的专业性和必要性逐渐凸显出来。1991 年 4 月 1 日，中国人民银行的中国金融卫星通信网络系统上电子联行正式运行，这标志着我国银行信息系统进入全面网络化阶段。除此之外，各大银行在一些大中城市还建立了各种形式的自动化的同城票据交换系统。随着系统规模的扩大，专业的测试人员投入各个系统上线前的紧张测试工作中。他们具备丰富的金融行业业务知识和 IT 测试知识，保证了各个软硬件系统在拓展过程中的稳定运行。

---

① 邬德云. 中国金融 IT 的发展研究[J]. 上海金融学院国际金融研究院, 2010-09-27.

1.2.1.3 第三个时期（中国加入 WTO，金融体制改革）：独立的测试团队

随着中国加入 WTO 以及互联网时代的到来，金融体制改革、股份制改造等一系列金融行业重大改革接踵而至。银行业一马当先，一方面积极把握历史机遇，另一方面准备做数据大集中和业务流程重组。这个时期银行业的主要目标是全国范围内的银行计算机处理联网、互联互通、支付清算、业务管理及办公逐步实现计算机处理等。金融公司之间、金融行业的系统与外部系统之间的互联互通，决定了要有独立的测试团队才能确保金融业务网络运行的稳定性。这个时期的软件测试工作由测试经理统一管理，测试经理和开发经理在管理权限上是平级的，测试经理有权根据系统项目的测试结果进行整体风险评估，来决定是否允许被测系统上线运行。

1.2.1.4 第四个时期（经营决策的信息化）：质量管理体系建立（测试中心成立）

互联网金融的高速发展使金融科技真正渗入金融行业最核心的业务，并且根据互联网的特点，衍生出一系列风险评估的新方式。新时代下的新技术、新思维影响着金融行业经营决策的方向，金融机构纷纷进行技术转型。为提高 IT 资源利用率、降低运行成本，各家银行纷纷全面部署服务器虚拟化。IT 系统架构的变革催生了质量管理体系，金融 IT 发展领域中的“头部”企业纷纷成立了各自的测试中心。功能测试、性能测试、自动化测试、需求分析、产品验收、质量评估与管理等专业职能，在软件测试工作领域内部明确划分出具体的职责岗位，形成了由专业的测试模块组成的职能完整的测试中心。同时，IT 系统架构经过多年的发展，不断完善的质量管理体系促使测试中心采用数据化的指标来评估系统风险，精细化管理系统质量，产出的测试数据也可用来评估软件的运行风险，测试的地位获得了进一步的提升。IT 已经成为金融行业未来创新发展的最佳驱动力。

1.2.1.5 第五个时期（金融科技 FinTech 时期）：运维部署、配置管理、版本管理与软件测试融合的趋势

2016 年，金融稳定理事会（Financial Stability Board，FSB）对金融科技提出了明确定义：金融科技是技术驱动的金融创新，旨在运用现代科技成果改造或创新金融产品、经营模式、业务流程等，推动金融发展提质增效[①]。目前全球（金融科技领域）对这一定义已达成共识。多家机构纷纷成立名下的金融科技子公司，基于云架构来构建分布式应用，并结合云计算、大数据等新技术手段进行智能化决策。这一时期的测试工作，已经将环境运维部署、配置管理、版本管理纳入测试中心的常规工作，从制度流程上保证质量整体管控措施的落地。同时，在实践中真正将软件测试工作在系统开发的生命周期中前置，使测试参与到需求和产品的定制中来。在金融业务或新增功能开发项目启动的早期，测试人员的介入可以定位到软件中可能出现的缺陷，

① 银发〔2019〕209 号. 金融科技（FinTech）发展规划（2019—2021 年），中国人民银行网站，2019-09-06.

同时排除整体系统上线流程中各个节点可能存在的程序以外的问题。随着对软件测试重视程度的加深，软件测试的效率有了很大提升，从系统需求提出到软件开发上线的时间也被大大缩短[①]。

1.2.2 金融软件测试类型

金融业务领域较为广泛，包括银行、保险、证券、基金、互联网金融等，由于金融业务系统以及相关联的系统一般比较复杂，所以对金融软件测试人员的业务能力和技术能力的要求也相对比较高。我们要保证软件产品质量，就需要遵循软件测试行业标准，无论是V模型，还是W模型，通常按照测试阶段可依次分为单元测试、集成测试、系统测试和验收测试等；按照测试设计方法可分为黑盒测试、白盒测试和灰盒测试等；按照测试方向又可分为功能测试、性能测试、自动化测试、安全测试、兼容性测试、用户体验测试、接口测试和文档评审等。

针对金融软件测试的特点，我们将从功能测试、性能测试、自动化测试、安全测试、兼容性测试、用户体验测试、接口测试和文档评审等方面来对金融软件测试加以介绍（详细内容参见表1-2）。

表1-2 金融软件测试类型

序号	测试类型	具体划分
1	功能测试	功能测试通常包括功能界面测试、业务流程测试、业务场景测试、业务规则测试和用户权限测试等，主要应用于集成测试阶段、系统测试阶段和验收测试阶段
2	性能测试	性能测试通常基于测试场景来执行，性能测试场景通常包括基准测试场景、单交易负载测试场景、混合交易负载测试场景、峰值测试场景、容量测试场景、稳定性测试场景等，主要应用于系统测试阶段和验收测试阶段
3	自动化测试	自动化测试通常包括自动化框架设计、脚本编写和报告输出等步骤，主要应用于系统测试阶段及验收测试阶段
4	安全测试	安全测试通常包括静态代码安全测试、动态渗透测试和程序数据扫描等，主要应用于系统测试阶段和验收测试阶段
5	兼容性测试	兼容性测试主要验证系统在不同硬件、不同操作系统和版本、不同浏览器和版本、不同分辨率和不同系统配置等组合的情况下的兼容情况，主要应用于系统测试阶段和验收测试阶段
6	用户体验测试	用户体验测试主要验证用户在系统使用中的感受，如系统界面设计是否舒适和友好、系统是否方便使用和易于学习等，主要应用于验收测试阶段
7	接口测试	接口测试通常包括内部接口测试和外部接口测试，主要应用于单元测试阶段、集成测试阶段、系统测试阶段和验收测试阶段
8	文档评审	文档评审包括需求文档评审、安装文档评审、设计文档评审和变更文档评审等，主要应用于测试准备阶段、集成测试阶段、系统测试阶段和验收测试阶段

① 冯文亮，曹栋. 金融科技时代银行业软件测试的思考与实践[J]. 中国金融电脑，2016(11):20-24.

1.2.2.1 金融软件功能测试

功能测试主要是针对软件系统的功能进行验证，验证软件系统各个功能是否按照软件的《需求规格说明书》《软件概要设计》《软件详细设计》和《需求变更》等文档要求进行设计。金融行业的软件功能测试，同样需要根据软件的《需求规格说明书》等需求文档来验证金融业务系统是否满足系统设计需求。例如，软件系统功能模块是否能够正常工作；系统的输入和输出是否正确；系统是否能够完整地模拟用户的使用场景，是否能够满足用户的业务需求；系统是否符合正常业务流程，是否具有合理的业务逻辑等。

在金融软件功能测试过程中，功能界面测试、业务流程测试、业务场景测试、业务规则测试几个方面既要分层又要相互结合，系统业务流程节点的规则变化会导致流程分支变化，系统界面要素不同的数据输入产生的输出数据也会流向不同的流程节点，最后数据流向不同的业务流程分支，我们在测试过程中，需要充分考虑，不要出现遗漏。

1. 功能界面测试

金融软件功能界面测试也是金融软件功能测试的主要测试点和关注点之一。金融软件功能界面通常包括客户的操作界面，以及面向系统后台管理者的维护、预警和统计界面等。

金融软件功能界面测试用例的设计是功能测试用例设计中最容易上手的部分，也是最容易遗漏的部分。因为在金融软件系统中功能界面是最直观的，测试人员在系统原型图或系统界面中可以直接看到功能界面，其中的输入框、选项框和功能按钮等一目了然。测试用例设计相对比较简单，但由于功能界面输入项比较多，涉及输入项的字段类型和字符长度等限制，在测试过程中如何把这些输入项的各种情况结合起来，又不发生遗漏，是对测试人员的测试分析和用例设计的挑战。

2. 业务流程测试

金融软件业务流程测试的首要目的是保证系统业务流程及功能符合实际金融业务的使用场景，业务流程首先要符合金融背景下的业务工作流程，并且保证业务流程处理的结果准确无误。金融软件测试通常通过事件触发来控制业务流程，事件不同和触发的时机不同，会进入不同的流程场景。

金融软件业务流程的正确性和完整性在测试过程中需要重点关注，业务流程上相应的功能点需要测试人员进行严谨的测试与验证。业务流程处理过程中可能会涉及业务规则判断、数据异常处理、判断任务状态是否有效等情况，这些业务场景组成了金融业务的主流程和备选流程，我们在测试过程中需要遍历所有的业务流程。

3. 业务场景测试

金融业务一般情况下会以各种金融业务场景来体现，我们通常会把相关联的业务流程串起来，结合各种业务状态和业务流程，形成一个个金融业务场景。我们在金融业务场景测试过程中需要重点关注数据和业务流向的正确性和完整性。

4. 业务规则测试

金融业务规则是指对金融业务的定义和约束的描述，用于维持金融业务结构或控制和影响金融业务的行为。例如，手机银行的注册功能中，用户和游客就要走不同分支的业务流程。再如，银行Ⅰ、Ⅱ、Ⅲ类结算账户在受到银行业务规则的单笔限额、日累计限额和年累计限额控制的同时，也会受到用户个人自定义限额的控制。

金融软件业务规则测试是金融软件功能测试主要的测试点和关注点之一。我们在金融软件系统的业务规则测试过程中，一定要对业务规则进行重点分析和测试，它不仅影响业务走向，也影响金融业务的合规性。我们在设计业务规则测试用例时，一般采用等价类分析法和边界值分析法等测试用例设计方法。

1.2.2.2 金融软件性能测试

金融软件系统由于其交易属性，对于系统自身的稳定性、健壮性、传输效率的要求较高，同时由于行业属性的限制，只有提前定义好业务模型和测试指标才能做到有效的性能测试。金融软件性能测试所包含的测试类型较为全面，常见的测试场景均有涉及，具体包含基准测试场景、单交易负载测试场景、混合交易负载测试场景、峰值测试场景、容量测试场景、稳定性测试场景等。为了降低金融软件系统由于性能原因可能带来的商业损失，保证在大压力情况下业务系统的正常运行是每一个性能测试工程师应该关注的重点，更是保证软件质量的关键。

一般的性能测试需要借助工具来进行，常见的工具有 LoadRunner、JMeter、JAPT 等。

通常性能测试过程中需要关注系统的性能指标包括但不限于以下 8 项。

（1）事务响应时间。

（2）每秒事务数。

（3）系统最大和最佳并发数/在线数。

（4）服务器资源使用情况。

（5）系统长时间运行的稳定性。

（6）系统在峰值期间的处理能力。

（7）系统资源释放情况。

（8）系统响应错误数。

在金融软件性能测试过程中，我们需要对以上性能指标数据进行实时记录和统计。如果在性能测试过程中发现性能问题，需要结合对操作系统、数据库、存储、网络、中间件和金融系统等的监控来进一步分析和定位性能问题，找到影响系统性能的瓶颈。

1.2.2.3 金融软件自动化测试

由于金融软件系统前期功能界面元素变动比较大，自动化测试脚本维护成本比较高，所以往往会在系统稳定后再进行自动化测试，这样可以提升软件测试的精确率和测试效率，同时可以降低人员成本。自动化测试可以高效地完成金融软件系统稳定业务模块的回归测试，以及以数据为驱动的、验证多个枚举值的组合场景测试。金融软件自动化测试需要测试人员有一定的自动化脚本开发和维护能力，一般构建自动化测试的步骤包括：搭建自动化框架、录制和开发自动化脚本、调试脚本、脚本试运行、自动化测试执行和生成测试报告等。

1.2.2.4 金融软件安全测试

安全测试是对软件产品进行测试以确保产品符合安全需求定义和产品质量标准。金融行业的数据有着非常高的敏感性，金融业务系统在网络、数据、运维、认证和软硬件等方面都有很高的安全要求。我国的银行、保险和证券等金融机构都有着很高的安全防控和管理水平。但是由于金融行业的发展，金融软件系统需要不停地更新来满足用户需求，系统可能存在安全漏洞，这时候金融软件安全测试就显得尤为重要了。金融行业的企业一般会定期进行金融安全防控演练，有效地保证它们应对突发安全事件的处理能力。

常见的金融软件安全测试有静态代码安全测试、动态渗透测试和程序数据扫描等，测试内容一般覆盖如下安全验证点。

（1）操作系统安全：补丁升级、配置和安全加固。

（2）数据库安全：补丁升级、配置和安全加固。

（3）网络安全：补丁升级、配置和安全加固。

（4）Web 安全：身份验证、验证码获取、会话管理、权限管理、敏感信息传输、安全审计、信息泄露、上传下载、异常处理等。

（5）应用软件安全：借助于安全工具进行扫描。

（6）敏感数据保护：密码、客户信息、商业机密等。

常用的安全测试工具有 IBM AppScan、Burp Suite、Metasploit 和 Nmap 等，借助于安全测试工具，我们可以部署一些较为复杂的安全测试场景，以保证信息系统的安全性。

1.2.2.5 金融软件兼容性测试

金融软件兼容性测试主要验证金融软件系统在不同硬件、不同操作系统和版本、不同浏览器和版本、不同分辨率和不同系统配置等组合的情况下的系统兼容情况，保证金融软件系统能在不同用户环境下正常使用，提高用户使用满意度。

金融软件兼容性测试可以从两个部分进行阐述，首先是 Web 端的兼容性测试，近几年来，国产自主化改造在金融行业的试点工作逐渐展开，金融软件系统兼容性测试的任务规模也在不断扩大，例如金融软件系统在国产底层硬件服务器、数据库、中间件和操作系统上的兼容性测试。

其次是 App 端的兼容性测试，随着互联网和智能手机的普及，金融软件系统越来越多地直接面向金融移动端客户，各大证券公司、银行、保险公司均在金融科技 FinTech 时期推出了自己的移动端业务的金融服务产品，如果说金融软件系统 Web 端兼容性测试还带有自己的特殊行业特点，那么 App 端的兼容性测试就更加符合互联网的标准。在 2.3.2 节中，有关于互联网金融手机端 App 测试的详细描述。

1.2.2.6 金融软件用户体验测试

金融软件系统最开始主要面向金融行业的内部业务人员使用，因此在用户体验上要求并不高。随着金融行业的快速发展，金融软件系统需要面向更多的外部用户群体，随着用户群体的不断扩大和同业之间的竞争日趋激烈，用户体验测试也逐渐被重视起来。金融软件系统的界面设计是否友好、功能是否齐全、流程是否简洁、操作是否流畅以及是否符合用户使用习惯等都成了用户体验测试的重点。一款友好的和受欢迎的金融软件系统，本质上也是对金融公司的一种宣传，能提高用户黏性和同业市场竞争力。

用户体验测试更加注重用户的使用感受，需要测试人员充分发挥主观评价，提出更多的优化意见，促进金融软件系统的不断完善。

1.2.2.7 金融软件接口测试

金融软件接口测试包含内部接口测试与外部接口测试。内部接口测试一般针对多系统对接的情况，基于统一的规范，通过接口报文的形式实现数据的传输。如果有 Web 页面，接口测试可以通过系统的前端界面直接进行；如果被测系统只是一段处理程序，就需要借助于 Postman、SoapUI 等接口测试工具通过不同的接口请求方式来进行。外部接口测试则由于系统间采用的数据库、网络服务协议和字段命名标准等不一定相同，需要通过接口进行数据的转义才可实现业务的流转，大部分需要用接口测试工具来进行验证。

一般情况下，金融软件系统业务种类较多、系统结构复杂，有时还会存在多系统共同开发、开发进度不一致的情况。为了保证先开发完的系统能够顺利完成功能流程工作，需要通过模拟接口的方式发送和接收报文，通过接口测试的方式优先完成该系统功能测试中数据验证的测试工作。

接口测试通常包含获取接口地址、根据接口规范编写报文、通过工具发送和接收报文、查看数据库中的数据状态和查看系统后台执行日志等步骤。接口测试执行过程除了验证本系统的功能外，有时候还可以通过对方返回的响应报文发现对接系统的缺陷。由于接口测试涉及操作系统和数据库等技术，所以需要接口测试人员具备一定的操作系统和数据库等方面的知识。

1.2.2.8 金融软件文档评审

金融行业有着较为专业和标准的系统开发、测试和运维等工作流程，大部分金融机构在第四个时期成立了自己的测试中心，实现了精细化的质量管理。测试人员在金融软件系统的开发早期就开始介入，凭借自身丰富的金融业务知识和技术经验，参加需求文档、安装文档、设计文档和变更文档等的评审工作，关注业务逻辑隐性的风险点，同时对项目各文档显性的风险点进行评估，如：文档内容是否完整、文档描述是否前后一致、文档内容是否符合相关标准，保证最终交付文档的专业性和标准性。

金融软件系统的功能实现必须与需求相关文档保持一致，如果测试人员在项目早期介入项目，就有可能更早地发现需求相关文档潜在的问题，可以有效地降低整体研发成本，缺陷发现得越早，解决该缺陷的成本就越低。在实际项目研发工作中，可能存在需求变更的情况，需求变更文档也需要进行评审，这是测试的范畴。具体内容可以通过 5.1.4 节进行了解，文档评审可以有效地减少无效开发和重复测试，提高整体项目研发工作效率，并且使研发过程更加严谨和规范，文档评审广泛地应用于金融软件系统的研发工作中。

1.2.3 本节小结

本节介绍了金融软件测试的几个发展时期，还介绍了几种常见的金融软件测试类型，提出了适用于金融行业软件测试的具体方案及实用技术。随着新的设计模式及开发方法的不断涌现，现有的测试理论及技术必须做出相应的改进，才能满足不断变化的系统优化需求。我们需要在工作中不断积累经验，在已有经验的基础上持续创新，调整思维模式，以此拥抱金融发展的未来。

1.3 金融软件测试人才发展与自我培养路径

本节从人才生命周期理论视角出发，分析金融软件测试人才在引入期、发展期、成熟期和持续发展期或衰退期自我培养的关键任务，目的是使读者能够遵循人才发展的一般规律，结合自身职业发展规划，实现在金融行业的长足发展。北京立言金融与发展研究院发布的《中国金融科技人才培养与发展问卷调研（2021）》显示，96.8%的参与调研机构认为金融科技专业人才存在缺口。究其原因，金融科技人才的短缺并不在于专业从业人员绝对数量的短缺，而在于人才发展情况与企业期待之间的不对称。值得注意的是，这种不对称指向的并不是人才质量的不理想，而是指向人才对于企业岗位设置所要求的胜任力满足程度不够。因此，从人才生命周期理论视角出发，了解企业在不同阶段对于人才发展的期待，有利于帮助个体明确自我培养的关键任务，更加科学有效地设计自身的职业发展规划，并最终实现长远的职业发展目标。

1.3.1 引入期：充分准备，顺利入场

对于应届毕业的求职者或者更换职业赛道的行业新人来说，此时正处于人才发展的起始阶段。作为宝贵的“新鲜血液”，引入期的高质量人才对于企业来说是实现可持续发展的强大动力，也是体现企业影响力的重要标志。在这一阶段，企业关心的是人才是否具备良好的专业基础，是否认同企业的文化价值，是否具备持续的学习能力等，以此确认人才的培养价值。因此，引入期人才的关键任务是充分做好信息准备、技能准备和心理准备，顺利地拿到职业生涯的“入场券”。

1. 信息准备——锁定目标，潜心了解，准确判断

对于金融软件测试人才来说，职业的目标行业和领域已经非常明确，那么在进入职场之前，应当进一步确定目标公司和目标岗位。这一动作有利于求职者了解有关目标公司的发展背景、企业文化，以及目标岗位的职责和胜任力要求等相关信息，便于自己更好地进行有针对性的准备。在这一过程中需要注意的是，面对大量的信息获取渠道和海量的大数据资源，求职者应当选取准确的资讯来源，审慎对待所获得的信息，并且保持自己的理性判断，尽可能为自己的职业决策提供有价值的参考。

2. 技能准备——踏实学习，用心实践，有效输出

技能是个人职业发展的核心竞争力，它不仅包括技术能力，还包括软实力。Michael Page

（中国）发布的《2021 人才趋势报告》中指出，技能与经验是中国科技公司招聘过程中比重高达 82%的考察因素。为了保证自身的整体能力更加符合企业的用人要求，人才应当在信息准备确切的基础上，以目标企业的目标岗位的胜任力要求为参照，有目的性地踏实学习，提升自己的专业技术水平和综合能力。不仅如此，理论知识的学习不能脱离实践，所以应当积极获取并珍惜专业实践机会，例如企业实习或专业竞赛，在实操过程中补充和强化所学，保证在之后的工作中能够有效输出。

3. 心理准备——转变角色，虚心融入，快速适应

心理准备也是引入期人才自我培养的重要任务。对于职场新人来说，新的公司和工作岗位意味着新的成长环境，也意味着新的发展要求。以学校和企业的差别为例，对于在校学生来说，首要任务是在完成学习任务的过程中提升个人综合能力并塑造个人核心价值观，为之后的人生发展打下坚实的基础。对于企业员工来说，首要任务是在完成工作任务的同时提高自己的职业技能和素养，协调与统一个人目标与组织目标，谋求长期的职业发展。因此，只有积极地转变角色，虚心地在新的环境中不断学习，才能够更快地适应企业的工作节奏，顺利开启职业生涯的第一步。

1.3.2 发展期：找准方向，耕耘积累

经过初步的适应和磨合，人才开始进入职业成长的发展期。在这一时期，企业对于人才的考察重点从潜能的预判变为实际的工作表现，并期待人才能够在履行岗位职责的前提下成为企业发展的中坚力量。所以对于发展期的人才来说，选择明确且适合自己的职业发展方向显得尤为重要。金融软件测试领域的从业者可以选择成为专家型人才，或者成为管理型人才，抑或二者兼具的复合型人才，明确自己的成长目标并为之勤勉耕耘，认真积累，实现从“专业”到“专家”和从“执行”到“管理”的转变。

1. 专家型人才

专家型人才又可以分为业务专家和技术专家。

业务专家具备扎实的业务专业知识和丰富的项目经验，能够在需求分析和解决方案设计层面给予用户前瞻性和实操性的建议。因此，以业务专家作为发展目标，要求从业者在职业发展过程中，学习金融软件和泛金融领域的专业知识，充分了解和参与项目开展的各个环节，紧密关注前沿技术突破和行业动态，更重要的是要积累丰富的与终端用户以及高层次业务管理决策者打交道的经历。

技术专家在专业测试技术领域具备全面的技术覆盖面，以及在精通的技术专长领域能够带领团队实现技术攻坚，保证产品功能的理想表现，同时形成技术竞争优势。因此，以技术专家作为发展目标，要求从业者在职业发展的过程中，对于金融测试专业领域涉及的技术具有全局性的了解并有所擅长，对于技术实现的过程和技术难点的突破具有丰富的项目经验，对于专业领域新兴的技术成果具备持续学习的能力。其特别强调培养从业者在纵深领域的研究方向，如自动化测试对自动化框架体系以及框架设计搭建的适应性要求等。

2. 管理型人才

管理型人才相较于专家型人才来说需要具备更加综合的专业能力。管理型人才不仅要熟悉业务原理，掌握技术知识，还要具备与企业、员工价值主张一致的领导魅力。首先，管理型人才需要实现向内管理，即人员管理与项目管理。人员管理要求管理者能够有效地进行团队分工，同时保证团队的敬业度和满意度，在紧密和谐的氛围中实现工作目标。项目管理要求管理者能够根据项目的生命周期进行合理的规划，监控过程质量和结果质量，把控项目成本，保证效益产出。另外，管理型人才还需要实现向外管理，即资源协调和危机处理。资源协调要求管理者具备获取资源和协调资源的能力，能够为团队提供实现目标所需的必要资源和额外的资源，这点尤为重要。危机处理则要求管理者在面对突发情况时，能够有足够的能力应对危机，甚至将危机转化为机遇，推进工作顺利进行。

3. 复合型人才

复合型人才是兼具专家型人才和管理型人才特质的人才类型，显然其对从业者的能力要求更高，既要能够在业务或技术领域有所专长，又要能够担任领导角色，履行管理职责。所以，成为复合型人才并不是一蹴而就的，而是需要在成为专业型人才或管理型人才的基础上继续成长，从而实现更加全面、综合的人才转型，这种人才转型的实现途径就是我们通常在企业内部提及的轮岗。

1.3.3 成熟期：敬业专注，提升影响

在人才发展期，个人以专家型人才和管理型人才作为自身职业发展的目标，在持续不断的努力下会迎来发展的成熟期。成熟期意味着人才已经有能力担任企业中的领军者角色，对企业发展目标的设定和发展规划的实现起到关键作用，是真正影响企业未来的核心成员。对于成熟期的人才，企业的期待除了良好的工作表现之外，还更加看重人才的敬业度以及影响力。敬业度决定了人才是否能够保持对企业的长期认同和忠诚，影响力决定了人才是否能够

以自己的专长推动所在团队，甚至是企业的成长。那么，个人应该如何保证自身的敬业度和影响力呢？

1. 敬业度——全面审视，理性取舍

相较于引入期和发展期，成熟期的人才经过一段时间的职业性探索和社会性成长之后，对于专业领域和个人追求都有了更加深入的了解。换言之，成熟期的从业者更加明白自己在专业上的长处是什么，在职业上的追求是什么，在工作上获得的价值感来源是什么，因此更加能够对自己当前的情况进行全面审视，并通过合理的价值排序和利弊分析来调整接下来的发展规划。但是在这个过程中，盲目地更换赛道或跳槽是不可取的，个人需要理性的头脑来帮助自己进行关键决策，提升对于组织的敬业度，保证自身长期发展的稳定性。

2. 影响力——知识输出，专业发声

成熟期的人才不仅能够在自己的工作领域取得卓越的表现，更能够以自身的影响力推动团队和组织，甚至是行业的发展。影响力的实现需要必要的载体，可以以专著的形式传递专业知识，可以以培训的形式分享技术经验，可以以峰会参与的形式贡献创新思想。总之，人才需要明确面向对象并选择合理有效的媒介，依据自己扎实的积累和丰富的实践，获得专业话语权，促进更高层次职业价值的实现。

1.3.4 持续发展期或衰退期：抓住机遇，适时调整

人才发展到成熟期并不意味着成长的停滞。面对日新月异的技术进步和迅猛的行业发展，以及来势汹汹的“后浪”追赶，人才应当保有不断进取的危机感，从而步入持续发展期。持续发展期同发展期一样，人才需要按照自身的职业规划，在取得阶段性成果的基础上继续向更高的台阶迈进。关于成功的法则有非常多的界定和解释，广为人知的便是“成功=1%的天赋+99%的努力”。但笔者认为，职业发展的成功法则可以定义为“成功=1%的专长+ 98%的努力+1%的幸运”。其中，专长代表的是个人能够精准剖析自身优势，并确定专业发展方向；努力代表的是个人能够在确定专业发展方向后持续努力，精益求精，实现从量变到质变的飞跃；而幸运指的是人才在职业发展过程中发现并抓住机遇，实现“火箭式超越”。机遇是不可掌控的随机变量，我们不能控制它发生的时机和停留的时间，但是我们能够控制的是抓住机遇的能力。抓住机遇需要人才在发展期踏实稳健地自我培养，使得自身具备敏锐的眼光、丰富的资源、清晰的头脑以及实践的拳脚，这样才能在机遇出现的时候牢牢把握，充分利用。

职业的发展并不总是水到渠成的，也有可能需要面对衰退期。首先，个人要能够对发展的衰退期保持敏感性，也就是说，个人需要对这种负面情况有所察觉。其次，个人要能够对发展的衰退期保持客观性，即能够理性、客观地分析自己目前遇到的瓶颈或困难，积极地制定实际的解决方案以寻找突破口。再次，如果经过理性分析之后发现确实没有行之有效的方法来改变现状，那么不妨勇于放弃，这并不意味着失败，而是及时止损，让自身能够尽快寻找到更加适合自己的发展方向。最后，个人在面对衰退期时应当注意心态的调整，保持热情与乐观的态度才能力挽狂澜、柳暗花明。

1.3.5 国内金融软件测试人员能力要求

1. 基础软件测试技能

如果要从事金融软件测试工作，我们需要具备基础软件测试技能，基础软件测试技能贯穿整个软件测试生命周期。软件测试生命周期一般分为测试准备阶段、测试执行阶段和测试报告阶段。测试准备阶段的基础软件测试技能包括业务需求分析能力、测试计划执行能力、测试方案编写能力、测试环境部署能力、测试数据准备能力、测试用例设计能力等；测试执行阶段的基础软件测试技能包括测试用例执行能力、缺陷跟踪能力和日报/周报编写能力等；测试报告阶段的基础软件测试技能包括测试数据统计分析能力和测试报告编写能力等。

2. 金融软件业务知识

金融软件测试工作是为金融业务系统的稳定运行服务的，只有具备了金融软件业务知识，才能更好地在测试中发现系统设计问题和系统逻辑问题。比如，某金融公司新增或修改一种业务功能，一方面，我们需要对该金融系统的业务功能、业务规则和业务逻辑有足够的了解；另一方面，我们还需要了解该系统哪些代码会调用新增的业务功能代码，或者新增的业务功能代码会调用哪些原有的业务功能代码，原有的业务功能是否需要同步改造等，如果新增或修改的业务功能涉及其他业务，其他业务功能是否需要进行同步改造等。测试人员根据这些信息才能准确评估出新增业务可能涉及的测试范围和测试工作量。同时，具备丰富金融软件业务知识的测试人员可以在项目业务需求分析阶段介入，在系统设计阶段指出业务流程、业务规则和业务逻辑上存在的问题，从而更早地定位缺陷，系统缺陷发现得越早，修复该缺陷的成本就越低。

3. 技术能力

金融软件测试人员需要了解操作系统、数据库、网络、存储、中间件和开发语言等技术知识，在项目业务需求分析阶段需要对系统涉及的相关技术进行调研。例如，需要了解该系统采用的开发语言、数据库、存储和中间件等；该系统部署的操作系统，以及操作系统版本信息、服务器硬件信息和负载均衡策略等；该系统部署的网络环境等。金融软件测试人员拥有相关技术能力，可方便之后测试工作的开展。例如，通过数据库查询语句验证前台页面的查询结果显示是否和实际结果相一致，通过执行脚本的方式批量生成测试数据来提高测试效率，查看操作系统中的系统日志来定位系统问题等。

4. 工具使用能力

在整体系统测试过程中，根据测试类型和工作内容的不同，会涉及不同的工具，好的工具可以大幅度简化测试流程和提高测试效率，使得整体测试过程更加标准化和流程化。常用工具分类可以参考表 1-3。

表 1-3 常用工具分类

序号	工具	工具名称
1	流程管理工具	ATQ、ALM/Quality Center（QC）、Redmine、TestDirector
2	用例管理工具	ATQ、Excel、TestLink
3	缺陷管理工具	ATQ、禅道、Jira
4	接口测试工具	MAF、Postman、SoapUI
5	性能测试工具	JAPT、LoadRunner、JMeter
6	自动化测试工具	MAF、UFT、Robot Framework
7	版本管理工具	SVN、Visual SourceSafe、Git
8	数据库	Oracle、SQL Server、MySQL、达梦数据库
9	操作系统	Windows、Linux、Unix、麒麟操作系统、统信

5. 测试人员的软技能

测试人员的软技能包括沟通表达能力、文档编写能力和团队协作能力等。测试人员在测试工作中需要与领导、同事、开发人员、业务人员、运维人员保持良好的沟通，良好的沟通表达能力能够有效降低人员沟通成本，从而促使测试项目顺利完成。文档编写能力贯穿整个系统测试生命周期，测试准备阶段的测试方案、测试用例，测试执行阶段的日报和周报，测试报告阶段的测试报告等，都需要测试人员有比较好的文档编写能力。由于金融系统测试的特殊性，各部门之间人员协作是必不可少的，团队协作能力也是测试人员必备的软技能之一。

1.3.6 本节小结

本节从人才生命周期理论视角出发，分析金融软件测试人才在引入期、发展期、成熟期和持续发展期或衰退期 4 个阶段自我培养的关键任务，同时介绍了国内金融软件测试人员的能力要求。本节的目的是使读者能够遵循人才发展的一般规律，结合自身职业发展规划，实现在金融行业的长足发展。

1.4 本章思考和练习题

1. 软件测试中的 V 模型有何优点？
2. 软件测试中的瀑布模型有哪些不足？
3. 软件测试按测试阶段可以分为哪几种，请简要说明。
4. 什么是 Alpha 测试？什么是 Beta 测试？
5. 金融软件测试有几个发展阶段？
6. 金融软件测试的一般分类都有哪些？
7. 如果您想从事金融软件测试相关工作，应从哪些方面培养自己的能力？

02 第2章 金融软件测试基础知识

本章导读

本章主要从金融软件功能测试、金融软件非功能测试和互联网金融软件测试 3 个方面介绍金融软件测试的基础知识。通过对本章的学习，您可以了解金融软件功能测试的流程和方法；还可以了解金融软件非功能测试，如性能测试、可用性测试、灾备测试、可扩展性测试等具体内容。最后，本章通过介绍互联网金融软件测试的相关知识和理论并将其与传统金融软件测试加以对比，来加深读者对于传统金融软件测试和互联网金融软件测试的认识。

2.1 金融软件功能测试

2.1.1 金融软件功能测试简介

随着我国金融行业的迅猛发展，“金融信息化”时代也随之而来，在银行、保险、证券、信托、租赁等金融业务领域中，通过信息化以及数字化方式处理金融业务已经成为金融行业的必要且首要选择。金融软件测试的普遍特点如下。

（1）业务场景多，数据量巨大，其中的业务处理逻辑和流程错综复杂。

（2）业务发展迅速且灵活，迭代性强。

（3）容错率低，系统中的某个字段显示出错或系统计算费用时的 1 分钱误差，都可能对整体业务造成严重的不良影响。

因此金融软件功能测试显得尤为重要，功能测试的工作在金融软件测试中主要存在于系统测试阶段，即在软件正式投入使用前，通过运用一系列的测试方法，来验证和把控软件质量，确保软件各个业务功能的正确性，从而避免软件在正式投入使用后，由于存在开发缺陷而导致直接或间接的经济损失。此外，由于功能测试是模拟实际使用者操作软件系统，所以在测试过程中，可以更容易地发现需求分析环节不易察觉的需求纰漏，从而规避不同需求间的冲突或无效需求。

综上可见，在整个软件开发生命周期中，功能测试发挥着重要作用。那么，如何做好金融软件功能测试？首先，要明确功能测试的核心原则，即确保业务需求与被测系统输出结果的一致性。在功能测试过程中，一切行为均要围绕此原则来进行。其次，在测试过程中，根据具体的测试场景，通常会运用到等价类划分法、边界值分析法、错误推测法等一系列测试用例设计方法来进行软件测试。功能测试根据测试方法可以划分为手工测试和自动化测试。手工测试由测试人员通过逐条手工执行测试用例、静态查看等方法对系统进行验证；而自动化测试则是在制定测试策略以及测试用例后，通过自动化测试工具来进行测试脚本的编写、录制以及执行，从而达到事半功倍的效果。

以上是对金融软件功能测试的初步介绍，在本节中，我们可以学习到金融软件功能测试的基本流程、测试方法。

2.1.2 金融软件功能测试流程

功能测试（Functional Testing）又称作黑盒测试、行为测试，旨在验证被测软件的功能是否符合预期结果。其主要流程可参见图 2-1，大体分为几个阶段依次进行，即需求分析、测试用例设计、测试用例评审、测试用例执行、缺陷管理与跟踪、提交测试报告（根据项目需要，在提交测试报告后也可加入测试报告评审）。其中，需求分析阶段需要对本次测试需求进行风险分析，并对测试需求进行评审。

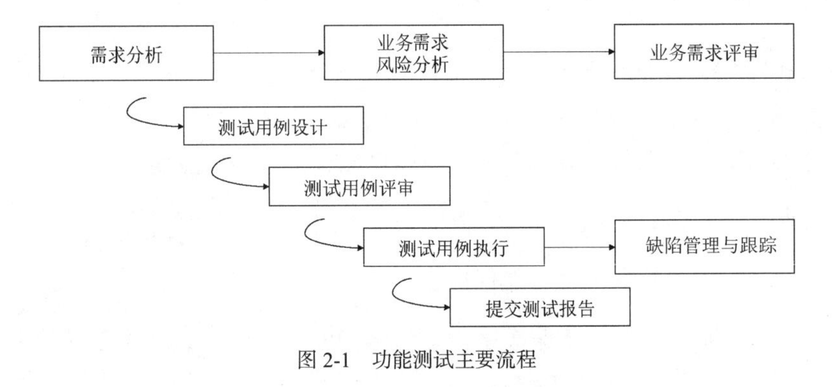

图 2-1 功能测试主要流程

2.1.2.1 需求分析阶段

在获取并阅读需求规格说明书后，即可展开需求分析。在需求分析阶段中，测试人员首先需理解业务需求并分析出由业务需求衍生出的各项测试点；其次需对本次的业务需求进行风险分析，从业务和技术的层面着眼，判断该业务需求是否和同期其他需求有冲突，从而带来业务方面、系统方面的影响和风险；最后需通过了解业务需求，结合被测系统的实际情况制定测试策略。

在需求分析评审会（项目负责人、需求分析师、开发人员、测试人员参与）上，测试人员对于需求文档中有异议的地方一定要进行充分的确认，确保需求理解得清晰、透彻，切忌主观猜测、臆断需求或对需求一知半解、似是而非。如需求文档中有缺失的部分，则需敦促相关人员尽快补齐；如存在需求冲突等导致需求不合理，也应提出自己的看法以及解决方案。

2.1.2.2 测试用例设计及评审阶段

在通过需求评审后，则可进入测试用例设计阶段。在测试用例设计阶段中，依照需求文档中的需求描述，进行用例设计。常用的设计方法有：等价类划分法、边界值分析法、错误推测法等（具体方法详见第 6 章）。在用例设计完毕后，需进行测试用例评审，目的是检查测试点是否有遗漏、用例设计是否已尽可能覆盖业务需求。如测试用例设计有缺陷，则需补充修改后进行二次评审直至评审通过。

2.1.2.3 测试用例执行及缺陷管理与跟踪阶段

测试用例评审通过后，可着手准备测试环境，待开发代码提交后将进入测试用例执行阶段。在测试用例执行阶段中，测试人员按照既定的测试策略来逐条执行测试用例，并且在执行的过程中，需如实记录每一条测试用例的执行结果以及发现的问题。当在测试过程中发现缺陷时，应及时与对应的开发人员进行沟通，将缺陷记录到测试管理工具（行业中常见的测试管理工具有 QC、Jira、禅道等，由中电金信自主研发的 ATQ 测试质量管理平台也运用在多个金融行业测试项目中）中，并跟踪缺陷的修复进度，待缺陷修复后，需对此前发现缺陷的功能进行复测，验证缺陷是否已修复。当测试用例全部执行完毕，且无遗留缺陷时，则视为本次测试用例执行阶段结束。有关缺陷的管理及跟踪，请参考第 5 章的内容。

2.1.2.4 提交测试报告阶段

在测试用例执行阶段结束后，测试人员需针对本次测试向项目组提交测试报告。在编写测试报告时，需如实、客观地展现本次测试的情况以及被测系统的质量。报告中主要记录测试内容、测试人员、测试时间、测试过程数据、测试结论、测试建议及风险等。完成测试报告的编写后，还应根据测试过程中遇到的问题进行总结分析，形成知识库，供后续的测试任务参考使用。测试执行记录一方面作为量化数据进行统计，另一方面作为未来评估测试工作量的重要依据。若采用新的业务系统，考虑到后续测试需求优化以及人员交接，还可形成测试培训课程，帮助项目中的新人尽快掌握新业务系统的测试方法。

2.1.3 金融软件功能测试方法

功能测试的方法大致可分为两类，即手工测试和自动化测试，二者各有特点和优劣势。在实际的测试项目实施中，通常会在需求分析阶段，针对业务需求的特点制定相应的测试策略，从而选择是用手工测试还是用自动化测试，针对一些复杂的测试场景也会根据情况，采用“手工测试+自动化测试”相结合的方式来进行测试。接下来对手工测试和自动化测试分别进行介绍。

2.1.3.1 手工测试

手工测试（Manual Testing），顾名思义，是由测试人员站在系统实际使用者的角度，按照制定的测试策略和设计的测试用例，采取手动的方式，通过操作被测系统再加以相应的测试工具辅助来进行测试，根据系统输出的实际结果来判断系统功能是否符合需求文档中要求的预期结果。手工测试又可进一步分为静态测试和动态测试。静态测试是指不运行被测系统而进行的测试活动，比如检查代码是否按照既定的规范去编写或者各类与本次测试相关的项目文档是否齐全、文档中的内容是否完备和正确等。而动态测试，则是指运行被测系统来进行系统正确性的检验。

手工测试的优势在于，由于是测试人员人工操作，可充分凭借测试人员既往的测试经验，发散测试思维，所以在测试过程中相对灵活，能够发现需求不合理、测试用例设计错误、测试场景覆盖不全等问题，并及时调整修正，手工测试适合应用于大多数常规业务需求的测试中。

但手工测试也有劣势，恰恰由于是人工操作，因此在长时间执行大量重复测试用例时，容易导致工作效率和测试的准确程度降低。例如测试某保险业务需求，由于测试需要，需要模拟实际业务操作系统签发500份保单，从保险核心业务系统的工作流来讲，每出一份保单需要经过4～5个系统节点流转，需手工录入各类信息的录入项为50～60个，如此烦琐且重复的工作再加上测试周期的限制，若仅靠测试人员人工模拟出单，则非常困难且很容易在执行的过程中引入错误。

2.1.3.2 自动化测试

自动化测试（Automation Testing），则是通过搭建自动化测试框架，在测试用例评审通过后，编写并执行测试脚本来检验被测系统的质量。常见的自动化测试框架有Python+Selenium、

Java+Selenium 等。（注：以 Python、Java 为编程语言，以 Selenium 为 Web 自动化测试工具。）

在设计测试策略时，需明确预期结果，该结果可为正常结果，也可为异常结果。在运行自动化测试脚本后，再根据预期结果来判断被测系统的输出结果是否正确。例如某保险公司的业务需求为“系统页面中的‘被保人姓名’为必录项，若不录入直接单击页面中的‘提交’按钮，则会提示阻断性校验信息”。那么在设计和编写测试脚本时，就需要考虑到脚本中录入和不录入“被保人姓名”字段，并关注在运行脚本时，录入“被保人姓名”字段的脚本是否能够正常保存和提交；没有录入“被保人姓名”字段的脚本在执行时，被测系统是否能够出现阻断性校验。

自动化测试的优势主要有以下两点。

提高测试效率、降低人力成本。由于是由计算机运行事先编写好的测试脚本，所以能够在没有人的情况下随时进行测试用例的执行，尤其是对于工作量较大的批量重复性任务，其优势则更为明显，因为不受时间的约束，在非工作时间（夜晚、节假日等）也可自动执行，且在测试脚本运行时，录入速度普遍高于手工录入速度。

除上述优势外，还能够避免测试人员人为造成的一些失误。由于金融行业的功能测试涉及的金额计算场景较多，通过人工进行计算验证比较容易出现错误，或者在执行测试用例的过程中有执行遗漏的可能。而通过测试脚本代替人工进行验证，可以很好地规避这些问题。

但是自动化测试并不能完全替代手工测试，其自身的局限性较强，存在一些劣势。比如，不是所有的测试项目都适合采用自动化测试，自动化测试常用于长期稳定的测试项目进行回归测试或执行大批量重复测试用例的场合，所以需要被测系统已相对稳定，页面元素不再频繁变动，这样才能够使测试脚本具有较高的复用性从而提高测试效率。若页面元素频繁增改、需求变更频繁，则需要花费大量的时间变更和维护脚本，并且由于频繁的改动导致脚本不易复用，不但没有提高效率反而浪费了大量的人工和时间成本。另外，自动化测试对系统以及网络的稳定性要求较高，如果网络时慢时快，被测系统经常卡顿，则很容易出现录入速度缓慢、页面超时等问题。这也就是 2.1.2.1 节所提到的，在需求分析阶段中，需要根据具体情况、具体的测试用例来评估出更适合的测试策略。

2.1.4 本节小结

本节初步介绍了传统金融软件功能测试的基本流程以及流程中各个阶段的主要工作内容、注意事项等，还浅谈了功能测试中的手工测试、自动化测试的基本概念和各自的优劣势。

后续章节会对功能测试的各个阶段以及具体的测试方法进行更加详细的介绍。

2.2 金融软件非功能测试

随着数字经济的发展，传统金融行业纷纷进行数字化转型，对于金融机构产品而言，随之而来的是巨大的业务压力。金融行业数字化转型时，非功能测试变得尤为重要。从广义上讲，除功能测试以外的测试可称为非功能测试。从狭义上讲，非功能测试是验证非功能设计是否符合非功能特性的测试，一般包括性能测试、可用性测试、灾备测试、可扩展性测试、可维护性测试、安全测试等。本节重点介绍性能测试、可用性测试、灾备测试以及可扩展性测试。在传统金融行业，安全测试一般由单独的团队实施，本节对安全测试仅做简单介绍。

2.2.1 性能测试

软件性能是软件的一种非功能特性，性能测试是通过模拟大量或一定量的实际业务，对被测对象进行操作，获取被测对象的最大处理能力以及资源消耗情况的过程。比如春节抢票、双十一大促，在这种大量用户集中操作的情况下，系统是否能够快速地响应（页面正常显示），是我们常见的并且很关心的问题。这种问题转化为性能测试需要关注的点是“快速”“响应”，转化为性能测试的专业术语是响应时间、处理能力（即每秒处理的事务数，单位为TPS）。性能测试除了关注前端用户的反应之外，还需要关注运维人员、开发人员的关注点，比如资源是否够用、代码运行是否耗时过长等。

开展性能测试的主要目的有以下几个。

（1）评估被测对象处理业务的最大能力，给业务规划提供有力的技术数据参考。

（2）获取符合现在生产系统性能的相关参数值。

（3）发现系统性能瓶颈并进行优化，使IT系统能够支持预期业务量。

在实际的金融软件测试项目中，如何进行性能测试？通常性能测试可以拆解为两部分，一是模拟大量用户操作，二是获取资源消耗情况。如何模拟大量用户操作？如果将成百上千的测试人员集中在一起，同时单击某个按钮进行测试，实现起来将非常困难，因此在市场上出现了很多模拟大量用户操作同时向被测系统发起请求的工具，比如LoadRunner、JMeter、JAPT 等。如何获取资源消耗情况？主要是利用监控工具或者命令等获取系统服务器资源的消耗情况，市场上常用的监控工具有监控 Linux 操作系统的 nmon，监控 MySQL 数据库的

mysql-monitor，目前常用的监控组合工具是 Prometheus + Grafana，常用的 Linux 操作系统监控命令是 top、vmstat 等。

在一些比较重视系统性能指标的业务测试中，经常要做性能压测（即压力测试）。对于性能压测，并不是找一些业务增加并发用户运行就可以，性能压测也有一定的方法和策略。因为性能测试主要模拟的是实际生产环境中各种不同背景下的实际业务情况，所以性能压测的策略也有多种，比如双十一大促，对于银行来说，转账、查询业务较多，通常在零点达到顶峰，随后业务量会逐渐减小。这种情况下，为了保障系统的稳定运行，我们在测试时需要进行容量测试、用户激增测试（浪涌测试）等。

性能测试的策略一般包括基准测试、单交易负载测试、混合容量测试、稳定性测试等。每种测试策略测试的侧重点都有所不同，具体如下。

（1）基准测试一般用来检验测试脚本、测试数据的准备情况，考察在无其他业务的影响下，系统处理单支业务的能力。

（2）单交易负载测试是针对单支业务的测试，在逐渐增加用户的情况下，考察系统处理单支业务的能力，主要用于排查单支业务的性能问题，比如交易逻辑、SQL 语句问题等。

（3）混合容量测试针对混合业务，根据不同的业务场景确定混合容量测试场景，通过梯度增加并发用户，获取 TPS、资源等的变化趋势，从而发现系统的性能问题，并为优化提供数据支撑。

（4）稳定性测试主要是验证系统长时间运行是否稳定、内存是否泄露或溢出。

除了以上介绍的几种常用性能测试策略，性能测试还包括浪涌测试、极限测试、批量测试、联机批量测试、疲劳测试等。

2.2.2 可用性测试

可用性测试实质上是一种将用户的体验放在首位，在设计过程中就将用户关注的问题以及体验考虑在内，通过观察、记录和分析用户的行为和感受，来改善产品可用性的测试方法。在技术层面，设置服务熔断、服务限流、自动恢复等机制，这些机制的存在实质上就是为了保障用户的体验，比如服务限流机制可保证运行环境在当前的配置下能够达到最优的服务响应，既保证了用户在前端服务操作的体验，又保护了系统不被大流量压垮。接下来将对可用性测试的各类非功能机制的原理和操作步骤进行介绍。

可用性测试的非功能机制包含服务熔断、服务限流、自动恢复、多节点部署、交易超时等。这些机制的测试方法都以发起压测场景为基础，在场景运行平稳后，在场景执行过程中模拟触发如上机制，观测在触发机制后对当前业务压测场景的影响。可用性测试场景的测试方法有多种，本节列举了微服务架构中常见的服务熔断、服务限流、自动恢复、多节点部署和交易超时机制的可用性测试场景的测试方法，这些机制的可用性测试场景的测试方法为可用性测试定义范围的一部分，供读者参考。

2.2.2.1 服务熔断

依托分布式架构的熔断功能，服务熔断按字面理解就像“保险丝”一样，当达到某些特定条件时，保险丝会融化，起到保护电路的作用。服务熔断机制中的“保险丝”被称为熔断器。熔断器一般会有两种阈值，即失败请求率和慢请求率；除此之外还有两个控制计算周期的参数，即滑动时间窗口和最小请求数，这两个参数可以根据具体业务需要去配置。熔断器分为 3 种状态：关闭（Closed）、开启（Open）、半开启（Half Open）。当失败请求率配置为 50%时，在滑动时间窗口内的失败请求率大于等于 50%，则会触发熔断，熔断器状态会变为 Open，意味着所有请求都将停止并返回熔断报错；当熔断时长达到所配置的熔断时间（默认为 5s）后，熔断器状态会变为 Half Open，此时熔断器会重新检测熔断器滑动时间窗口内的失败请求率；如果失败请求率大于等于 50%则继续熔断，如果小于 50%则关闭熔断。慢请求率原理同上述原理一致，只是阈值配置不同，慢请求率需配置响应耗时及请求比率。

服务熔断操作步骤为选取被测服务脚本，配置压测场景进行压测；在场景运行平稳后模拟网络延迟，使交易响应时间达到熔断阈值；而后观测是否会触发熔断机制并记录资源使用情况；网络延迟恢复正常后查看熔断器是否关闭，观测业务指标是否全部恢复正常状态。

2.2.2.2 服务限流

生活中存在很多限流的情况，比如去景点买票，景点的买票通道被栏杆隔成了只能通过一个人，这是为了保证售票员每次只对一个人服务，如果没有栏杆就会造成秩序的混乱。服务限流就类似这种情况，如果系统理论上只支持 1000 人同时访问服务，突然来了 10 万人，很可能系统被压垮从而导致所有人都无法使用系统，这种情况下就可以通过限制每秒的并发数来保证系统不被大流量压垮。服务限流一般会通过单位时间、请求数两个阈值实现。

服务限流操作步骤为选取被测服务脚本，配置压测场景进行压测；在场景平稳运行后开启已经配置好的服务限流机制；观察压测场景的 TPS 是否与服务限流配置相符；关闭服务限流机制后继续观察压测场景 TPS 是否恢复为正常状态。

2.2.2.3　自动恢复

自动恢复的实质是在集群节点出现异常后，自动检测故障，自动“拉起”故障节点。例如在测试多节点部署用例时，使用 kill -9 或 kill -15 制造节点故障，自动恢复机制会检测节点已经出现故障，此时无须手动恢复，自动恢复机制会自动拉起进程，使用 ps -ef 会发现被“kill”的进程更换进程号重新运行。

在实际操作中，需准备好被测服务脚本发起性能容量测试场景。在性能容量测试场景运行过程中，对被测服务其中的一个节点制造故障（kill -9 进程号或 kill -15 进程号），此时通过多次执行 ps -ef 命令查看进程已经被 kill 掉，随后被 kill 掉的进程会更新进程号重新启动。观察性能容量场景时，TPS 会出现抖动，可能会出现部分请求报错，随着进程自动恢复，TPS 及报错情况也会恢复正常。

2.2.2.4　多节点部署

我们去银行办理业务时，会被分到不同的业务办理窗口。如果其中某个窗口的工作人员有事离开，该窗口会暂停办理业务，并放上“暂停办理”的牌子，本来应该在这个窗口办理业务的人就会被分到其他窗口。如果暂停办理的窗口恢复正常，则可在该窗口继续办理业务。多节点部署就类似这种情况，在多节点的集群环境下，如果其中一个节点发生故障，就会被检测到，负责流量分发的进程就不会将业务再分发到故障节点上，其他节点会承接这个故障节点的业务量。如果故障节点恢复，会被检测到已经恢复，则又会被分发业务。

多节点部署操作步骤为选取被测服务脚本，配置压测场景进行压测并监控集群内所有节点资源使用情况；在场景平稳运行后对被测服务集群内的一个或多个节点制造故障（可以采用 kill -9），观察压测场景中 TPS 是否出现抖动、是否出现业务报错，并查看流量是否切换到正常服务，从系统资源等方面判断负载是否均衡，记录不同节点的负载值；恢复故障节点，查看 TPS 曲线是否抖动，查看被测服务流量是否切换到未制造故障的正常节点。

2.2.2.5　交易超时

交易超时是验证在上游服务配置超时后，调用下游服务超时机制是否生效以及对业务产生的影响。交易超时的测试方法通常有 3 种，分别如下。

1. ConnectTimeOut：连接超时

在被测服务的 Ribbon 中配置 ConnectTimeOut 值为 1000ms，为被测服务下游网卡制造网络延迟 1100ms，触发 ConnectTimeOut 后，观察业务报错是否为 ConnectTimeOut 以及超时时间是否与配置相符。

2. SocketTimeOut：服务器响应超时

SocketTimeOut 测试方法同 ConnectTimeOut 测试方法相似，如测试 SocketTimeOut 则把其他超时的时间改为默认值或调大即可。例如在 Ribbon 中配置，SocketTimeOut 值为 1000ms，被测服务下游网卡制造网络延迟 1100ms，触发 SocketTimeOut 后，观察业务报错是否为 SocketTimeOut 以及超时时间是否与配置相符。

3. ReadTimeOut：读取可用资源超时

ReadTimeOut 为读取可用资源超时，可以借助 chaosBlade 混沌测试工具直接模拟下游服务方法的超时，观察业务报错是否为 ReadTimeOut 以及超时时间是否与配置相符。

2.2.3 灾备测试

在各行业纷纷进行数字化转型的时代，数据是尤为重要的资产，所以对数据的保护手段也在逐渐完备。自然灾害、设备故障、断电、人为破坏、应用故障等可能出现的问题都对数据的完整性有很大的威胁，由此专家们设计了应对威胁的灾备手段，例如多节点多活同城切换、多节点多活异地切换等。下面要介绍的就是针对以上这些灾备手段的测试方法。可以通过模拟各个场景的故障，验证出现故障后对正常业务处理的影响。在对应不同部署模式的灾备测试中，存在不同的灾备测试手段。本节仅从同城、异地的切换以及网络层面，对部分灾备场景测试方法进行介绍。

2.2.3.1 多节点多活同城切换

多节点多活同城切换是要验证在同城多中心的部署方式下，当一个中心出现故障时，是否可以保证业务的连续性和数据的完整性。在执行多节点多活同城切换场景前，选取一个或几个核心交易发起性能容量场景；在性能容量场景运行过程中，对一个中心的所有服务做异常停止操作（通过执行 kill -9/kill -19 等），查看性能场景是否出现抖动或报错现象，查看另一中心是否正常接收业务请求，资源使用是否均衡。

2.2.3.2 多节点多活异地切换

多节点多活异地切换是要验证在异地环境的部署方式下，当一个城市出现故障时，是否可以保证业务连续性，保证数据不会丢失。首先选取一个或几个核心交易发起性能容量场景；在场景执行过程中对一个城市的所有服务做异常停止操作（通过执行 kill -9 或 kill -19 命令），查看性能场景是否出现抖动或报错现象，查看流量是否正常切换至另一城市，查看另一城市资源是否均衡。

2.2.3.3 网络带宽对应用的影响

网络带宽对应用的影响是要验证在带宽出现波动时对业务场景的影响，同样选取一个或几个核心交易发起性能容量场景；在场景执行过程中对被测服务节点网卡模拟网络带宽波动，可以使用 tc 流量控制器，查看性能场景是否出现响应时间增加、TPS 下降等现象并记录。删除模拟网络带宽波动规则，查看性能场景是否恢复正常。

2.2.3.4 网络时延对应用的影响

网络时延对应用的影响是要验证网络延迟出现时对业务场景的影响。选取被测服务发起性能容量场景；在场景执行过程中对被测服务节点网卡使用 tc 流量控制器模拟网络延迟故障，查看在出现网络延迟时 TPS 及响应时间的变化并记录。删除网络延迟规则，查看性能容量场景是否能够恢复正常。

2.2.4 可扩展性测试

软件可扩展性的本质是软件产品在使用过程中随资源消耗的变化而随时进行扩展的能力。通过采用横向扩展、纵向扩展等机制可实现软件的可扩展性。测试人员主要验证此类机制是否生效，以及机制生效过程中对业务的产生影响。本节主要从横向扩展和纵向扩展两方面介绍每种扩展场景的测试方法。

2.2.4.1 横向扩展

横向扩展的本质是横向扩展节点，即在现有集群下扩展节点应对流量的“来袭”。可扩展性测试的目的是验证在横向扩展的同时对现有业务交易的影响，以及扩展后 TPS 是否等比增加。具体执行方法为根据容量规划设计性能测试场景，从被测服务前端发起性能容量测试，待 TPS 稳定后，增加横向应用服务个数。增加压测工具的线程数，查看横向扩展后 TPS 是否能等比增加，若不能等比增加，则计算出增加的比例，对比扩展前后差异。

2.2.4.2 纵向扩展

纵向扩展是纵向扩展 CPU、内存资源（MEM 资源），节点数不变。执行方法同上，根据容量规划设计性能测试场景，从被测服务前端发起性能容量测试，待 TPS 稳定后，增加纵向应用服务 CPU/MEM 的大小，增加一倍资源。增加压测工具的线程数，查看纵向扩展后 TPS 是否能等比增加，若不能等比增加，则计算出增加的比例，对比扩展前后差异。

2.2.5　安全测试

安全测试是对评价测试项及相关数据和信息受保护程度的一种测试，以确保未经授权的人员或系统不能使用、读取或修改它们，且不拒绝授权人员或系统的访问①。安全测试一般包括功能验证、安全漏洞扫描等。

功能验证采用软件测试当中的黑盒测试方法，对涉及安全的软件功能（如用户管理模块、权限管理模块、加密系统、认证系统等）进行测试，主要验证上述功能是否有效。

安全漏洞扫描通常都是借助特定的漏洞扫描器来完成的。漏洞扫描器是一种可自动检测远程或本地主机安全弱点的程序。通过使用漏洞扫描器，能够发现信息系统可能存在的安全漏洞，从而及时修补漏洞。按常规标准，可以将漏洞扫描器分为两种类型：主机漏洞扫描器（Host Scanner）和网络漏洞扫描器（Net Scanner）。主机漏洞扫描器是指在系统本地运行检测系统漏洞的程序，如 COPS、Tripwire、Tiger 等自由软件②。网络漏洞扫描器是指基于网络远程检测目标网络和主机系统漏洞的程序，如 SATAN、ISS Internet Scanner、IBM AppScan、HP WebInspect 等。安全漏洞扫描不仅能够发现系统层面的风险，也能够发现应用软件层面的风险。安全漏洞扫描可以用于日常安全防护，同时可以作为对软件产品或信息系统进行测试的手段，可以在安全漏洞造成严重危害前，发现漏洞并加以防范。

2.2.6　本节小结

本节介绍了几种常见的传统金融软件非功能测试，如性能测试、可用性测试、灾备测试、可扩展性测试和安全测试，重点介绍了性能测试、可用性测试、灾备测试和可扩展性测试在不同场景下的测试方法。后续章节会对非功能测试在不同场景下的具体操作进行更加详细的介绍。

---

① 定义来源：GB/T 38634.1—2020《系统与软件工程——软件测试第 1 部分：概念和定义》3.38 节。

② 自由软件（Free Software）表示的是那些赋予用户运行、复制、分发、学习、修改并改进软件这些自由的软件。

2.3 互联网金融软件测试

互联网金融的蓬勃发展是金融软件测试发展第四个时期的重要标志，深刻影响了整个金融行业向第五个时期（金融科技 FinTech 时期）的迈进。随着互联网以及手机业务的高速发展，诞生了大量以银行、保险等金融系统为基础，小微企业为创新先锋的互联网金融网站、手机端 App 等。而互联网金融软件测试最具代表性的特点就是以 Web 端和手机端为载体，直接面向用户提供自助型的金融服务。在互联网金融业务中，网络金融平台面向使用者的依然是 B/S（浏览器-服务器）架构，其技术框架在程序设计上与传统金融业务系统的并无较大差异，只是服务的使用主体不同，测试方法与传统金融业务系统的共通性强，因此不再单独介绍。本节仅重点介绍互联网金融手机端 App 的测试，并和传统的金融软件系统测试加以区分，加深读者对于金融软件测试基础知识的理解。

2.3.1 互联网金融软件测试概述

在介绍互联网金融软件测试之前必须先了解互联网金融产品的概念，在 2015 年 7 月中国人民银行、工业和信息化部等十个部门共同印发的《关于促进互联网金融健康发展的指导意见》中对于互联网金融有着标准的定义：互联网金融是传统金融机构与互联网企业（以下统称从业机构）利用互联网技术和信息通信技术实现资金融通、支付、投资和信息中介服务的新型金融业务模式。互联网金融的主要业态包含互联网支付、网络理财、股权众筹融资、互联网基金销售、互联网保险、虚拟货币、网络金融创新等[①]。互联网金融产品是依托于互联网直接面向用户的一系列金融产品的集合，这些产品深度挖掘用户的个人需求形成 IT 解决方案，而互联网金融软件测试则是针对这些金融产品进行测试。

互联网金融可根据以下分类进行测试设计，分别是互联网支付、网络理财、股权众筹融资、互联网保险和虚拟货币。

2.3.1.1 互联网支付

互联网支付是指通过计算机、手机等设备，依托互联网发起支付指令、转移货币资金的服务。互联网支付领域的典型产品是以支付宝和财付通为代表的第三方支付，这些产品与电商平台、社交属性密不可分，以线上为业务重点；而各家银行机构也在开展与线上平台的广泛合作，

① 《关于促进互联网金融健康发展的指导意见》（银发〔2015〕221 号）。

于 2017 年底发布的云闪付就是在中国银联的牵头下，由各商业银行、支付机构等共同开发建设、共同维护运营的移动支付 App。互联网支付产品的特点是涉及系统较多、业务流程复杂，主要以接口测试为主，需要测试人员具备使用各种接口测试工具的能力，同时要能看懂后台报文传输过程中的报错信息，关注报文收发成功后数据库状态的更新等。互联网支付对于安全的要求也高于传统金融的支付手段，在支付前、支付中、支付后均需要一定的安全措施对整个支付流程予以保证。互联网支付一般采用支付证书、手机短信校验、各类支付盾（如 U 盾）等方式完成支付安全的闭环，其测试方法有别于传统金融支付，对测试人员的技术能力要求更高。

2.3.1.2 网络理财（基金销售等）

网络理财类的典型产品包括但不限于：以支付宝和天天基金等为代表的基金电商、证券商的自家网站和 App、银行网站和 App 等传统金融公司在互联网的业务拓展、P2P 网站和 App 等。从业务模式来看，网络理财就是把原本线下办理的理财业务转移至线上，有些网络理财可以整合行业的数据等进行对比，让用户综合评估去选择适合自己的高收益产品。从测试角度来看，网络理财的测试标准与传统金融理财的差别不大，测试要点依然是围绕业务流程和业务规则进行功能验证，由于页面直接面向客户，在 UI 以及用户交互方面会有特殊的美观度和易用性要求，测试人员要站在用户的角度提出一些非功能优化方面的建议。同时要注意到，互联网金融公司的整体系统架构较传统金融公司的更适合做自动化测试，在国内大部分的测试招聘网站上涉及互联网金融公司的招聘，往往要求测试人员具备自动化测试设计的能力，不论是从薪资水平还是从技术能力上，互联网金融的测试从业者比传统金融的测试从业者均有一定提高。

2.3.1.3 股权众筹融资

股权众筹融资主要是指通过互联网形式进行公开小额股权融资的活动①。常见的业务类型包括产品众筹（如京东众筹）、公益众筹（如水滴筹、轻松筹）、股权众筹（如人人投）等，近年也有一些影视文娱类的众筹进入人们的视野。众筹平台的测试，基本同网络理财、网络借贷等类型的差别不大。众筹平台测试的特点主要体现在投资客的个人投后信息管理和对接网络支付平台两方面上，在日常测试中要结合互联网支付的特点采用真实数据调用支付接口，完成支付数据的发送与回传。

2.3.1.4 互联网保险

互联网保险告别了传统的保险代理人销售模式，以互联网为载体完成保险产品的推广，

---

① 《关于促进互联网金融健康发展的指导意见》（银发〔2015〕221 号）。

在线上完成保险从承保到理赔的全流程办理。大型保险公司在内部开拓了新的网销渠道，有的是自营渠道，有的是借助于第三方电子商务公司，用户可以实现保单信息的自助填写，保单数据通过网络接口最终回传到保险核心系统并完成数据存储。有的电子商务保险超市还可以实现不同保险产品的对比，但是在系统设计上只是一个面向用户的界面，最终的保费计算和数据还需要借助传统金融的架构进行业务逻辑的判断。因此互联网保险的测试工作在业务上并不深入，并且网络渠道的保险业务种类一般只覆盖到常用的功能，较为复杂的保全、批改等业务还是要通过保险公司走线下渠道办理，测试功能点也以基本的信息录入为主，具有此特点的互联网保险系统更适合做自动化测试。

2.3.2 互联网金融手机端 App 测试概述

随着手机业务的高速发展，诞生了大量的手机端 App，互联网金融手机端 App 最具代表性的特点就是依托于手机端为用户提供金融服务，本节重点介绍手机端 App 的测试方案。

互联网金融手机端 App 直接将金融业务以系统的方式对接到个人，因此在执行测试用例的过程中，测试人员就是 App 的第一个使用者。测试人员不仅要保证业务功能点和流程的质量稳定性，也应根据自己的使用体验提出优化建议，互联网金融手机端 App 一般需要经过如下几类测试，才可以对外发布上线。

2.3.2.1 互联网金融手机端 App UI 测试

App UI 测试也叫用户界面测试，通过该测试，可以检查应用程序的显示界面是否能够正常工作，是否存在影响用户使用功能的情况，界面与原始产品设计效果图是否一致。

测试人员在 UI 测试过程中应注意重点验证以下几个功能点：文字部分（字体、字号、格式、换行等）、图片部分（大小、清晰度、颜色等）、控件部分（文本框、输入框、按钮、日期控件等）。

2.3.2.2 互联网金融手机端 App 功能测试

App 功能测试对照需求规格说明书检查软件功能是否实现、业务流程是否正确、基本程序逻辑是否正常。

手机端 App 的功能测试与传统金融系统功能测试差别不大，主要是对兼容性方面有一定的要求，比如 iOS 或者 Android 系统一般都是要涉及的。手机系统版本较多，一般在测试计划阶段就要定好系统版本的测试范围，不同的屏幕大小还会影响程序的分辨率，但是在手机标准化的今天，需要覆盖的手机屏幕大小也相对固定，通常包含3.7～7英寸（1英寸=2.54厘米）之间的各个尺寸。各公司根据不同的市场定位，会选择支持较新的尺寸的机型，可以根据需求范围进行尺寸筛选。

2.3.2.3 互联网金融手机端App网络测试

App网络测试根据手机网络信号的不同测试App的运行情况，一般包含以下几种情形：2G、3G、4G、5G、Wi-Fi、弱网下、断网时。

根据SIM卡所能支持的信号类型分别验证2G、3G、4G、5G、Wi-Fi情况下App的运行情况，弱网测试可以在将手机置于特定的硬件环境下进行。而断网测试可以采用中断或者干扰一些操作来检查程序是否可以处理这种突发情况（接打电话、收发短信、微信语音或视频电话等）。

2.3.2.4 互联网金融手机端App安装、卸载、升级测试

Android程序打包生成的APK文件可以实现在真机上进行安装和卸载，部分有自家程序商店的APK文件可实现通过商店下载、安装和使用自带的手机设置工具进行卸载。一般安装测试可分为安装前的手机系统状态、安装过程中的突然中断和进度显示、安装后的系统正常使用3个阶段来进行。卸载测试则关注卸载后对应文件是否删除、重新安装时是否报错等。升级测试一般是通过网络实现App的新版本检索并升级，升级后保证App正常使用的同时，原始数据不能丢失，另外考虑部分App是否满足跨版本升级的要求，升级过程中的意外中断也是测试点之一。

2.3.2.5 互联网金融手机端App性能测试

App性能测试一般包括响应时间、内存、CPU占有率、耗电量、耗流量等测试，性能测试有时需要借助于第三方工具来实现。

通过不同的App启动方式来测试响应时间，通过空闲状态和内存泄漏来测试内存，同时打开多个资源高消耗型App来测试CPU占有率，在待机状态或长时间开启或不启动状态下观察App耗电量是否维持正常值（可提前安装监控软件），通过开启App并使用和维持待机状态观察流量使用。

2.3.2.6 互联网金融手机端App用户体验测试

App用户体验测试主要是为了方便用户使用，充分考虑用户的使用习惯，提供多种定制化操作方案来提高用户的使用舒适度。测试人员需要考虑操作页面是否给用户提供了足够的引导，让用户能清晰地知道下一步的操作；用户单手或双手使用是否都能较为方便；菜单设

计是否层次太深，导致进入某个功能点较为复杂；是否一次性载入太多数据，导致等待时间过长；横屏、竖屏切换是否顺利等。

2.3.2.7 互联网金融手机端 App 安全测试

App 安全测试主要从 3 个方面进行考虑，即客户端、数据传输和服务端。一般客户端推荐使用安全软件进行病毒和木马的扫描；数据传输方面需注意防止数据窃听和信息泄露；服务端则需防止常见的 SQL 注入攻击和暴力破解等。

2.3.2.8 互联网金融手机端 App 自动化测试

App 自动化测试是指给 Android 或 iOS 上的软件应用程序做的自动化测试，优点在于可重复进行测试用例覆盖、测试效率高，能够配合手工测试实现对金融 App 软件的整体质量把控。

App 自动化测试一般需要借助工具进行，市面上常见的工具有 Appium（开源的、跨平台的自动化测试工具）、Airtest（UI 自动化测试工具）、MobileRunner（面向平台的自动化测试工具）等，对测试人员有一定的脚本开发能力要求，需要测试人员通过测试脚本、数据驱动、关键字驱动等完成技术框架的搭建。关于 App 自动化测试工具的使用，感兴趣的读者可以根据自己所在项目待测金融软件系统的实际需要进行选择。

2.3.3 互联网金融与传统金融软件测试对比

互联网金融软件测试和传统软件测试的区别在于，测试关注点、测试版本发布频率以及对测试人员能力和技术的要求不同。互联网金融和传统金融都是为实现资金融通、支付、投资和信息中介而服务的，而且近年来传统金融也在不断学习、借鉴互联网金融的特点，双方也在不断地融合，随着 FinTech 时期的到来，双方的差异性也会越来越小，最终实现融合。

2.3.3.1 测试关注点

1. 传统金融

传统金融软件测试更加注重业务规则和系统稳定，对操作界面的要求相对较低，系统开发更多的是为业务服务，为流程服务。测试人员通常是对照定版的需求规格说明书开展测试，文档中包含明确的范围、功能点、性能指标等。

传统金融软件测试人员需要拥有扎实的业务知识，不仅能够准确地分析出文档中所包含的测试点与测试场景，还需要辨识出关联功能、子流程以及可能会被影响的其他交易。测试人员的测试重心是业务规则，而不会过多地关注文档外的内容。

2. 互联网金融

由于大部分互联网金融软件是基于 To C 的方式开发的,测试的关注点除了业务规则外还包括用户体验中软件的功能设计和实现等，测试人员要充分考虑到这些方面。

在测试用例执行的过程中，测试人员不仅需要对比系统实际结果与测试用例预期结果是否一致，同时要关注页面布局的合理性、功能使用的便捷性、各类型页面或交易的等待时间等偏主观因素（注：这里的等待时间不是系统性能的响应时间，而是人为设计好的时间）。这些主观因素虽然会因人而异，但测试人员要从用户的角度出发，提高用户对系统的满意度。

2.3.3.2 测试版本频率

1. 传统金融

传统金融软件更新一般有着明确的时间节点，比如按周更新的有每周四凌晨对所有系统进行统一升级，按月更新的有每月月底晚间进行升级，升级前会发布公告，版本迭代不求速度只求稳定。这种方式更方便测试人员按照预定的计划来完成测试任务。

2. 互联网金融

互联网金融软件个性化强、更新迭代极快，同一天可能有多个版本要上线发布。测试人员在测试时间和资源有限的情况下，按部就班地开展测试工作已经很难完成多个版本的所有测试任务。在这种背景下，敏捷开发的模式已逐渐成为主流。面对快速迭代和多版本并行的情况，测试人员随时准备介入并开展测试工作，发现问题快速流转、快速解决，在系统达到既定目标后快速上线发布。

2.3.3.3 对测试人员的能力和技术要求

1. 传统金融

传统金融行业对测试人员的业务能力要求非常高，往往需要测试人员精通某一个业务板块或测试环节。项目团队在测试人员的工作分配和能力培养方面，通常会专岗专项，相应岗位上的测试人员只负责自己所在业务模块或测试环节的测试工作，然后由各岗位测试人员相互配合完成测试任务。在这种模式下，测试人员对所负责模块的内容有极高的了解度和专业度，但对于整个业务和系统的架构缺乏全局了解。

2. 互联网金融

随着互联网金融业务的发展，不同系统之间的联系越来越密切，大量的数据交互，频繁的页面跳转，复杂的流程互通，使得专精于某一个业务板块的测试人员很难胜任。在互联网金融项目中往往需要通才，一名既可以做功能测试，又可以做自动化测试，同时还可以兼顾基础的性能测试和安全测试的测试人员更被团队所需要。在版本快速迭代的背景下，测试人员是否可以清晰地整理出本系统或业务模块的上游业务与下游业务，并了解数据在系统间的传输规则和逻辑已成为测试人员能力评估的重要参考依据。

2.3.4 本节小结

本节主要介绍了互联网金融软件测试的概念和分类，以及对应的测试方法，通过学习本节内容，读者可了解互联网金融软件测试和传统金融软件测试的异同点。新时代金融软件测试的发展速度非常快，本书中提供的相关内容也在不断更新换代，新的互联网金融软件测试产品随着用户需求的变化，也在不断推陈出新，读者可根据实际所参与的项目特性灵活理解和应用。

2.4 本章思考和练习题

1. 分别从用户、开发、运维 3 个角度分析性能测试关注点。
2. 服务熔断是怎么实现的？
3. 什么是互联网金融软件测试，它和传统金融软件测试有什么异同点？
4. 针对互联网金融手机端 App 进行的测试都需要做哪些检查和验证？
5. 互联网金融主要包含哪些业务？

03 第3章 常用软件测试工具

本章导读

常用的软件测试工具的类别比较多，本章着重介绍测试质量管理工具、自动化测试工具、性能测试工具和测试数据管理工具。测试质量管理工具可用于复用测试过程资产，跟踪缺陷，从而提高软件质量、软件交付效率。自动化测试工具、性能测试工具可用于提高测试效率，自动化工具可代替部分手工测试。测试数据管理工具在测试过程中也发挥着重要的作用，尤其是在金融软件涉及客户的姓名、证件类型、证件号码、电话等敏感数据时，在开发和测试过程中需要大量的测试数据来验证软件的有效性，此时需要测试数据管理工具通过特定规则造数（制造数据）或对生产数据进行脱敏处理。本章将对测试质量管理工具、自动化测试工具、性能测试工具、测试数据管理工具 4 类工具分别进行介绍（出于版权的考虑，本章重点介绍中电金信的自研工具）。

3.1 测试质量管理工具

目前常用的测试质量管理工具有禅道、Jira、QC、ATQ 测试质量管理平台（简称 ATQ）等，禅道主要基于 Scrum，是一种注重实效的敏捷项目管理工具，它只规定了核心的管理框架，具体的细节需要使用者自行扩充。Jira 是 Atlassian 公司的项目与事务跟踪工具，被广泛应用于缺陷跟踪、客户服务、需求收集、流程审批、任务跟踪、项目跟踪和敏捷管理等工作领域。QC 是惠普的一款缺陷管理工具，可用于组织和管理一个项目所有的测试阶段，例如需求分析、用例编写、用例执行、缺陷提交、回归测试等。ATQ是中电金信自主研发的测试质量管理平台，它把需求、测试、缺陷三者联系起来，形成一个闭环，使用者可以借助ATQ对其项目的开发质量和测试质量做出更准确的评估，呈现出更明确的目标。测试质量管理工具贯穿测试全流程，确保被测软件质量、提高软件交付效率。

本节将以中电金信ATQ为例进行介绍。

3.1.1 ATQ测试质量管理平台概述

传统的测试工作是采用文档方式来进行管理的，经常使用Word、Excel等来编写和管理测试用例。这种管理方式在测试发展的初期非常普遍，适用于项目对应用系统的质量要求比较低、测试工程师人数比较少、对测试用例的质量要求比较低的情况。随着软件质量重要性的不断提升，这种方式凸显出以下问题：缺陷管理的力度不足、测试用例缺乏规范性、测试过程难以管理、测试需求管理缺失等。

为解决软件测试过程中出现的以上问题，中电金信推出了自主研发的ATQ，该平台的主要功能有测试项目管理、测试需求管理、测试用例管理、测试执行管理、缺陷管理、测试报告管理等。用户使用ATQ可以更合理地分配测试资源，第一时间知晓项目实施过程中出现的风险，合理分配并准确监控个人任务，促使工作高效完成。

ATQ参考了国内外测试管理工具的优缺点，并结合国内测试工程师的工作习惯，采用集中实施、分布式使用的架构，具有完整的自主知识产权。它可以进行多项目的测试管理，并具有测试的全生命周期管理、项目全程监控与风险预警机制以及独有的质量度量体系等功能，能够为用户的测试流程提供更全面的支撑。

3.1.2 ATQ测试质量管理平台应用架构

ATQ测试质量管理平台应用架构如图3-1所示，其依据测试过程闭环管理的结构体系构建，将测试需求管理、测试需求分析管理、测试用例管理、测试执行管理、测试问题管理、测试报告管理联系起来，形成一个闭环。

图3-1 ATQ测试质量管理平台应用架构

ATQ测试质量管理平台主要包含测试管理层、测试业务层、基础功能层、基础配置层四大功能模块，如图 3-2 所示。

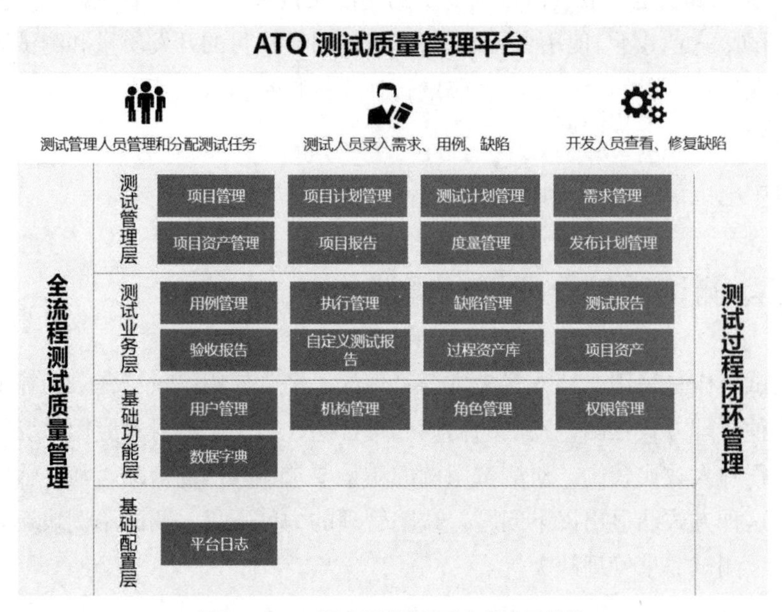

图 3-2 ATQ 测试质量管理平台的功能模块

测试管理层又可进一步划分为项目管理、项目计划管理、测试计划管理、需求管理、项目资产管理、项目报告、度量管理、发布计划管理等。

测试业务层主要是对测试过程进行管理，包括用例管理、执行管理、缺陷管理、测试报告、验收报告、自定义测试报告、过程资产库、项目资产等。

基础功能层可供使用者对管理平台进行设置，包括用户管理、机构管理、角色管理、权限管理、数据字典等。

基础配置层主要提供查看平台日志的功能。

3.1.3 ATQ 测试质量管理平台主要功能

ATQ 测试质量管理平台主要有以下功能。

3.1.3.1 工作台

ATQ 提供了工作台来实现对平台整体情况的展示，登录平台后，不同角色的人员可以看到不同的展示。

3.1.3.2 角色权限管理

ATQ 默认提供了 4 类、8 种平台角色，一旦授予不能删除，用户可以根据自己的需要额外自定义不同权限的角色。提供的默认角色说明如表 3-1 所示。

表 3-1 ATQ 默认角色说明

分类	角色名称	权限范围	说明
维护类	管理员	拥有平台所有操作权限	全面维护平台的负责人
管理类	监管员	以只读形式查看平台所有功能	客户的相关工作负责人
	项目群管理员	用户管理、机构管理、项目群管理、项目管理、项目报告	维护平台内项目群的负责人
经理类	项目经理	计划管理，查询项目信息、项目报告	授予项目的总负责人
	开发经理	查询项目信息、测试需求、测试用例，查询和分配缺陷	授予项目开发工作的负责人
	测试经理	项目报告查询、计划管理、需求管理、用例管理、执行管理、缺陷管理	授予项目测试工作的负责人
员工类	开发人员	查询测试需求、测试用例，查询、受理、拒绝缺陷	修复缺陷的人员
	测试人员	查询测试需求，用例管理、执行管理、缺陷管理	实施测试工作的人员

3.1.3.3 用户管理

用户管理模块提供了对用户信息的管理功能、维护功能，并支持用户信息的导入、导出功能以及角色设置功能，如图 3-3 所示。只有在系统中登记了的用户才能够登录平台。此外，ATQ 测试质量管理平台还提供了从其他系统中同步用户的接口。

图 3-3 ATQ 测试质量管理平台的用户管理

3.1.3.4 机构管理

机构管理模块提供了对机构的维护功能，如图 3-4 所示。

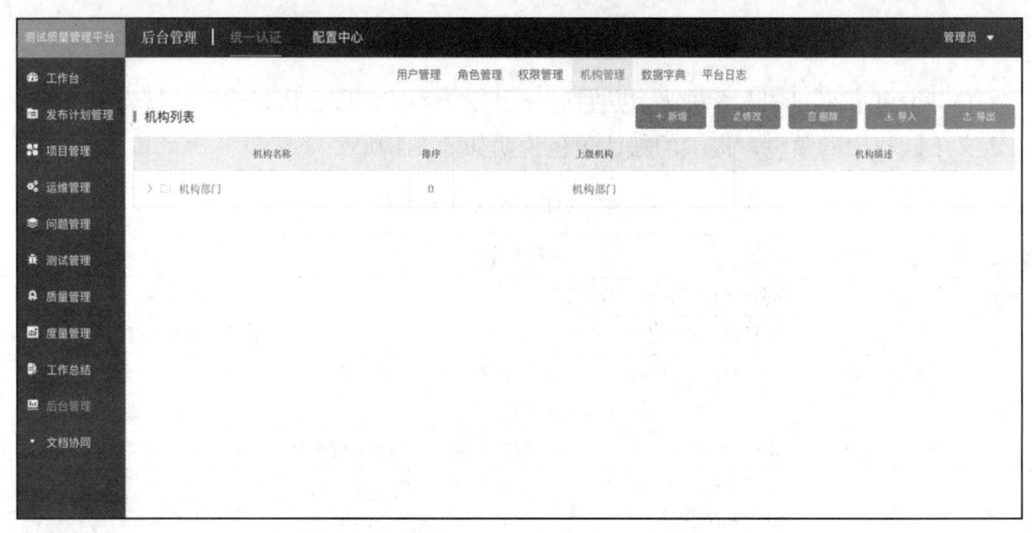

图 3-4 ATQ 测试质量管理平台的机构管理

3.1.3.5 数据字典

数据字典模块提供了对字典数据的维护功能，如图 3-5 所示。用户可以对平台中定义的字典项进行添加、修改等操作。

图 3-5 ATQ 测试质量管理平台的数据字典

3.1.3.6 角色管理

角色管理模块提供了对系统角色的维护功能，如图 3-6 所示。用户可以根据需要配置相应的角色、权限等。

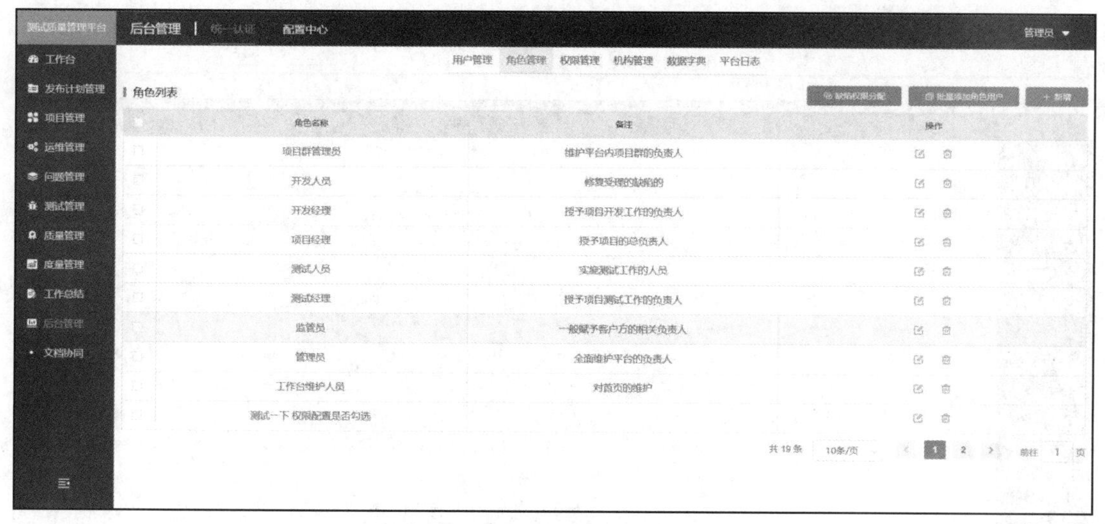

图 3-6 ATQ 测试质量管理平台的角色管理

3.1.3.7 权限管理

权限管理模块提供了对系统权限的查询功能，如图 3-7 所示。用户可以查看系统允许进行权限配置的菜单、按钮等信息。

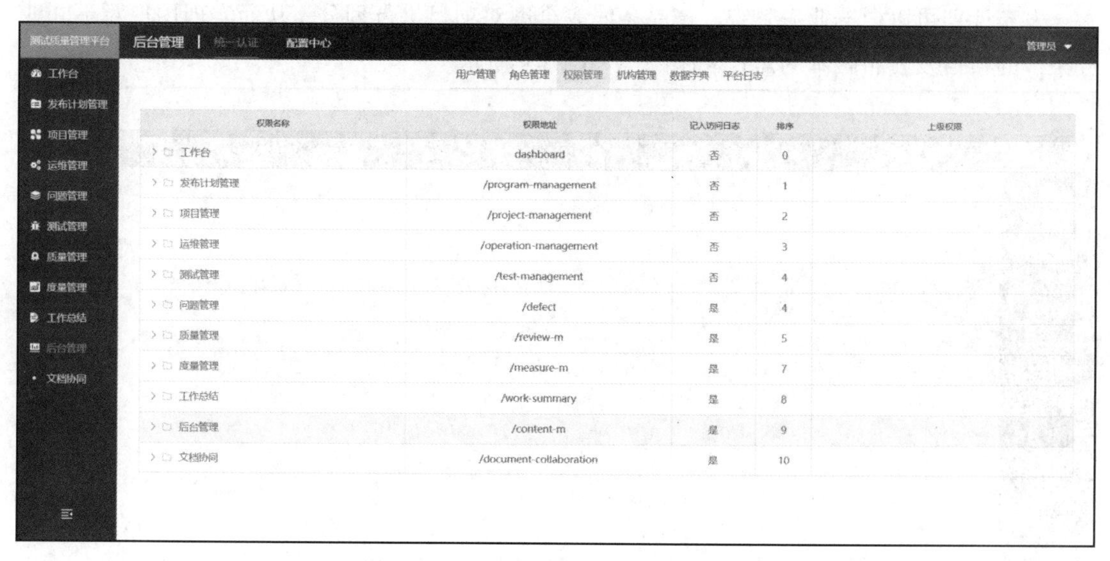

图 3-7 ATQ 测试质量管理平台的权限管理

3.1.3.8 平台日志

平台日志模块提供了对系统日志数据的记录和查询功能，如图 3-8 所示。用户可以通过用户名、IP 地址、访问地址、访问时间等对系统日志进行查询。

测试质量管理平台　后台管理 | 统一认证　配置中心　管理员

工作台　发布计划管理　项目管理　运维管理　问题管理　测试管理　质量管理　度量管理　工作总结　后台管理　文档协同

用户管理　角色管理　权限管理　机构管理　数据字典　平台日志

用户名/姓名 请输入用户名/姓名　访问时间 开始日期 至 结束日期　访问地址 请输入访问地址/操作名称　重置　查询

IP 请输入IP

#	访问时间	访问地址	操作名称	IP	用户名	姓名
1	2023-02-23 10:29:19	/atq/login/login	登录平台	124.127.129.194	admin	管理员
2	2023-02-23 10:07:53	/atq/login/login	登录平台	124.127.129.194	admin	管理员
3	2023-02-22 20:13:31	/atq/login/login	登录平台	223.104.41.168	admin	管理员
4	2023-02-21 16:09:22	/atq/login/login	登录平台	106.39.103.30	admin	管理员
5	2023-02-21 10:52:35	/atq/login/login	登录平台	124.127.129.194	admin	管理员
6	2023-02-21 10:46:19	/atq/login/login	登录平台	124.127.129.194	admin	超级管理员
7	2023-02-21 10:45:38	/atq/login/login	登录平台	106.121.136.254	admin	超级管理员
8	2023-02-17 09:11:23	/atq/login/login	登录平台	106.39.103.30	admin	超级管理员
9	2023-02-14 22:29:34	/atq/login/login	登录平台	111.201.145.100	admin	超级管理员
10	2023-02-13 13:53:49	/atq/login/login	登录平台	36.112.185.19	admin	超级管理员

图 3-8　ATQ 测试质量管理平台的平台日志

3.1.3.9　发布计划

发布计划可以根据业务系统、产品条线等维度对项目进行划分，从而实现用户对不同业务条线的项目及发布版本的监控和跟踪，如图 3-9 所示。

测试质量管理平台　发布计划管理 | 发布计划　发布计划报告　管理员

工作台　发布计划管理　项目管理　运维管理　问题管理　测试管理　质量管理　度量管理　工作总结　后台管理　文档协同

发布计划名称 请输入　发布类型 请选择　重置　查询

发布计划列表　+ 新增发布计划

序号	发布计划名称	发布类型	发布日期	创建人	发布计划描述	操作
1	冲账系统回归测试计划A	重大	2022-01-19			
2	2022011901发布计划	重大	2022-01-20		发布计划描述	
3	20220218发布计划	常规	2022-02-18			
4	ZR项目部署实施计划	常规	2022-02-17			
5	企业管理新增批量删除	常规	2022-02-21			
6	2022-2-22-发布日期错误测试	常规	2022-03-03			
7	20220223验收发布计划	常规	2022-02-23		发布计划描述	
8	0228发布计划	快速	2022-02-28			
9	验收版本发布计划20220301	重大	2022-03-01		发布计划描述	
10	IDE开发跨库识别血缘	常规	2022-03-12			

共 140 条　10条/页　1 2 3 4 5 6 … 14　前往 1 页

图 3-9　ATQ 测试质量管理平台的发布计划

3.1.3.10 发布计划报告

通过发布计划报告可以展示两个维度的信息，即发布计划成本报表、缺陷数量统计，如图 3-10 所示。

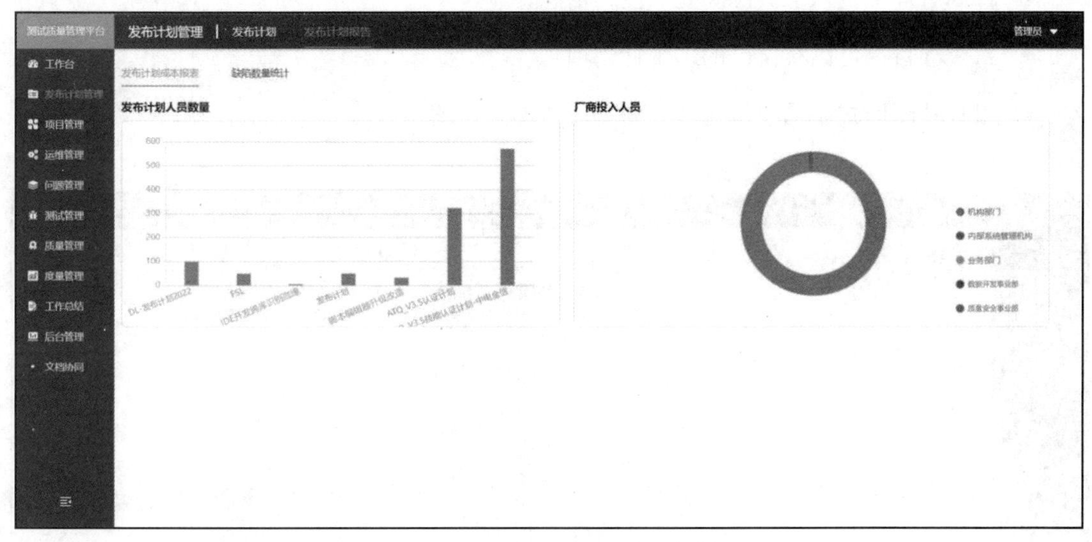

图 3-10 ATQ 测试质量管理平台的发布计划报告

3.1.3.11 项目管理

ATQ 测试质量管理平台结合多年沉积的管理经验，提供了实用精简的项目管理功能，包括项目概览、项目的创建、团队的创建等功能，如图 3-11 所示。

图 3-11 ATQ 测试质量管理平台的项目管理

3.1.3.12 计划管理

ATQ 对测试计划提供了强大的支持，具体如下：

- 计划管理中纳入了资源和完成度的信息；
- 每个项目都可以有自己的多个计划项；
- 以甘特图形式展示项目测试计划完成进度（见图 3-12）。

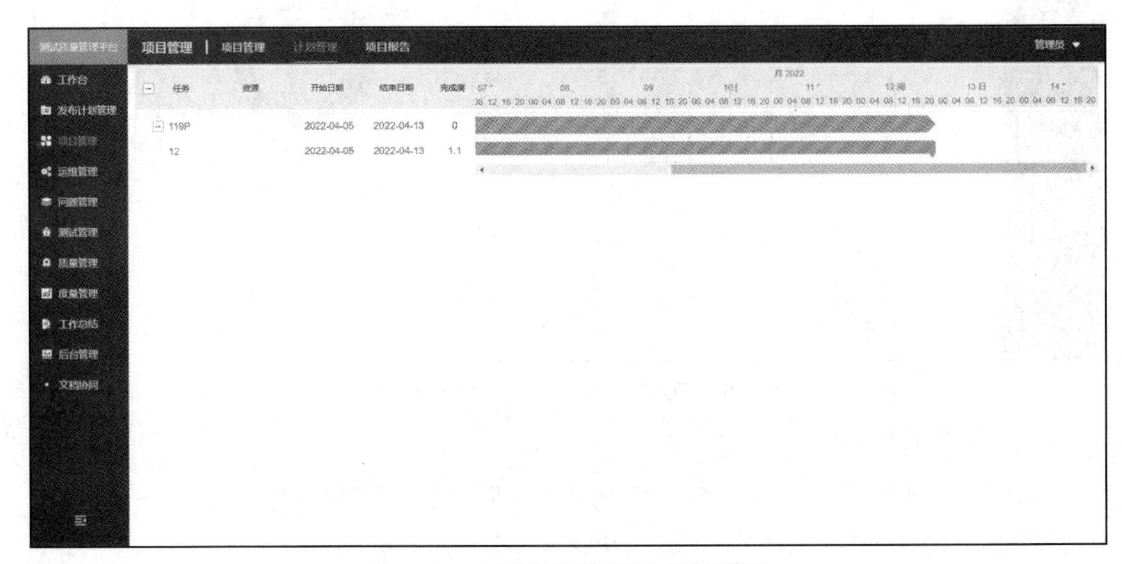

图 3-12 ATQ 测试质量管理平台的计划管理

3.1.3.13 项目报告

项目报告模块提供以项目为维度的活动报告，报告中提供了多种信息，项目报告、缺陷报告分别如图 3-13、图 3-14 所示，主要包括如下内容。

- 测试执行情况。单击查看对应项目的测试报告，报告上会显示测试用例执行的结果：每轮次测试用例的数量，测试通过、失败、未执行的百分比等。
- 测试缺陷情况。展示每个项目已关闭、未关闭的缺陷数量对比，以及各个状态的缺陷数量和占比。
- 项目投入人员的数量对比以及项目中每个合作团队的人员数量对比。

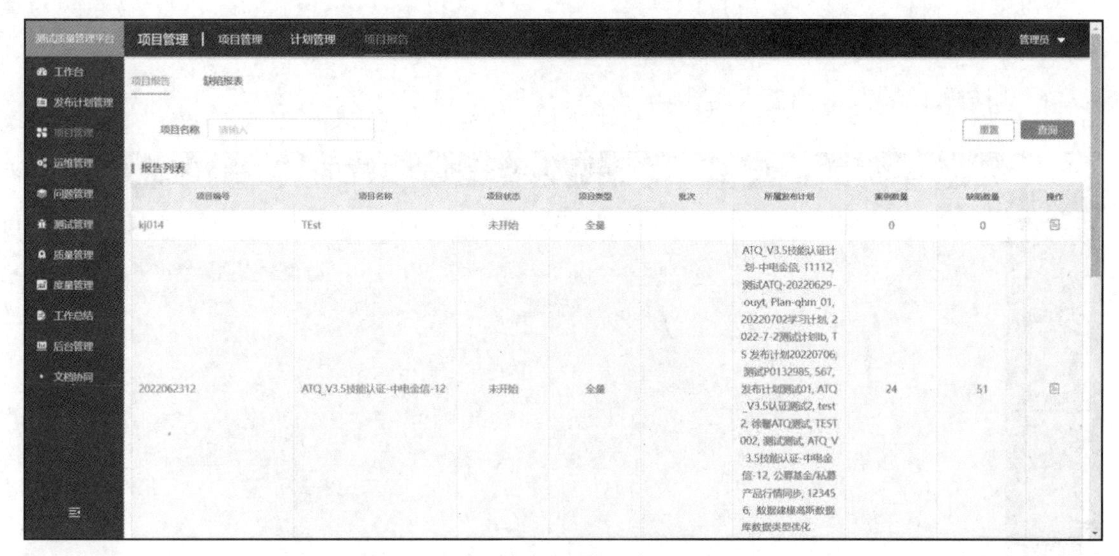

图 3-13　ATQ 测试质量管理平台的项目报告

发布计划名称	项目名称	提出	审核	分配	受理	待验证	重开	关闭	拒绝	合计	修复率
DL-发布计划2022	高校-3	43	0	2	0	0	1	0	0	46	0%
	高校-4	22	0	2	2	0	0	0	0	26	0%
FSL	高校-2	35	1	3	0	0	1	0	0	40	0%
	数据底座	0	0	0	0	0	0	0	0	0	0%
数据模型列表优化	数据中台2.0	0	0	0	0	0	0	0	0	0	0%
	移动APP项目	2	0	0	0	0	0	0	0	2	0%
发布计划	高校-1	33	1	7	0	2	0	0	0	43	0%
	高校-5	18	2	6	0	2	0	0	0	28	0%
ATQ_V3.5认证计划	ATQ_V3.5技能认证-1	69	3	0	0	0	0	0	0	72	0%
	ATQ_V3.5技能认证-2	5	0	0	0	0	0	0	0	5	0%
ATQ_V3.5认证计划	ATQ_V3.5技能认证-3	41	1	1	0	0	0	0	0	43	0%
	ATQ_V3.5技能认证-4	40	0	1	0	0	0	0	0	41	0%
ATQ_V3.5认证计划	ATQ_V3.5技能认证-5	13	0	1	0	0	0	0	0	14	0%

图 3-14　ATQ 测试质量管理平台的缺陷报告

3.1.3.14　需求管理

需求管理以多层次和列表的形式对当前项目的需求进行展示，用户可以对需求进行添加和修改，并且支持批量导入和导出的功能。此外，用户还可以查看需求的修改历史以及新增子需求，以应对频繁的需求变更。测试需求包括需求描述、测试主题等信息，如图 3-15 所示。

- 测试需求采用树形结构列表，可以建立多层次的关系。

- 可以增加、修改、删除、查询测试需求。
- 用户可以导入/导出需求内容。

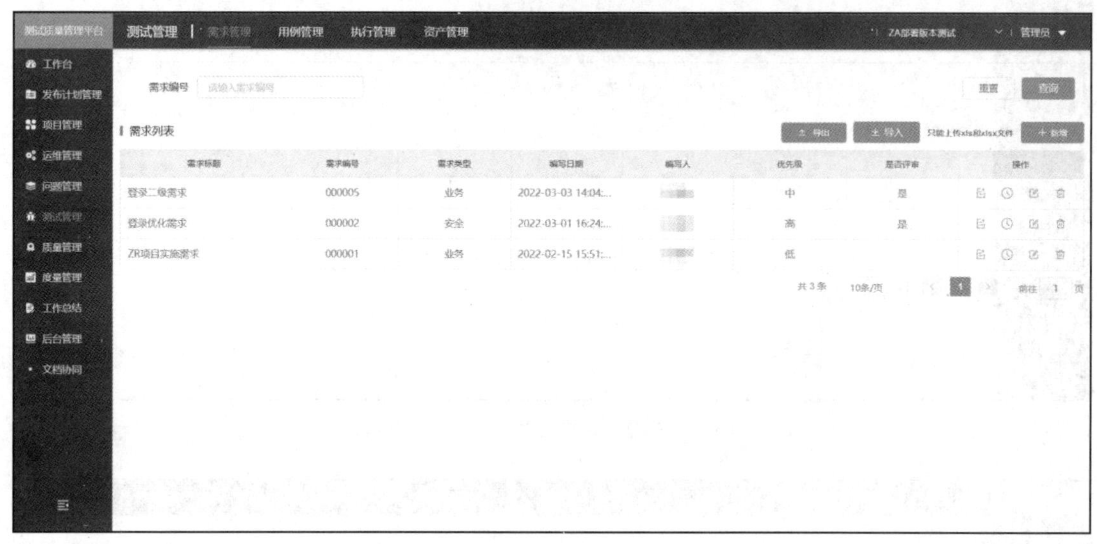

图 3-15 ATQ 测试质量管理平台的需求管理

3.1.3.15 用例管理

测试用例挂接在系统模块树上，新增测试用例时，需要选择所属的系统模块。用例管理支持增加、修改、删除、查询、导入、导出等操作，如图 3-16 所示。

新增测试用例时，可以直接增加用例步骤（添加步骤的具体描述和期望结果，方便以后执行用例时进行参照和对比）。

测试用例还可以与需求条目进行关联，通过不同维度查询用例，测试用例支持模糊查询，支持测试用例的批量导入、导出，支持单个或多个附件的上传、下载。

3.1.3.16 执行管理

ATQ 支持针对执行用例的管理，执行管理模块可以把执行中的每个测试用例作为一个任务来进行管理。执行用例需要新增测试轮次，需要注意的是，测试用例必须包含对应的测试轮次，如图 3-17 所示。

新增一个测试轮次时，系统自动把该项目的测试人员列到轮次下，方便测试经理为每一个测试人员分配测试用例。实现一个完整的测试轮次往往需要以下几个步骤。

第一，需要进行任务分配，由测试经理把任务分配给具体的测试人员。

第二，测试人员查询分配到自己名下的测试任务，然后执行。

图 3-16　ATQ 测试质量管理平台的用例管理

第三，测试人员填写测试结果，保存测试证痕。

第四，在测试过程中，如果测试用例执行失败，就可以直接提交缺陷。

图 3-17　ATQ 测试质量管理平台的执行管理

3.1.3.17　项目资产

项目资产模块提供了对项目测试过程中产生的文档资产进行维护的功能，如图 3-18 所示，支持多资产存放路径的维护、支持资产的上传及下载。

#	文档名称	所属项目	所属阶段	附件类型	文件大小(KB)	添加人	添加时间	评审结果	操作
1	测试管理 测试案例...	测试管理-Y	开发阶段	交付物	9	李杰林举	2022-02-15	无须评审	
2	流程测试-Y0221案...	流程测试-Y0221-题改12	测试阶段	交付物	9	郝薇薇	2022-02-22	未评审	
3	中债--案例模版.xlsx	中债版本交付与发布项目	测试阶段	交付物	8	王润佳	2022-03-31	未评审	
4	测试管理 测试案例...	数据底座升级改造	测试阶段	交付物	9	王润佳	2022-04-07	无须评审	
5	用户表(3).xlsx	系统内核性能优化	试用阶段	交付物	6	甘洁莹	2022-04-07	未评审	
6	测试用上传文件.doc	数据中台	测试阶段	交付物	79	张景松	2022-04-14	有条件通过	
7	测试用上传文件.xlsx	测试123-新建项目	测试阶段	交付物	62	李冬一美	2022-04-14	通过	
8	测试用上传文件.doc	测试123-新建项目	总结阶段	交付物	79	赵兰	2022-04-14	有条件通过	
9	微信图片_202204...	测试123-新建项目	部署阶段	交付物	114	李杰林举	2022-04-14	有条件通过	
10	微信图片_202112...	ATQ_V3.5技能认证-中电金...	测试阶段	交付物	80	张景松	2022-06-28	无须评审	

图 3-18 ATQ 测试质量管理平台的项目资产

3.1.3.18 过程资产库

过程资产库模块提供了对平台中已归档项目的文档资产的维护功能，如图 3-19 所示。用户可以通过过程资产库来管理自有的文档资产，从而实现文档资产的有效利用。

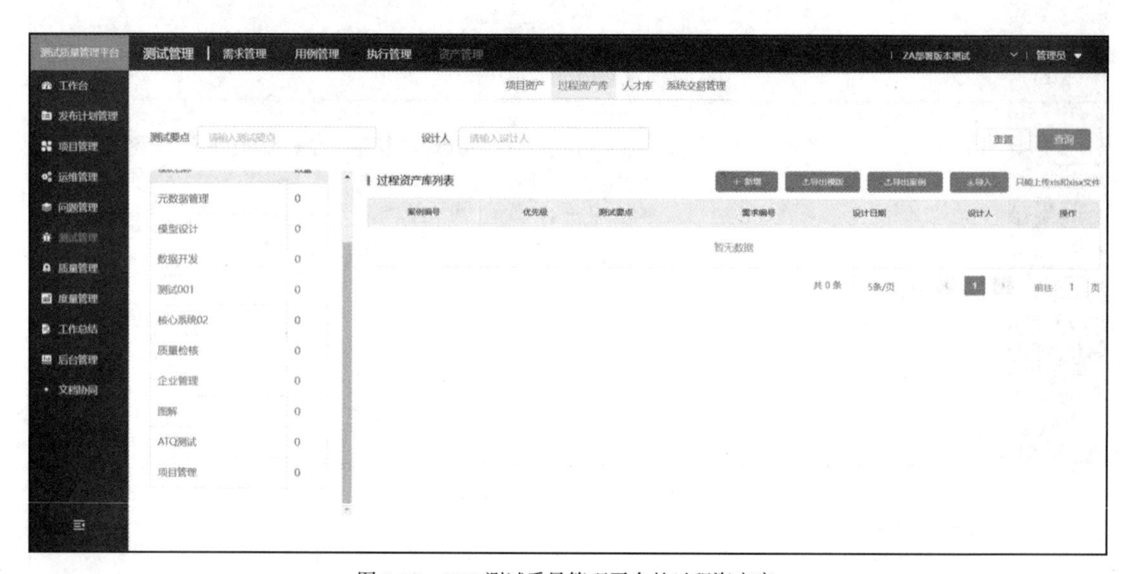

图 3-19 ATQ 测试质量管理平台的过程资产库

3.1.3.19　人才库

人才库模块提供了项目人员的详细信息维护功能，对人员的工作年限、个人技能、教育背景、培训等扩展信息提供了维护功能，为人员的评级、评分提供了辅助信息，如图 3-20 所示。

图 3-20　ATQ 测试质量管理平台的人才库

3.1.3.20　系统交易管理

系统交易管理模块用于对被测系统、模块及功能进行统一管理，它可以被测试管理中的用例管理及发布计划管理中的发布计划等功能引用，如图 3-21 所示。

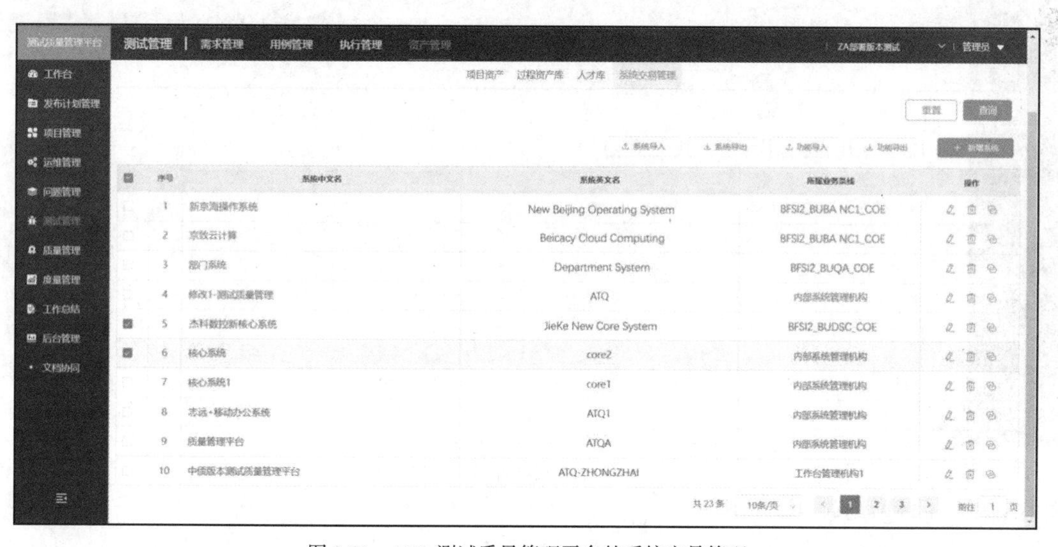

图 3-21　ATQ 测试质量管理平台的系统交易管理

3.1.3.21 问题管理

ATQ 问题管理是测试质量管理平台中对缺陷进行集中查看和管理的功能，包括查看项目中在不同轮次提出的缺陷以及缺陷处理状态的统计（见图 3-22）。为方便用户使用，ATQ 将问题管理和测试管理模块进行了关联。以下列举缺陷管理和问题管理的特点。

- ATQ 测试质量管理平台的缺陷管理使用起来非常简便，能够容易地让用户查看到自己关注的缺陷、需要自己处理的缺陷以及项目的缺陷。
- ATQ 测试质量管理平台提供了缺陷管理的主页面，使缺陷情况一目了然，并且提供详细查询的功能，便于用户在最短的时间内查找到自己所需要的缺陷。
- 问题管理支持通过改变当前所选择的项目来查看不同项目中的缺陷。ATQ 测试质量管理平台的缺陷管理使用了工作流的技术，用户通过修改角色的流转定义，能够非常容易地自定义缺陷管理流程。
- 每个参与缺陷处理的人员，都能够编写自己的额外备注，描述处理的情况，同时系统自动显示处理的时间。用户通过备注能够非常容易地查看缺陷流转的情况和发现的问题。
- 缺陷能够直接链接到测试用例，并且显示测试用例的情况。缺陷与测试用例紧密关联在一起。

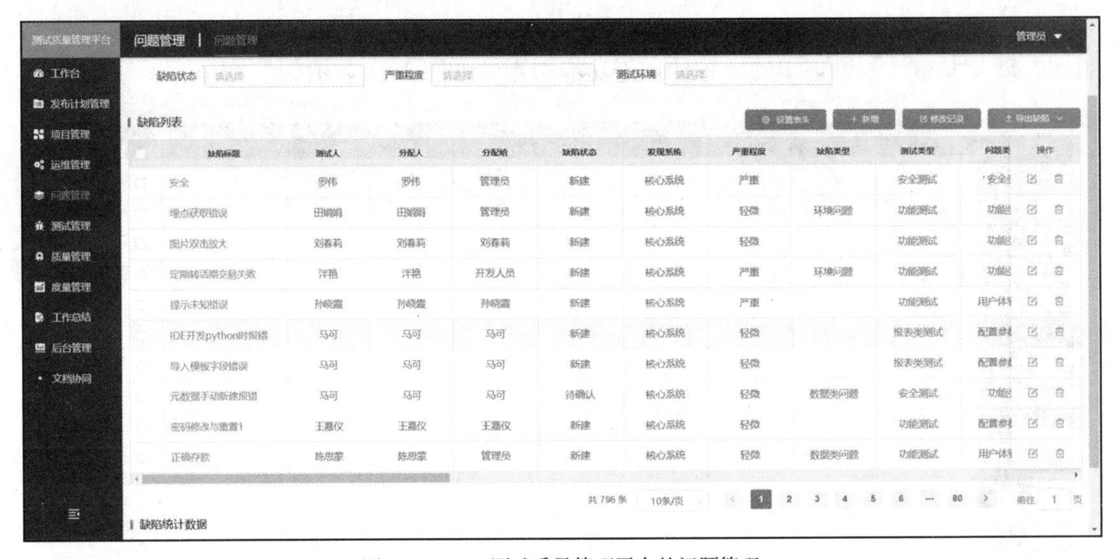

图 3-22 ATQ 测试质量管理平台的问题管理

3.1.3.22 质量管理

质量管理模块提供了用户对测试需求、测试用例、测试报告的评审功能，如图 3-23 所示。

用户可以在这里进行完成发起、撤销、选择评审人、评审等操作，其支持多轮次评审，支持对评审结果及评审中发现的问题进行跟踪、登记。

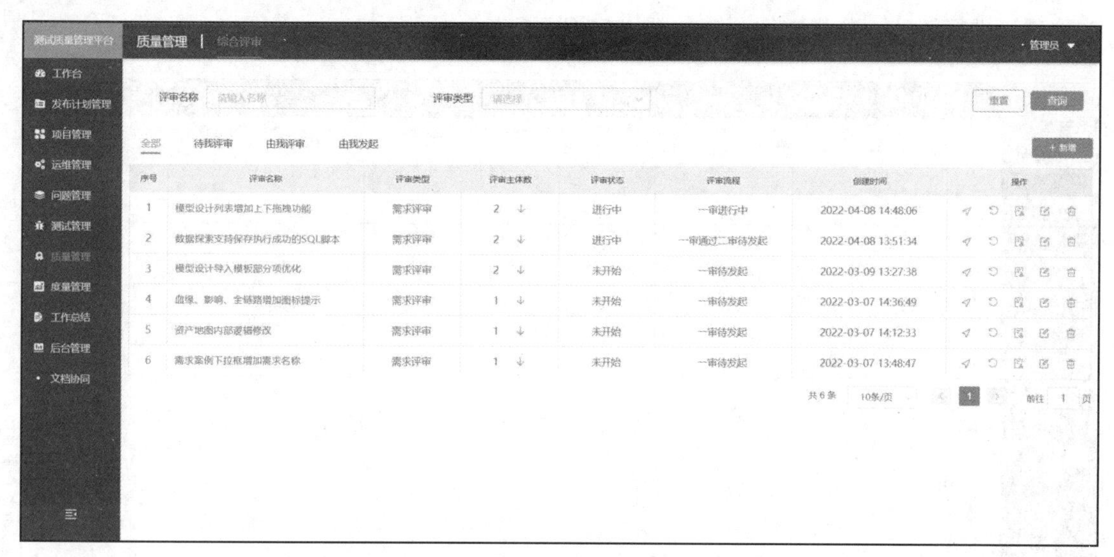

图 3-23　ATQ 测试质量管理平台的质量管理

3.1.3.23　工作总结

工作总结模块提供了项目成员填写日报的功能，如图 3-24 所示，可以用于记录工作内容、问题等。

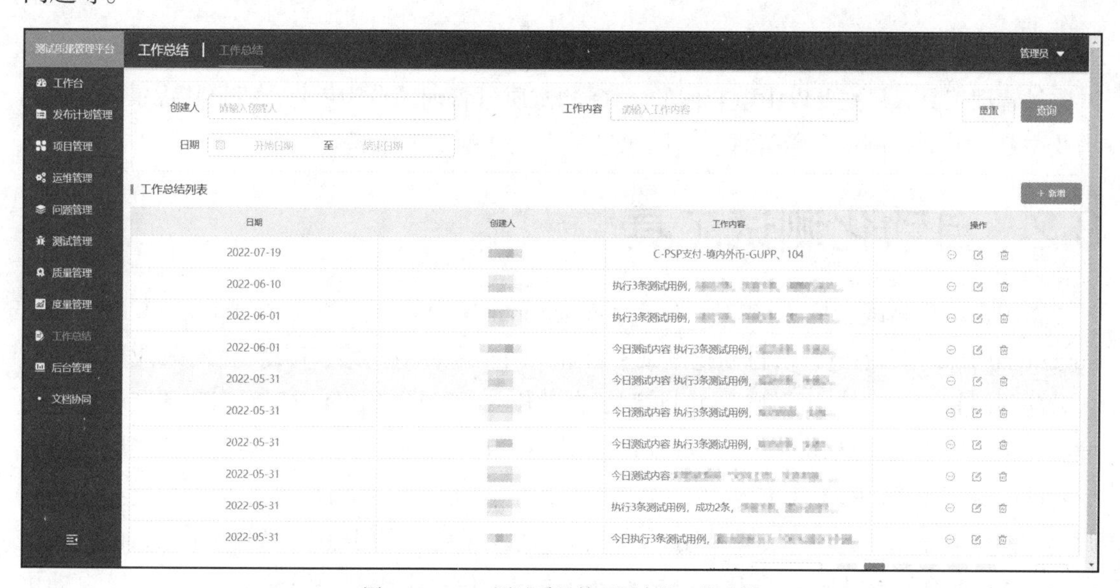

图 3-24　ATQ 测试质量管理平台的工作总结

3.1.3.24 度量管理

度量管理模块提供了多种统计分析报表，对测试人员和开发人员的工作时效、工作量、工作质量进行统计、分析和评分，如图 3-25 所示。

图 3-25 ATQ 测试质量管理平台的度量管理

3.1.4 本节小结

测试质量管理工具是软件测试过程中非常重要的过程管理工具，本节提及了一些常用测试质量管理工具，并主要以中电金信的 ATQ 测试质量管理平台为例，介绍了其背景、应用架构及主要功能等。测试质量管理工具的愿景是为软件测试工作提质、增效。

3.2 自动化测试工具

常用自动化测试工具有 UFT（Unified Functional Tester，统一功能测试）、RFT（Rational Functional Tester）、中电金信自动化测试平台等。UFT 是针对网络、移动、API 等应用程序的自动化测试软件，支持功能测试和回归测试自动化，是可用于软件应用程序和环境（运行环境和安装环境）的测试软件；用户可以直接录制屏幕上的操作过程，自动生成功能测试用例或者回归测试用例。RFT 是 IBM 的一个面向对象的自动化测试工具，也是用于功能测试和回归测试的数据驱动平台，它支持使用不同语言和技术开发的应用程序，如.NET、Java、Visual Basic、AJAX 等。中电金信自动化测试平台是中电金信自主研发的用于支持 Web UI 自动化测试、App UI 自动化测试、接口自动化测试的测试平台，支持灵活多变的脚本录制方式，可以降低脚本录制难度，提供灵活适用的测试场景，以满足各种测试需要。

自动化测试工具致力于满足客户规避因业务拓展、模式转型等带来的资源风险、质量风险等需求，帮助使用者实现测试的自动化，保证产品质量、降低测试成本、缩短测试周期，从而满足用户持续测试的构建需求。本节将以中电金信自动化测试平台为例进行介绍。

3.2.1 中电金信自动化测试平台概述

随着软件系统生产规模的扩大和运行速度的加快，纯手工测试暴露出来一些问题：

（1）人力成本的增加，因为需要更多的测试工程师；

（2）效率的瓶颈，因为生产速度远远超过手工测试的速度；

（3）人为错误率的上升，因为工作量的增加和持续工作时间的增加，导致人员疲劳或产生惯性思维，甚至会出现一些投机取巧的行为。

自动化测试，就像工厂里的自动化质检一样，在这个时候应运而生，它的产生就是为了解决上述 3 个主要问题的：

（1）当测试任务增加时，测试人员不可能一直连续工作，所以就需要增加人力来“三班倒”，但自动化测试系统却可以不停地运行；

（2）自动化测试系统的执行效率远超手工执行的效率；

（3）自动化测试系统不会因为连续地运行而疲劳，也就不会因疲劳而犯错，更不会存在惯性思维和投机取巧的行为。

面对“互联网”时代的激烈竞争，各大商业银行都在深入推进数字化转型，要求不断加快产品更新迭代的速度。同时由于商业银行应用系统的特殊性，其对稳定性要求较高，既要快，又要稳，自动化测试是同时满足这两点需求的关键。

3.2.2 中电金信自动化测试平台应用架构

如图 3-26 所示，中电金信自动化测试平台主要分为四大功能模块：基础资源管理、测试生产系统、测试管理系统及测试资产库。其中基础资源管理主要包括平台基础能力管理，如用户管理、角色管理、权限管理等；测试生产系统主要进行测试设计、执行过程管理，包括测试数据管理、用例设计、用例管理、脚本设计等功能；测试资产库主要包括测试过程中的资产，如脚本库、用例库等内容；测试管理系统主要进行测试过程管理、测试质量管理，包括项目管理、项目群管理、测试环境管理、测试范围管理等功能。

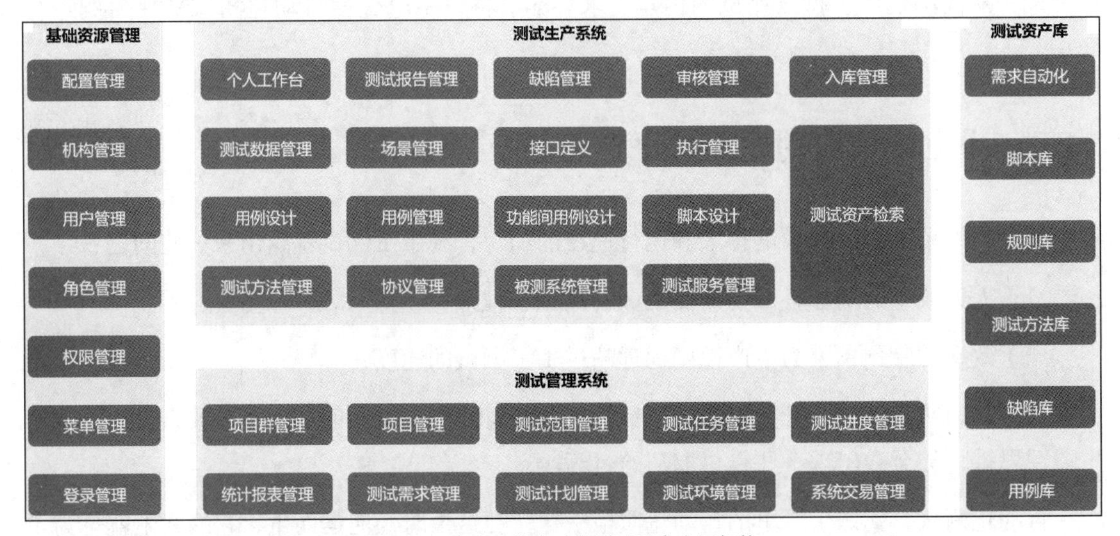

图 3-26 中电金信自动化测试平台应用架构

3.2.3 中电金信自动化测试平台主要功能

本小节将对中电金信自动化测试平台中的 Web UI 自动化测试的主要功能进行简单介绍。

3.2.3.1 系统功能管理

系统功能管理如图 3-27 所示，可以设置系统、功能、模块的结构关系。

3.2.3.2 测试对象管理

测试对象管理如图 3-28 所示，用户可以通过导入模板的方式，快速新增页面操作对象。

3.2.3.3 测试方法管理

测试方法管理提供了常用页面元素的操作，如图 3-29 所示，也可以通过 IDE 自定义关键字。

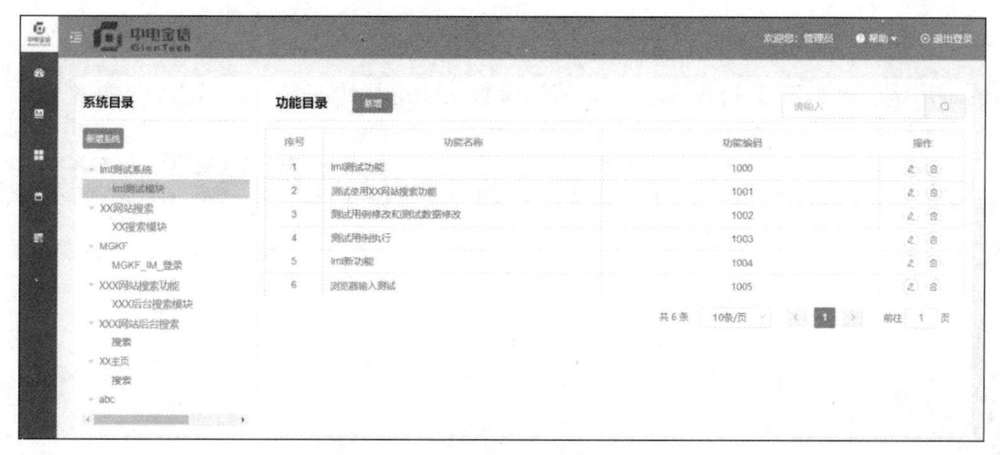

图 3-27　中电金信自动化测试平台系统功能管理

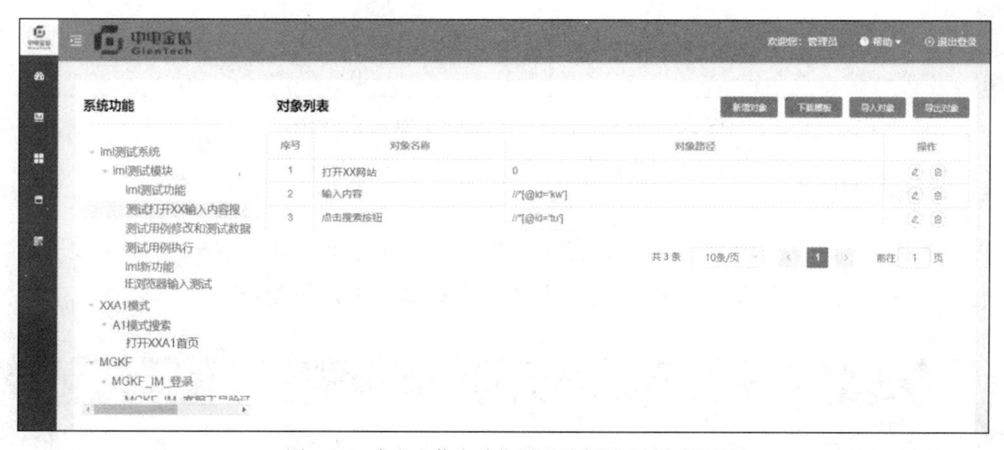

方法列表

序号	对象类型	方法名称	方法中文名称	默认值	方法Code
1	xpath	clearText	清除文本框默认值，输入新值		清除文本框默认值，输入新值
2	xpath	getFirstSelectedOption	获取下拉框当前选中值		getFirstSelectedOption
3	xpath	dropDown	滚动条下拉		dropDown
4	xpath	getAttribute	属性值		属性值
5	xpath	selectOption	下拉框选择		selectOption
6	xpath	getNum	获得查询结果数量		获得查询结果数量
7	xpath	getAlertText	获取JS弹框属性值		获取JS弹框属性值
8	xpath	selFrameNew	新窗口		新窗口
9	xpath	outframe	跳出iframe		outframe
10	xpath	doInput	传值		传值

共 36 条　10条/页　1 2 3 4　前往 1 页

图 3-29　中电金信自动化测试平台测试方法管理

3.2.3.4 测试用例管理

测试用例管理如图 3-30 所示，可以使用模板功能进行快速导入，提高录入效率。

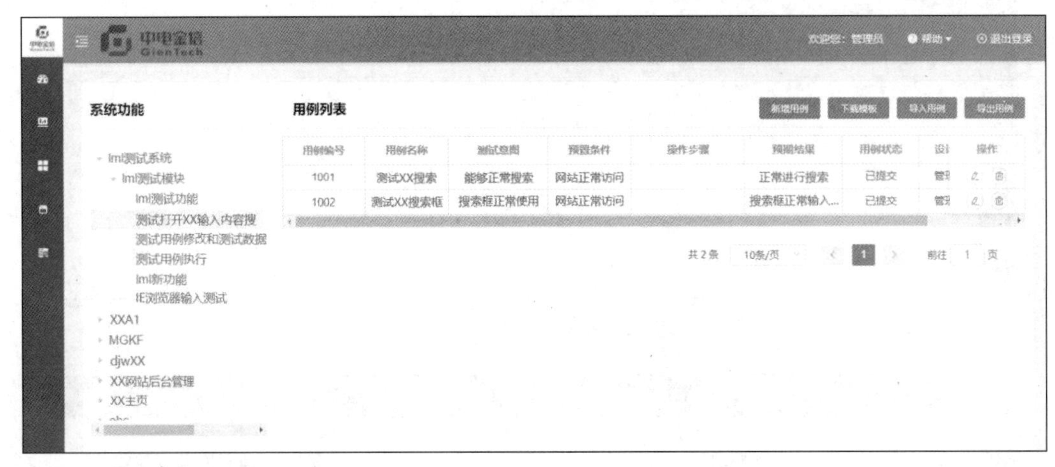

图 3-30 中电金信自动化测试平台测试用例管理

3.2.3.5 测试数据管理

测试数据管理可以为系统模块下的测试用例配置数据信息，如图 3-31、图 3-32 所示。脚本执行时需要执行测试数据，支持执行单组或多组数据，可以批量导入。

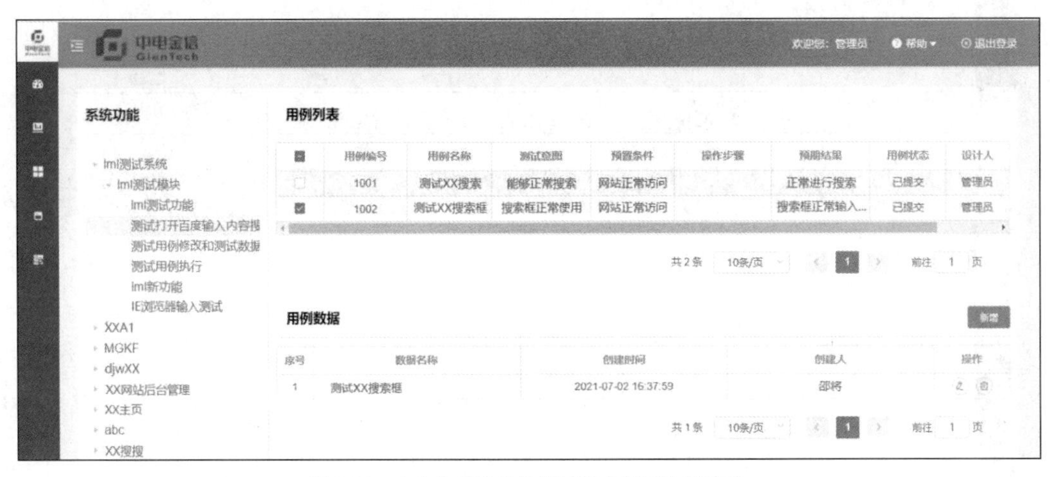

图 3-31 中电金信自动化测试平台测试数据管理

3.2.3.6 测试场景管理

测试场景管理方便用户将测试用例及其对应的业务场景进行关联，使测试用例和业务场景的对应关系更加直观突出，方便用户对不同业务场景下的用例进行管理，提高用例的可复用性。测试场景对应的是实际的业务场景，可以由多个用例组成，用例之间可以设置执行顺序及数据传递，如图 3-33 所示。

图 3-32　中电金信自动化测试平台测试数据管理——修改测试数据

中电金信 GlenTech　欢迎您：管理员　帮助　退出登录

系统目录

lml测试系统
XXA2
MGKF
XXA1
djwXX
XX主页
abc
XX搜搜
MAF实操
SFC实操
XX网站后台
自动化TEST
XX网站音乐播放器

场景列表　新增场景　下载模板　导入场景　导出场景

序号	场景名称	创建人	创建时间	更新人	更新时间	操作
1	测试111	管理员	2021-08-11 16:46:30	管理员	2021-08-11 16:46:30	
2	测试数据场景222	管理员	2021-07-22 16:04:46	管理员	2021-07-22 16:04:46	
3	测试数据场景111	管理员	2021-07-22 16:04:22	管理员	2021-07-22 16:04:22	
4	lml新测试场景	管理员	2021-07-21 10:29:10	管理员	2021-07-21 14:51:36	
5	lml新场景	管理员	2021-07-20 16:19:15	管理员	2021-07-20 16:19:15	
6	XX网站搜索	管理员	2021-07-02 16:38:27	管理员	2021-07-02 16:38:27	
7	XX网站播放器	管理员	2021-06-30 15:45:10	管理员	2021-06-30 15:45:10	
8	lml测试2	管理员	2021-06-25 16:46:46	管理员	2021-06-30 14:49:44	
9	lml测试场景	管理员	2021-06-25 16:45:12	管理员	2021-06-25 16:45:17	

共 9 条　10条/页　1　前往 1 页

图 3-33　中电金信自动化测试平台测试场景管理

3.2.3.7　测试任务管理

测试任务管理中可以选择执行用例或场景，支持选择执行设备。执行结束后可以查看执行结果，也可以对任务进行修改，如图 3-34 所示。

图 3-34 中电金信自动化测试平台测试任务管理——修改任务

3.2.3.8 测试服务管理

测试服务管理用于对测试服务器（物理机）的基本信息和服务器上可开启的服务信息进行配置，如图 3-35 所示。

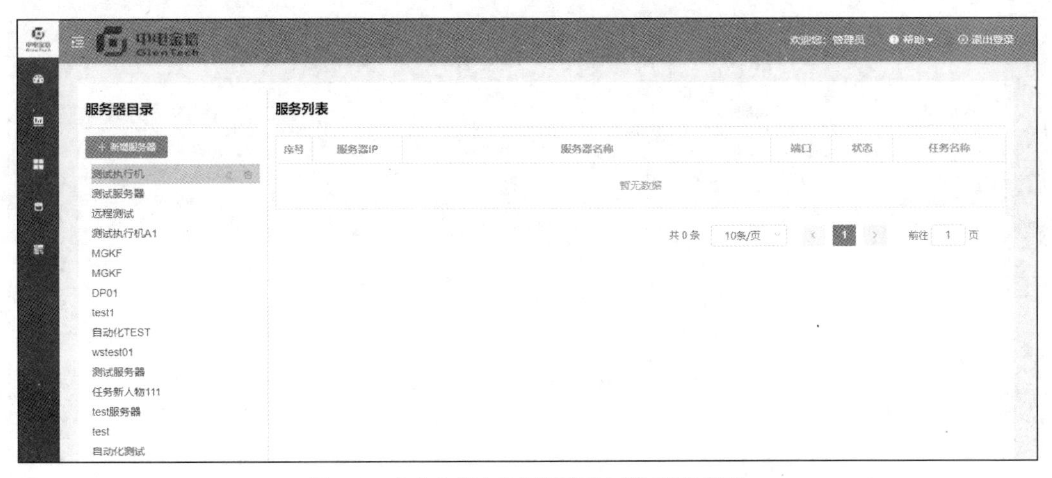

图 3-35 中电金信自动化测试平台测试服务管理

3.2.4 本节小结

本节首先介绍了自动化测试在软件测试中的必要性；其次，以中电金信自动化测试平台为例，介绍了其应用架构、主要功能等。总之，自动化测试工具的目标是实现软件测试的自动化，保证产品质量、降低测试成本、缩短测试周期，从而满足持续测试的构建需求。

3.3 性能测试工具

在金融行业中，用户量、业务量的增长是每家金融机构业务规划中的重要目标。面对用户量的日益增长，用户对系统的性能要求也随之增高，各家金融机构纷纷通过性能测试的调优或协助使系统能够承载更高的业务量。使用性能测试工具可以帮助测试者快速开展性能测试工作，常用的性能测试工具有 LoadRunner、JMeter、JAPT 等，本节主要以中电金信自主研发的性能测试工具 JAPT 为例进行介绍，其他性能测试工具读者可以参考相关图书进行学习。

3.3.1 JAPT 性能测试平台概述

JAPT（Java API Performance Tester）性能测试平台（可简称 JAPT）是中电金信应对性能测试需求而开发的性能压测工具。该平台集成了用例管理、压力发起及实时监控等性能测试的必需操作，是为用户精心打造的性能测试平台。

JAPT 不仅具备超强的分布式压测监控能力，同时具备结果数据自动化收集以及统一管理的能力，可与第三方工具集成；性能测试的理念亦可通过 JAPT 落地，协助客户达到降本增效的目的。JAPT 贯穿于整个测试执行过程，包括测试环境的检查、测试准备、测试执行和测试结果收集与展示等模块。

3.3.2 JAPT 性能测试平台应用架构

JAPT 性能测试平台主要包括两部分，即控制台以及 JAPT 后台服务，如图 3-36 所示。控制台主要用来进行操作及展现，通过配置压测数据、构造场景、调速/启停实现压测场景的配置，通过过程监控、性能分析、压测报告实现数据展现。JAPT 后台服务主要负责数据调度、任务调度以及引擎调度等，由压测控制中心、压测引擎、数据采集这几个技术层面实现控制台所看到的功能。JAPT 针对分布式站点的测试尤为有效，压测引擎会针对站点后台进行发压并采集运行数据，将其存储在 JAPT 后台的数据库内，用户可以在控制台中直观地查看站点的运行数据。

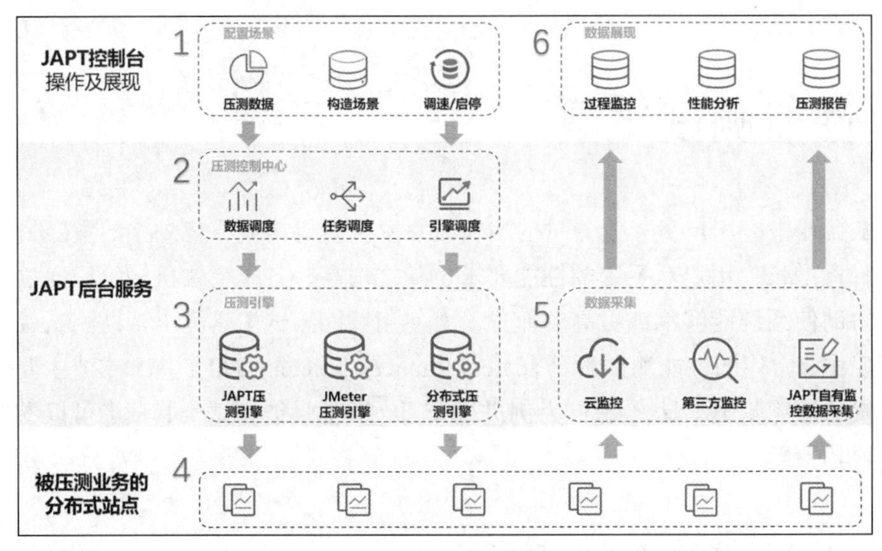

图 3-36　JAPT 性能测试平台应用架构

3.3.3　JAPT 性能测试平台主要功能

为满足实际性能测试项目工作的需求，JAPT 性能测试平台的主要功能包括系统管理、项目管理、录制脚本、脚本模板、脚本管理、参数仓库、用例设计、测试环境配置管理、测试执行、测试结果等。

3.3.3.1　系统管理

图 3-37 所示为系统管理中的用户管理，包含新增、导入用户、导出用户等功能，可以对每个用户实现修改、删除操作。

3.3.3.2　项目管理

图 3-38 所示为项目管理，包含查询、新增、导入项目信息、导出项目信息、修改、删除等功能。

3.3.3.3　录制脚本

JAPT 具备录制脚本功能，如图 3-39 所示，加载好 JAPT 扩展程序后，即可在需要录制脚本的界面启动录制功能。扩展程序包括录制、停止、保存、编辑等功能。

图 3-37 JAPT 性能测试平台的系统管理中的用户管理

图 3-38 JAPT 性能测试平台的项目管理

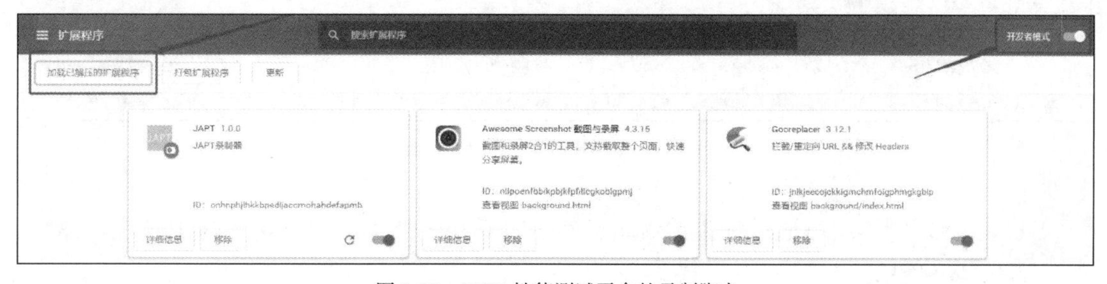

图 3-39 JAPT 性能测试平台的录制脚本

录制脚本的具体操作如下。

（1）如图 3-40 所示，选择“japt-chrome-extensions”扩展程序。

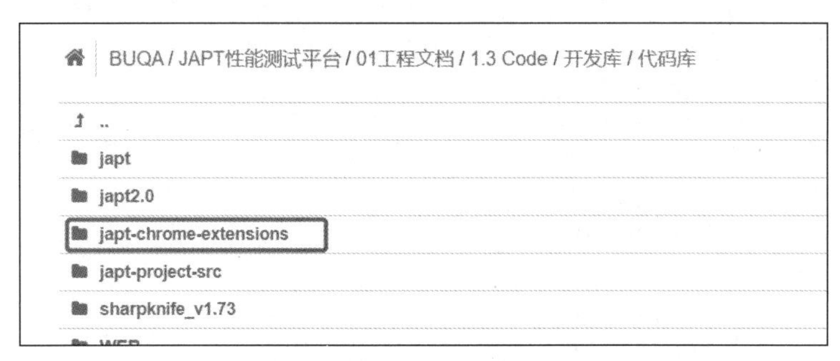

图 3-40 录制脚本操作之选择扩展程序

（2）在浏览器中打开添加好的 JAPT 扩展程序即可打开 JAPT 脚本录制界面，开始进行录制，如图 3-41 所示。

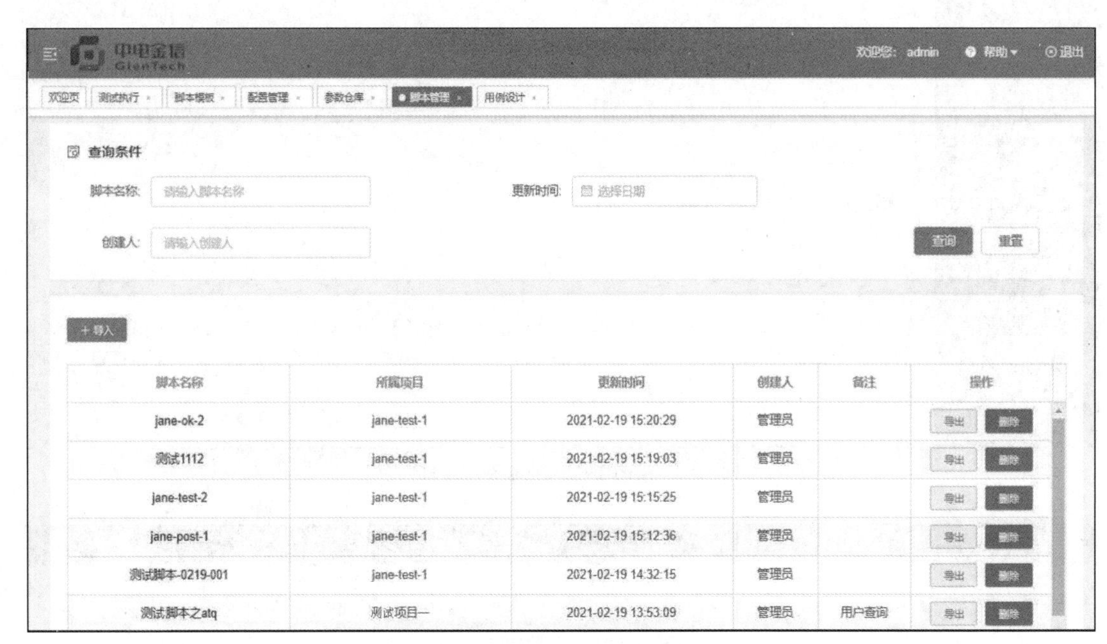

图 3-41 录制脚本操作之脚本录制

（3）录制好脚本后可通过编辑器编辑已经录制结束的脚本，将其保存为 JMX 格式的文件，如图 3-42 所示。

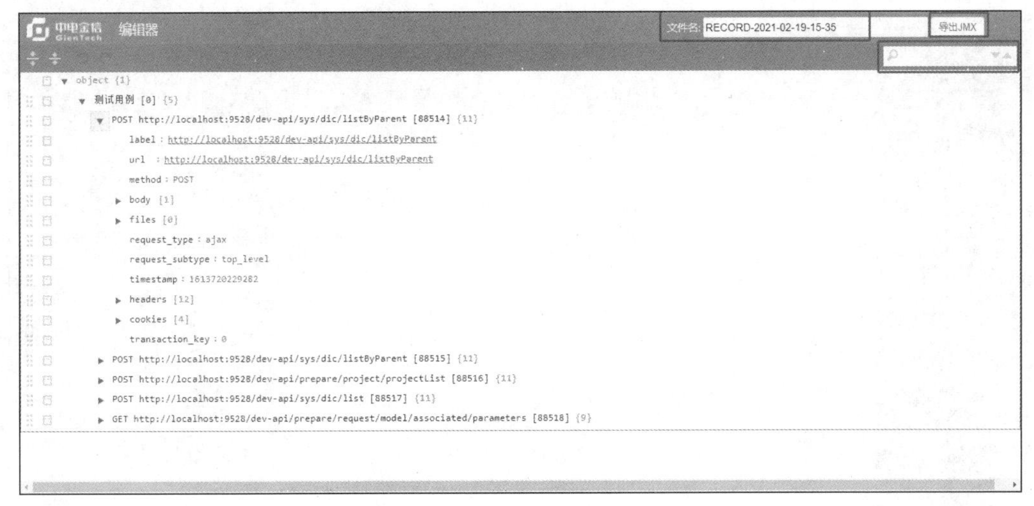

图 3-42　录制脚本操作之脚本代码编辑

3.3.3.4　脚本模板

JAPT 提供了可视化的脚本模板供测试人员调试和使用，如图 3-43 所示，输入基本信息、请求参数、请求头信息、报文等，即可调试测试脚本。

图 3-43　测试脚本调试之 HTTP 信息填写

除了填写 HTTP 信息以外，还需要填写 WebSocket 脚本信息。图 3-44 所示为 WebSocket 脚本基本信息，包括脚本名称、所属项目、协议、服务器名称或 IP、端口号、Path、报文等。

图 3-44　测试脚本调试之 WebSocket 信息填写

3.3.3.5　脚本管理

JAPT 脚本管理界面提供按条件查询脚本、导入、导出、删除等操作，如图 3-45 所示。

图 3-45　JAPT 性能测试平台的脚本管理

单击测试脚本即可调整脚本名称、所属项目、协议、服务器名称或 IP、端口号、Path、请求类型等脚本信息，同时，测试脚本还提供参数化策略功能，如图 3-46 所示。

图 3-46　测试脚本信息修改

在图 3-47 所示的“参数化策略”对话框中可以选择参数仓库对应的关联列等信息，数据分配方法有顺序、随机两种。

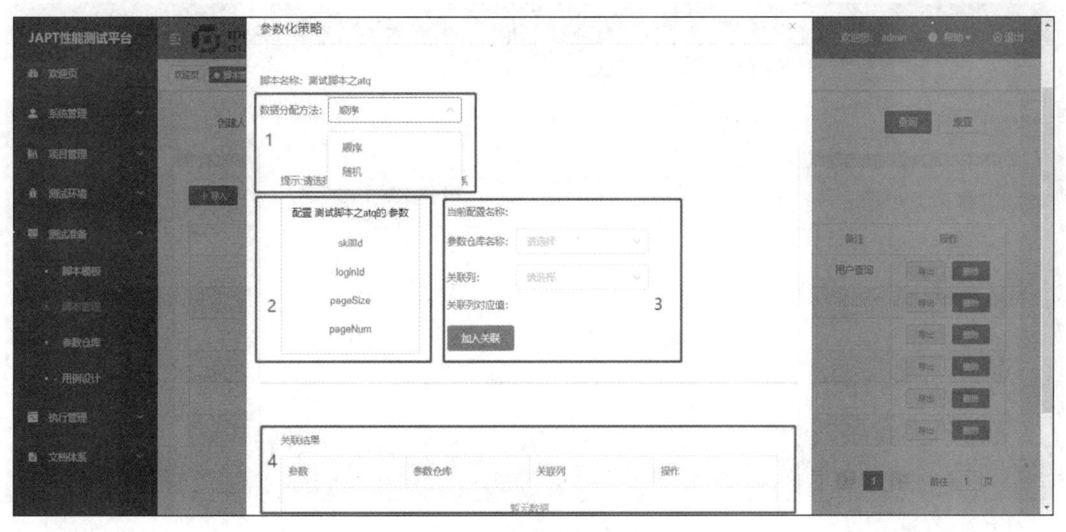

图 3-47　参数化策略设置

3.3.3.6 参数仓库

JAPT 参数仓库提供按参数名称、创建时间、创建人、所属脚本进行条件查询，提供新增、导出参数功能，每个参数仓库提供修改、删除操作，如图 3-48 所示。

图 3-48 JAPT 性能测试平台的参数仓库

新增参数输入项有参数名称、参数值、上传参数文件、所属脚本、备注 5 个部分，如图 3-49 所示。

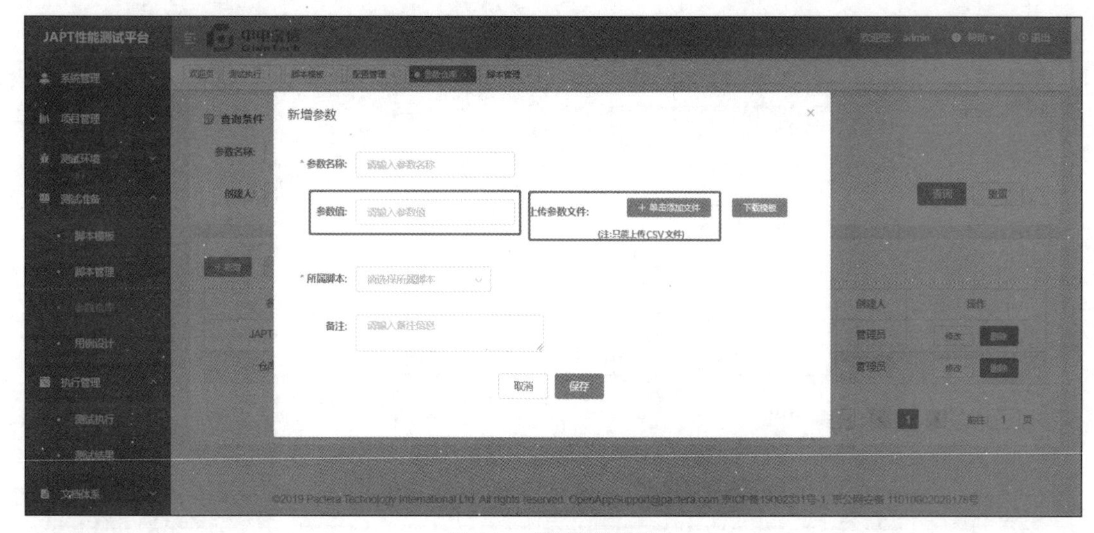

图 3-49 新增参数设置

3.3.3.7 用例设计

用例设计支持根据用例名称、项目名称、创建时间、创建人按条件查询用例，可以新增、导出用例，以及对每条用例进行修改或删除操作，如图 3-50 所示。

图 3-50 JAPT 性能测试平台的用例设计

新增用例需输入用例名称、所属项目、用例描述、预期结果、测试前提等，选择所需测试脚本即可新增一个用例，如图 3-51 所示。

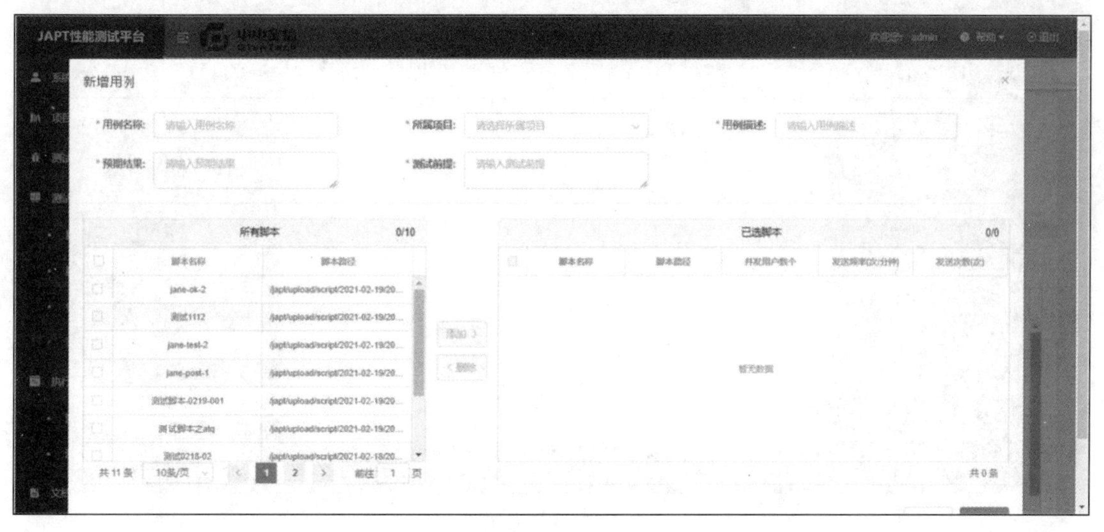

图 3-51 新增用例

3.3.3.8 测试环境配置管理

测试环境配置管理包含按条件查询、新增压力机、导入压力机、导出压力机等功能，且可以查看每个压力机的具体环境配置，同时提供修改、删除操作，如图 3-52 所示。

图 3-52 JAPT 性能测试平台的测试环境配置管理

新增压力机包含两部分，即基本信息和配置信息，输入信息后即可新增压力机，如图 3-53 所示。

图 3-53 新增压力机

3.3.3.9 测试执行

测试执行模块可根据用例名称、执行状态查询用例。每个用例提供一键设置、时间设置、执行脚本、查看执行、查看测试报告操作。执行用例时可以通过一键设置配置并发用户、发送频率、执行次数参数，以满足不同压测场景下的需求，如图 3-54 所示。

图 3-54　JAPT 性能测试平台的测试执行

在 JAPT 测试执行界面中，可以通过查看执行功能查看压测运行中的脚本信息以及事务响应时间、事务处理能力、吞吐量、并发用户数等运行监控信息，如图 3-55 所示。

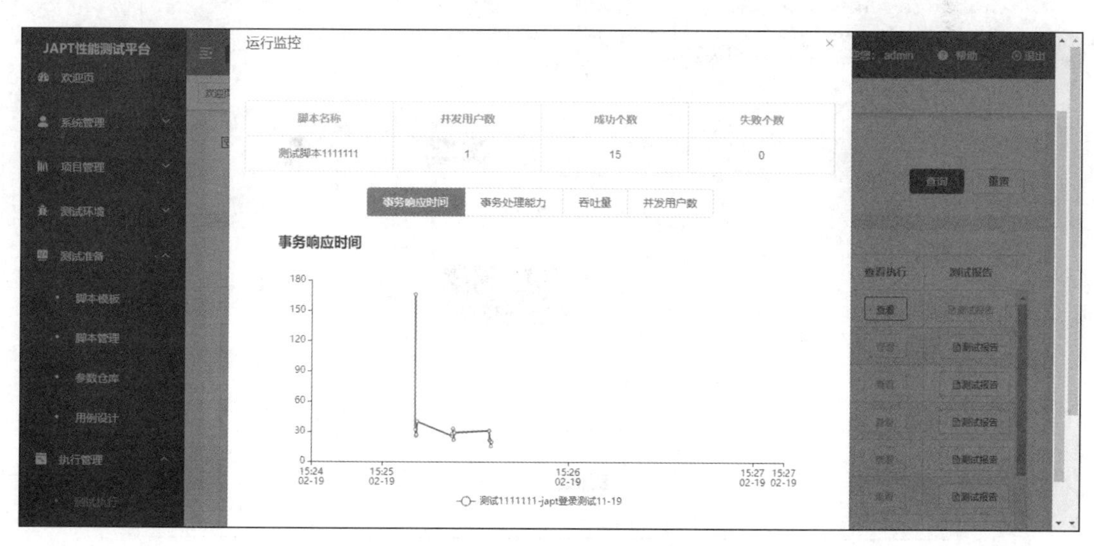

图 3-55　查看运行监控信息

图 3-56 所示为停止压测后生成的测试报告，输入项有报告名称、时间粒度、运行时间等。

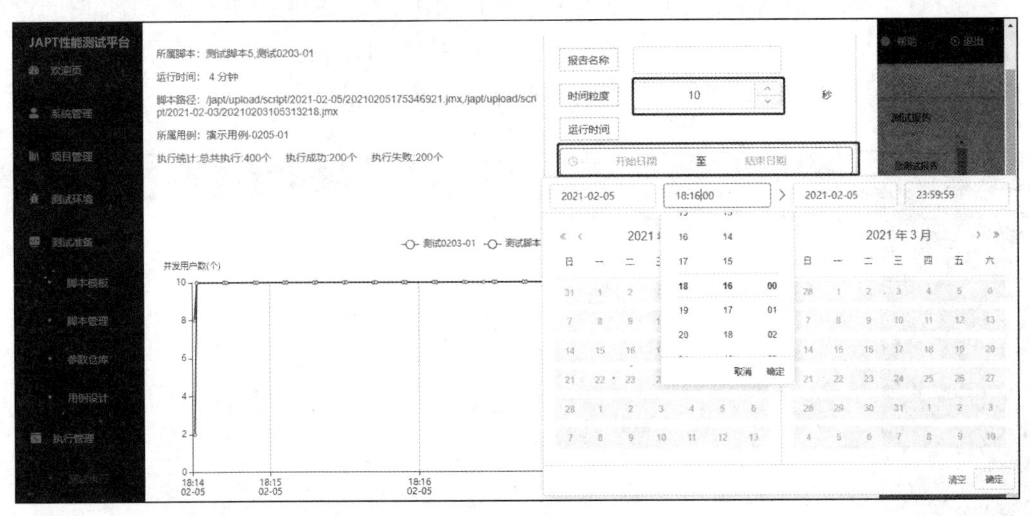

图 3-56 停止压测后生成的测试报告

图 3-57 所示为该用例执行结束后的测试报告。

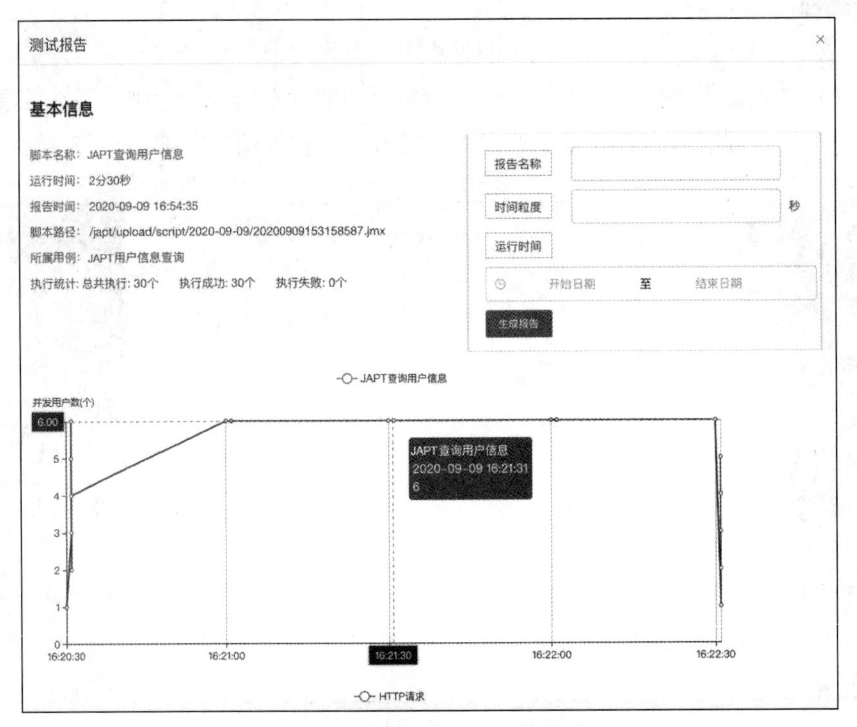

图 3-57 用例执行结束后的测试报告

3.3.3.10 测试结果

在 JAPT 测试结果界面可以通过报告名称、用例名称、所属项目 3 个输入项查询测试结果，可对每个测试报告进行查看、导出、修改、删除等操作，如图 3-58 所示。

图 3-58 JAPT 性能测试平台的测试结果

3.3.4 本节小结

本节主要从 JAPT 的应用架构以及主要功能等方面展示 JAPT 的使用方法，使读者可以通过简单的操作，完成脚本设计、用例设计、测试执行等必要的任务。

3.4 测试数据管理工具

通常软件在开发、测试过程中需要大量的测试数据来验证软件的有效性，为了确保软件产品在交付时不会出现质量问题，测试人员不仅需要从现有的数据源中收集和维护数据，还需按照特定规则生成大量的测试数据。测试数据安全性在测试过程中是不容忽视的。

为了更高效地完成测试工作，中电金信自主研发了测试数据管理工具，它不仅可以对现有数据源进行管理，还提供自定义规则来造数，此外还提供了数据脱敏功能。本节将以中电金信测试数据管理平台为例展开介绍。

3.4.1 中电金信测试数据管理平台概述

随着软件系统生产规模的扩大和运行速度的加快，项目开发和测试过程中都需要使用大量的测试数据，随之而来的是给测试工作带来了一些挑战，主要表现在以下几个方面。

（1）人力成本的增加，因为需要投入更多精力用于数据管理。

（2）人力质量要求上升，需要专业的数据结构知识和较强的数据编写能力。

（3）效率和质量无法保证，人为错误会导致测试工作进展缓慢，影响交付进度。

中电金信测试数据管理平台在此背景下应运而生，它不仅实现了对数据生命周期的管理，而且完美解决了行业内测试数据的创建、维护、管理等相关问题。

中电金信测试数据管理平台致力于提供客户实施测试所需要的数据支撑，帮助客户完成测试过程中的数据准备，实现整个过程中对数据的生命周期管理，从而保证产品质量、降低测试成本、缩短测试周期。

3.4.2 中电金信测试数据管理平台应用架构

中电金信测试数据管理平台主要分为三大功能模块，分别是应用层、数据库管理和标准库，如图 3-59 所示。其中，应用层模块主要包括数据脱敏、数据制造、需求管理、报表统计等功能；数据库管理模块主要进行测试过程中的资产管理，包括数据库管理、版本更新等功能；标准库模块主要进行测试过程中的配置管理，包括数据管理、造数配置、脱敏配置、数据字典等功能。

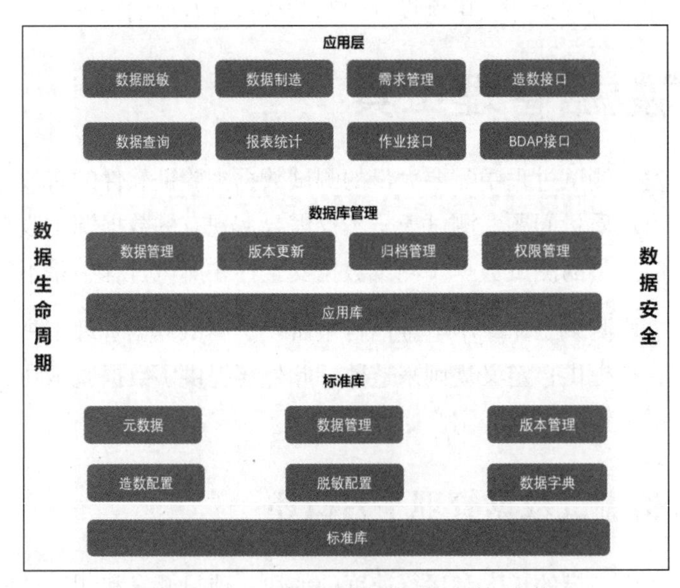

图 3-59 中电金信测试数据管理平台应用架构

3.4.3 中电金信测试数据管理平台主要功能

中电金信测试数据管理平台主要有以下几个功能。

3.4.3.1 需求管理

需求管理模块定义测试数据管理平台中对需求的描述，如图 3-60 所示，可定义数据需求名称、类型（数据制造和数据脱敏）、内容、状态、创建人、创建时间等。

图 3-60 中电金信测试数据管理平台的需求管理

3.4.3.2 数据源管理

数据源管理模块包含数据源管理、元数据管理、元关系管理 3 个功能。

其中，数据源管理定义主流数据库（如 MySQL、Oracle、MSSQL 等）的配置信息，如图 3-61 所示，包括数据库名称、数据库类型、URL、当前的用户及数据库描述等，并提供连接数据库的测试和配置等功能。

元数据管理如图 3-62 所示，可以根据已有的数据源，进行建库、建表、新增字段及修改字段等操作。

元关系管理完成表与表之间的关联逻辑配置，如图 3-63 所示，为关联表造数提供逻辑依据。

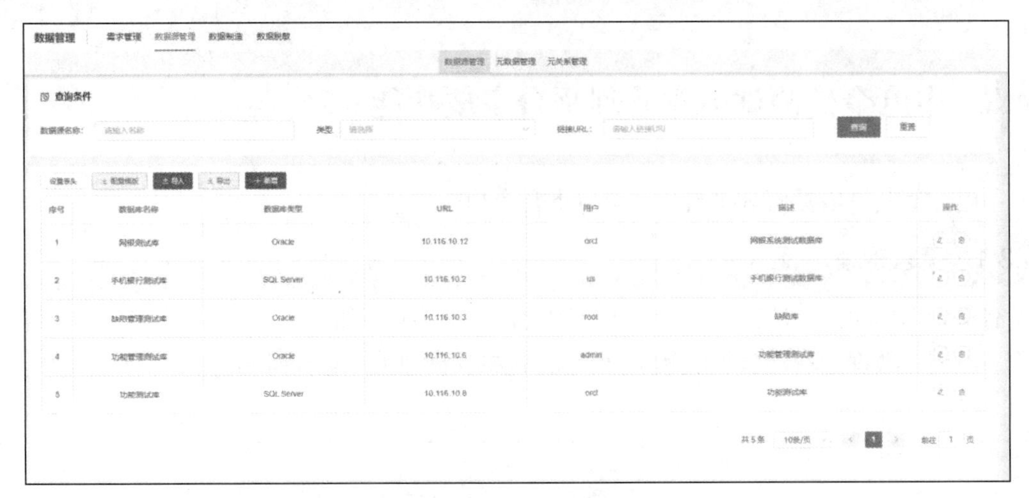

图 3-61 中电金信测试数据管理平台的数据源管理——数据源管理

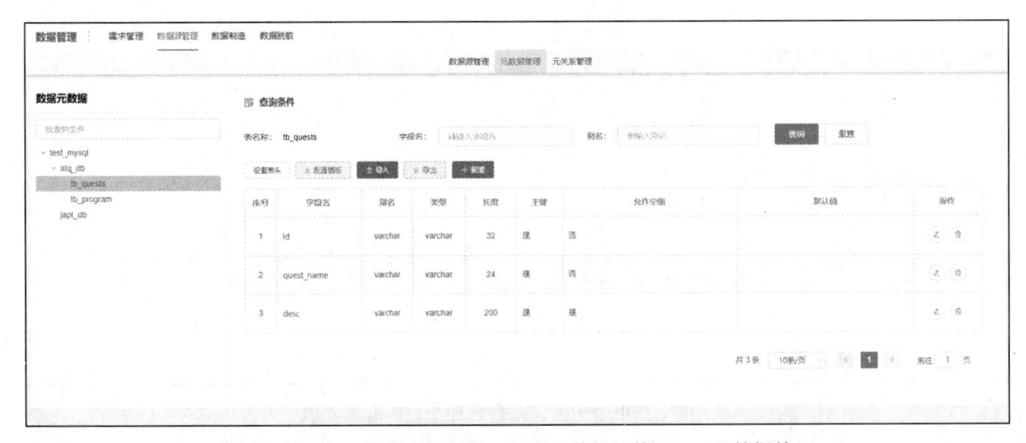

图 3-62 中电金信测试数据管理平台的数据源管理——元数据管理

图 3-63 中电金信测试数据管理平台的数据源管理——元关系管理

3.4.3.3 数据制造

数据制造模块有 3 个功能模块，分别为规则管理、元数据配置、制造任务管理。

其中，规则管理是进行数据制造的逻辑依据，使数据制造过程有据可依。造数规则主要包括自定义字符串、数字、日期、枚举值、码表、规则组合等，并提供数据输出接口，提供当前规则下数据的支持，如图 3-64 所示。

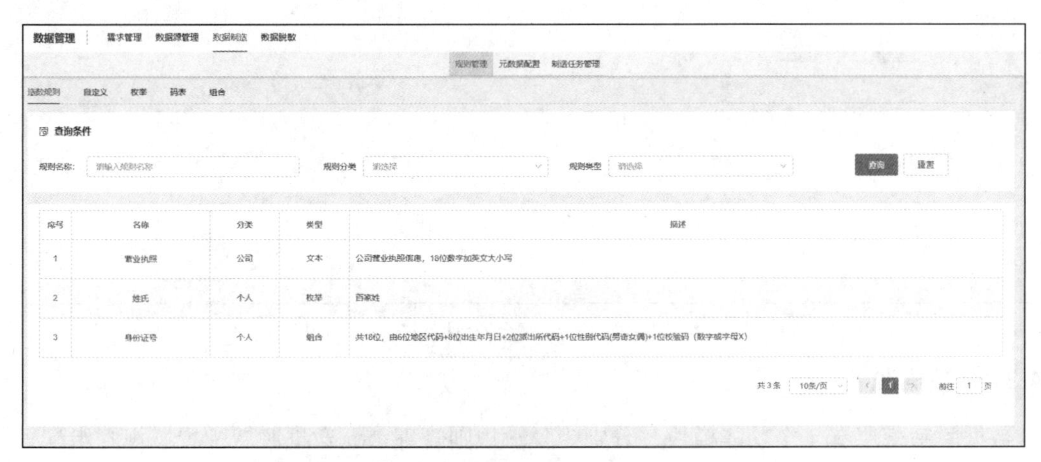

图 3-64 中电金信测试数据管理平台的数据制造——规则管理

元数据配置如图 3-65 所示，将数据源中的表字段进行数据制造的规则配置，执行造数任务时会根据造数规则进行数据制造。

图 3-65 中电金信测试数据管理平台的数据制造——元数据配置

制造任务管理对新增的造数任务进行修改、执行、删除、下载和结果查看等，如图 3-66

所示，根据之前配置的规则及表字段的规则配置，进行数据制造的操作，并将结果以文件或者入库的方式进行存储，提供给测试人员使用。

图 3-66 中电金信测试数据管理平台的数据制造——制造任务管理

3.4.3.4 数据脱敏

数据脱敏模块有 4 个功能模块，分别为脱敏规则管理、元数据脱敏配置、规则组配置、脱敏任务管理。

其中，脱敏规则管理是进行数据脱敏的逻辑依据，可以根据脱敏算法进行数据加密。脱敏规则主要包括替换、截取、随机化、取整、掩码、偏移、加密等，根据相应的规则可进行数据脱敏配置，如图 3-67 所示。

图 3-67 中电金信测试数据管理平台的数据脱敏——脱敏规则管理

元数据脱敏配置对数据源中的表字段进行脱敏规则配置，执行数据脱敏任务时会根据脱敏规则进行数据脱敏，如图 3-68 所示。

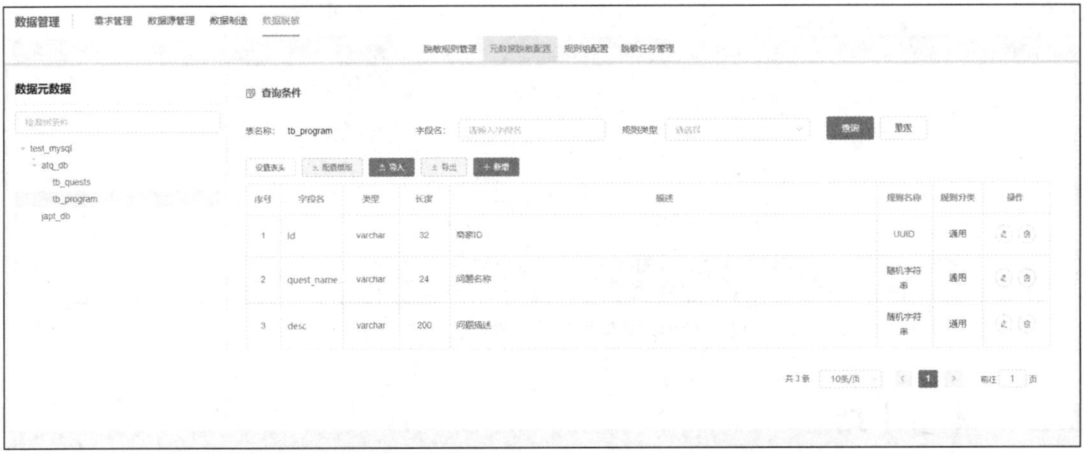

图 3-68 中电金信测试数据管理平台的数据脱敏——元数据脱敏配置

规则组配置将现有的数据脱敏规则进行组合，主要用于平台的文件脱敏，针对不同的文件可制定不同的脱敏规则，如图 3-69 所示。

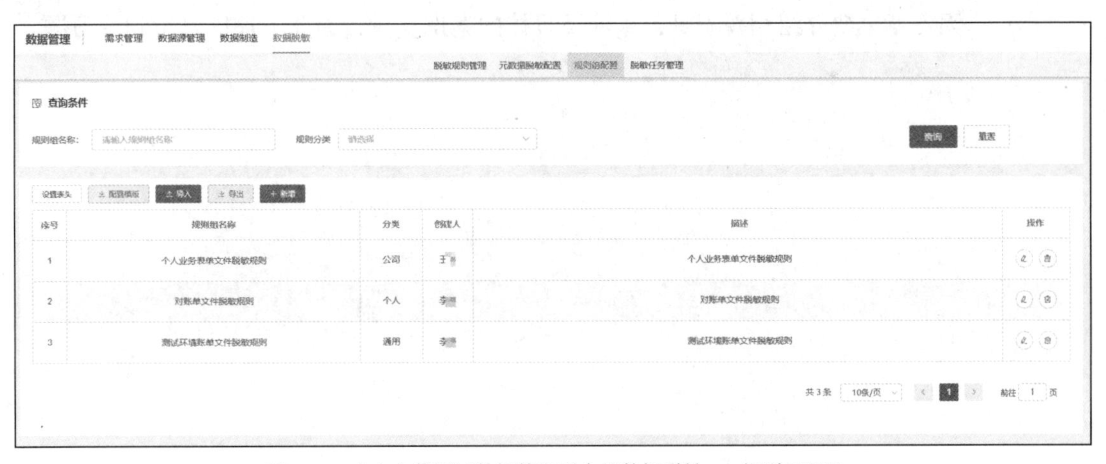

图 3-69 中电金信测试数据管理平台的数据脱敏——规则组配置

脱敏任务管理根据之前配置的脱敏规则和规则组合对数据表或者文件进行数据脱敏，并将脱敏后的数据以文件或者入库的方式进行存储，提供给测试人员使用，如图 3-70 所示。

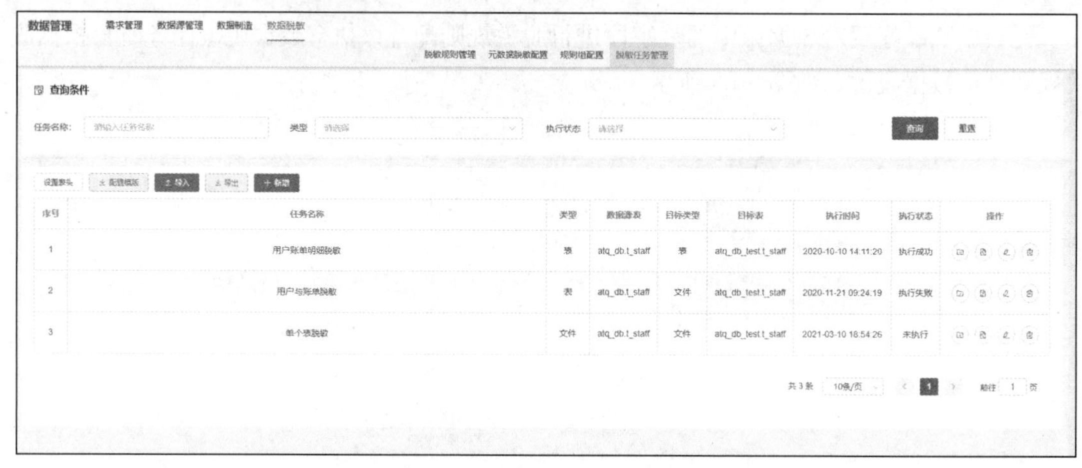

图 3-70 中电金信测试数据管理平台的数据脱敏——脱敏任务管理

3.4.4 本节小结

本节主要介绍了测试数据管理工具在软件测试中的重要性，以中电金信测试数据管理平台为例，介绍了其应用架构、主要功能等。测试数据管理工具能够为使用者提供在实施测试过程中所需的数据支撑和数据准备，从而实现对测试的全生命周期的管理。

提示：因本章主要介绍相关工具，未涉及具体的案例实操，因此不提供思考和练习题。

04 第4章 测试准入准出标准

本章导读

测试的准入准出是指什么情况下可以开始当前版本的测试工作，什么情况下可以结束当前版本的测试工作。测试准入准出的标准有很多，不同项目、不同公司的测试准入准出标准都会有所不同，有的是单一标准，有的是多个标准的组合。

为什么要有测试的准入和准出？测试准入的主要目的是约束开发提测的版本，使其能达到测试的基本条件。测试准出的主要目的是评判开发的产品是否符合进入下一阶段的标准或能否最终上线。

软件研发过程中，系统测试通常包含功能测试、接口测试、兼容性测试、性能测试、安全测试等。这些测试活动相互关联，有些测试工作的开展依赖于上一阶段测试活动的完成。例如功能测试通过后，方可进入性能测试。如何判断什么时候能够进入相应的测试阶段？如何判断每个测试阶段达到怎样的标准就可以顺利进入下一阶段？本章将会重点介绍软件研发过程中功能测试和非功能测试的准入准出标准，同时给出以上问题的答案。在实际工作中，可以根据项目要求来设定测试准入准出标准。

4.1 功能测试准入准出标准

在金融行业软件的测试过程中，测试一般分为单元测试、SIT（System Integration Testing，系统集成测试）和 UAT（User Acceptance Testing，用户验收测试）3 个阶段。SIT 通常在单元测试以后，UAT 之前进行；UAT 通常在 SIT 之后进行。在测试过程中，每个阶段都设置有相应的测试准入准出标准来确保软件符合用户需求，保证产品质量。接下来将分别介绍 SIT 和 UAT 的准入准出标准。

4.1.1 SIT 准入准出标准

SIT 是在单元测试之后开展的测试活动，主要是将系统的各个模块集成之后进行的测试。金融行业软件测试中，在 SIT 环境下，需要同时做接口集成测试和业务系统功能点的系统测试，实际上就是包含软件测试阶段中的集成测试和系统测试两个阶段。SIT 的目的是检验系统的功能、性能和可靠性等。为了提高产品研发质量，提升测试效率和质量，提高相关人员研发过程质量意识，企业通常都会制定测试准入准出标准。

在金融软件测试中，项目提测前需进行测试准入的检查。设置测试准入标准主要是为了明确测试入口条件，避免在测试阶段测试工作被意外中断，提高测试质量，规范项目测试流程。SIT 的准入标准可参考如下内容。

（1）系统功能开发完毕，系统功能全部实现。

（2）系统的单元测试已经完成，满足单元测试准出标准，并提供单元测试报告。

（3）系统代码提交配置管理组，形成 SIT 代码受控基线版本。

（4）参数文档提交配置管理组，形成 SIT 参数受控基线版本。

（5）提交完整功能点清单，作为系统集成测试依据。

（6）提交测试用例清单，作为系统集成测试依据。

（7）开发部门提供系统集成测试版本，并提供相应的版本说明。

（8）提供独立的 SIT 环境，保证被测版本可以正常运行。

（9）测试版本在 SIT 环境完成连通性测试，确保系统的重要模块以及重要功能点可以正常运行。

（10）提供 SIT 相关的基础数据和测试数据。

（11）测试用例 100%覆盖待测功能和测试要点。

（12）正反测试用例比例满足项目要求。

（13）系统集成测试方案、测试用例和测试计划通过产品人员、开发人员和测试人员的三方评审。

当项目达到以上测试准入标准后，就可以进行 SIT。

SIT 完成后，如何顺利进入下一个测试阶段？实际上，任何测试都无法做到完全测试或穷尽测试。如果项目没有明确的测试准出标准，项目质量将无法得到控制和保证，所以在测试过程中应该综合考量项目本身、预期测试成果和实际执行情况等因素，设置相应的测试准出标准来判断测试是否可以进入下一个阶段或结束。SIT 的准出标准可参考如下内容。

（1）功能覆盖完整，系统测试覆盖率达到 100%。

（2）测试用例执行完成，通过率达到项目要求，例如大于 95%。

（3）系统集成测试发现缺陷整体呈收敛趋势，并且达到项目要求。

（4）致命缺陷和严重缺陷全部修复，SIT 发现缺陷修复率大于 95%或满足项目要求。

（5）系统集成测试报告编写完成并通过评审或得到确认。

（6）系统集成测试执行过程中的所有文档均形成基线。

在项目的 SIT 过程中，有时候会有一些意外情况发生，导致测试工作暂停或停止，但暂停或停止并不是上面所说的测试结束，而是由一些非正常因素导致的。SIT 中需要暂停或停止的情况主要包括以下几种。

（1）测试任务、测试方案或测试计划等发生重大变更。

（2）测试过程中发现重大问题，导致整体测试工作受阻。

（3）测试环境受到干扰，比如服务器被临时征用，或服务器的其他使用会对测试结果造成干扰。

（4）存在其他不可预测因素，导致整体测试工作无法执行。

当项目在测试过程中遇到以上几种情况时，测试人员可以申请暂停或停止测试。那么测试人员在申请暂停或停止 SIT 后，什么时候可以恢复测试？企业通常也设置有恢复测试的标准。针对 SIT 过程中遇到暂停或停止的情况，再次启动或恢复测试的标准可参考如下内容。

（1）测试任务、测试方案或测试计划等完成变更。

（2）测试执行中发现的严重问题得以解决。

（3）系统代码提交配置管理组，形成 SIT 代码受控基线版本。

（4）参数文档提交配置管理组，形成 SIT 参数受控基线版本。

（5）开发部门提供测试版本，并提供相应的版本说明。

（6）测试环境恢复正常。

（7）测试环境调整完毕。

SIT 完成后，达到可以交付的准出标准，就可以顺利进入 UAT 阶段。在 4.1.2 节中，读者将会进一步了解和学习关于 UAT 的准入准出标准。

4.1.2 UAT 准入准出标准

UAT 通常是由软件的最终用户开展的测试，主要是从用户层面去考虑和着手进行测试。最终用户并不了解软件的具体逻辑，但是对业务逻辑却相当熟悉。在 UAT 结束之后系统版本就可以发布到生产环境了。UAT 的主要目的是验证软件是否满足业务需求，执行 UAT 的人员一定要对业务非常精通，并且是具有一定代表性的最终用户，他们需根据实际应用环境补充业务测试场景和业务中常用的测试数据，他们主要关注业务流程是否通畅、是否符合实际业务的需要等。

UAT 通常在 SIT 完成后方可进行，一般在用户验收测试环境中开展 UAT。用户根据测试计划和测试用例执行用户验收测试，通过测试判断系统是否达到用户的预期结果。在进入 UAT 之前，同样需要做好准备工作，满足相应的条件后，方可进行测试。在金融软件测试中，UAT 准入标准可参考如下内容。

（1）系统的 SIT 已经完成，达到 SIT 准出标准并提供 SIT 阶段测试报告。

（2）系统代码提交配置管理组，形成 UAT 代码受控基线版本。

（3）参数文档提交配置管理组，形成 UAT 参数受控基线版本。

（4）提交完整功能点清单，作为用户验收测试依据。

（5）提交测试用例清单，作为用户验收测试依据。

（6）开发部门提供用户验收测试版本，并提供相应的版本说明。

（7）提供独立的 UAT 环境，保证被测版本可以正常运行。

（8）测试版本在 UAT 环境下完成连通性测试，确保系统的重要模块以及重要功能点可以正常运行。

（9）提供 UAT 相关的基础数据和测试数据。

（10）测试用例 100%覆盖待测功能和测试要点。

（11）正反测试用例比例满足项目要求。

（12）用户验收测试方案、测试用例和测试计划通过产品人员、开发人员和测试人员的三方评审。

UAT 是系统上线前的最后一道测试关卡，在系统正式上线之前，要确认所覆盖的业务需求均已满足要求。为确保系统上线成功，所测系统在达到用户验收测试准出标准后方可上线，具体可参考如下内容。

（1）功能覆盖完整，用户验收测试覆盖率达到 100%。

（2）用户测试用例执行完成，有效用例执行率达到 100%，通过率达到系统上线要求。

（3）版本缺陷整体呈收敛趋势，并且达到系统上线要求。

（4）致命缺陷和严重缺陷全部修复，遗留缺陷与总缺陷数量之比达到系统上线要求。

（5）用户验收测试报告编写完成并通过评审或得到确认。

（6）用户验收测试执行过程中的所有文档形成基线。

用户在执行 UAT 的过程中，也会遇到一些意外情况，导致 UAT 暂停，比如。

（1）测试任务、测试方案、测试计划等发生重大变更。

（2）测试过程中发现重大问题，导致整体测试工作受阻。

（3）测试环境受到干扰，比如服务器被临时征用，或服务器的其他使用会对测试结果造成干扰。

（4）存在其他不可预测因素，导致整体测试工作无法执行。

遇到上述情况暂停测试后，一旦相应问题被解决，UAT 同样可以恢复或启动，继续进行测试，比如。

（1）测试任务、测试方案或测试计划等完成变更。

（2）测试执行中发现的严重问题得以解决。

（3）系统代码提交配置管理组，形成 UAT 代码受控基线版本。

（4）参数文档提交配置管理组，形成 UAT 参数受控基线版本。

（5）开发部门提供测试版本，并提供相应的版本说明。

（6）测试环境恢复正常。

（6）测试环境调整完毕。

UAT是软件系统上线前的必经阶段，如果这个阶段没有做好，系统上线后会面临急需修复或者影响用户体验的问题，所以在系统上线之前，必须遵循UAT准入准出标准，确保系统的每个功能得到验证和确认，且达到上线要求。

4.1.3　本节小结

本节主要介绍了功能测试中SIT和UAT的准入准出标准。每个公司功能测试的准入准出标准都会有所不同，本节中提供的相关测试准入准出标准仅供读者参考，读者可以结合公司自身的实际情况和实际项目要求进行调整。

4.2　非功能测试准入准出标准

非功能测试准入准出标准是为了明确测试过程中各项工作以及软件版本测试的约束条件，便于评判工作是否可以进入下一个阶段，避免浪费测试资源和人力资源。本节将针对不同类型的非功能测试分别介绍其对应的准入准出标准。

4.2.1　性能测试准入准出标准

性能测试一般是在功能测试结束后需要进行的测试。在被测系统的功能运行正常后，需要对被测系统进行评估，判断是否需要开展性能测试以及确定性能测试的性能指标定为多少，一般情况下需要由项目组提供或会议讨论决定。性能测试实质上用于确保被测系统能在当前或预期时间内的业务量压力下保持高性能运行。

在金融软件性能测试中，为保证产品质量、提高测试效率、规范项目测试流程等，一般会制定性能测试准入准出标准。性能测试准入标准可参考如下内容。

（1）系统功能测试执行完成，满足功能测试准出标准，并出具功能测试报告。

（2）明确性能测试目标。

（3）获得业务量调研数据或者评估数据。

（4）系统性能测试用例 100%覆盖性能测试范围。

（5）系统性能测试方案、性能测试用例和性能测试计划通过评审。

（6）性能测试环境设备、应用服务、数据库服务安装、调试完毕，压测工具和监控工具部署完毕。

（7）测试数据准备完毕，符合数据设计要求。

（8）测试环境架构与生产环境架构一致，配置可以减少。

（9）性能测试人员和支持人员已到位。

在实际性能测试项目中难免会出现意料之外的情况，迫使暂停或重启性能测试项目，暂停标准可参考如下内容。

（1）测试目的、范围、业务场景或待测试版本等内容变更，需要修改测试方案、测试计划，重新进行评审。

（2）测试中发现严重缺陷，影响后续测试用例执行。

（3）测试过程中发现服务规划、部署问题，需要重新调整服务规划、部署方案。

（4）测试环境受到干扰，比如服务器被临时征用等。

（5）需要调整测试环境资源，如加减 CPU 数目、加减存储设备等。

（6）测试过程中发现测试数据不准确，测试人员或开发人员不能提供相关的用于性能测试的数据。

上述测试过程中遇到的意外问题被解决后，即可恢复或再启动性能测试，恢复或再启动性能测试标准如下。

（1）测试方案、测试计划等变更完毕，并满足测试要求，通过评审。

（2）测试中发现的严重缺陷得以解决。

（3）测试环境恢复正常。

（4）测试环境资源调整完毕。

（5）相关的性能测试数据已具备。

性能测试用例执行完成，且发现缺陷得以修复后，即可退出性能测试，性能测试准出标准如下。

（1）性能测试用例执行率100%，通过率达到项目要求，并提供性能测试结果。

（2）测试结果能完整覆盖测试用例并检验各项性能指标。

（3）重要及一般以上级别的缺陷得到修复并通过复测。

（4）性能测试报告已提交并且通过评审。

4.2.2 可用性测试准入准出标准

可用性测试一般情况下会在功能测试完成后，同性能测试并行进行或交替进行。测试人员确保被测系统/服务功能正常后，需要对被测系统/服务进行可用性测试，以验证被测系统/服务采用技术的可用性机制对生产上的业务场景不会产生不利影响，在提交生产环境前需要确保可用性机制配置无误。

可用性测试准入标准可参考如下内容。

（1）系统功能测试执行完成，满足功能测试准出标准，并出具功能测试报告。

（2）可用性测试范围已明确。

（3）可用性测试指标已确定。

（4）系统可用性测试用例100%覆盖可用性测试范围。

（5）系统可用性测试方案、测试用例和测试计划通过评审。

（6）可用性测试环境设备、应用服务、数据库服务安装、调试完毕，发压工具和监控工具部署完毕。

（7）测试数据准备完毕，符合数据设计要求。

（8）可用性测试涉及的特性设计、测试环境完成部署。

（9）已给出操作故障或可用性测试用例涉及的权限，或已协调相关操作人员。

（10）可用性测试人员和支持人员已到位。

（11）操作人员已到位。

可用性测试过程中可能会出现意外情况迫使可用性测试暂停，可用性测试暂停标准可参考如下内容。

（1）测试目的、范围、业务场景或待测试版本等内容变更，需要修改测试方案、测试计划，重新进行评审。

（2）测试中发现严重缺陷，影响后续测试用例执行。

（3）测试过程中发现服务规划、部署问题，需要重新调整服务规划、部署方案。

（4）测试环境受到干扰，比如服务器被临时征用等；

（5）需要调整测试环境资源，如加减 CPU 数目、加减存储设备等；

（6）测试过程中发现测试数据不准确，测试人员或开发人员不能提供相关的用于测试的数据。

上述测试过程中遇到的意外问题被解决后，即可恢复或再启动可用性测试，再启动标准如下。

（1）相关测试方案、测试计划等变更完毕，并满足测试要求，通过评审。

（2）测试中发现的严重缺陷得以解决。

（3）服务规化、部署方案调整完毕。

（4）测试环境恢复正常。

（5）测试环境资源调整完毕。

（6）相关的测试数据已具备。

可用性测试用例执行完成，且发现缺陷得以修复后，即可退出可用性测试。

（1）可用性测试用例执行率 100%，通过率达到项目要求，并提供可用性测试结果。

（2）测试结果能完整覆盖测试用例并体现可用性指标。

（3）原则上，重要及一般以上级别的缺陷需要修复并复测通过。

（4）可用性测试报告已提交并且通过评审。

4.2.3 灾备测试准入准出标准

灾备测试是在生产部署前根据被测系统部署方案设计的测试，其目的是在类似多地、多中心的部署模式中综合同城切换、异地切换、网络因素等方面确保测试无误。

在金融软件测试中，对于灾备测试也会制定一些准入准出标准来规范灾备测试流程，灾备测试准入标准可参考如下内容。

（1）系统功能测试执行完成，满足功能测试准出标准，并出具功能测试报告。

（2）灾备的部署方式已确定。

（3）灾备指标已确定。

（4）系统灾备测试用例100%覆盖灾备测试范围。

（5）系统灾备测试方案、测试用例和测试计划通过评审。

（6）灾备测试环境设备、应用服务、数据库服务安装、调试完毕，发压工具和监控工具部署完毕①。

（7）测试数据准备完毕，符合数据设计要求。

（8）网络配置与生产部署一致。

（9）灾备测试人员和支持人员已到位。

在灾备测试过程中遇到突发状况，可能导致测试项目暂停或无法进行，灾备测试暂停标准参考如下。

（1）测试目的、范围、业务场景或待测试版本等内容变更，需要修改测试方案、测试计划，重新进行评审。

（2）系统测试中发现严重缺陷，影响后续测试用例执行。

（3）测试过程中发现服务规划、部署问题，需要重新调整服务规划、部署方案。

（4）测试环境受到干扰，比如服务器被临时征用等。

（5）需要调整测试环境资源，如加减CPU数目、加减存储设备等。

（6）测试过程中发现测试数据不准确，测试人员或开发人员不能提供相关的用于测试的数据。

当解决导致灾备测试项目暂停的问题后，即可继续进行灾备测试，再启动标准参考如下。

（1）相关测试方案、测试计划等变更完毕，并满足测试要求，通过评审。

---

① 注意：灾备测试的环境比性能测试、可用性测试的环境复杂一些，因为涉及同城、异地的不同数据中心的切换以及备份，所以测试之前一定要确定测试环境与生产环境在架构上一致。

（2）测试中发现的严重缺陷得以解决。

（3）服务规划、部署方案调整完毕。

（4）测试环境恢复正常。

（5）测试环境资源调整完毕。

（6）相关的测试数据已具备。

灾备测试项目完成后，即可整理交付物准备结束项目，灾备测试准出标准参考如下。

（1）测试用例覆盖率达 100%，测试用例应覆盖测试范围，提供测试结果。

（2）测试结果能完整覆盖测试用例并体现灾备指标。

（3）原则上，重要及一般以上级别的缺陷需要修复并复测通过。

（4）系统测试报告已提交并且通过相关评审。

4.2.4 可扩展性测试准入准出标准

金融软件测试一般会将可扩展性测试放到系统上线前同可用性测试一起进行。对于可扩展性测试项目，为保证测试流程规范、准入准出规范等，会有一些准入准出标准，可扩展性测试准入标准参考如下。

（1）系统功能测试执行完成，满足功能测试准出答案，并出具功能测试报告。

（2）系统可扩展性测试计划、方案完成评审。

（3）测试环境设备、应用服务、数据库服务安装、调试完毕，发压工具和监控工具部署完毕。

（4）测试数据准备完毕，符合数据设计要求。

（5）需要扩展的资源已准备完毕，例如冗余的集群节点服务器，服务器冗余未分配的 CPU、内存、磁盘等资源。

（6）网络配置与生产部署一致。

（7）涉及手动扩展，需给出操作界面及相关权限。

（8）可扩展性测试人员和支持人员已到位。

在可扩展性测试过程中遇到突发状况可能导致测试项目暂停，可扩展性测试暂停标准参考如下。

（1）测试目的、范围、业务场景或待测试版本等内容变更，需要修改测试方案、测试计划，重新进行评审。

（2）系统测试中发现严重缺陷，影响后续测试用例执行。

（3）测试过程中发现服务规划、部署问题，需要重新调整服务规划、部署方案。

（4）测试环境受到干扰，比如服务器被临时征用等。

（5）测试过程中发现测试数据不准确，测试人员或开发人员不能提供相关的用于测试的数据。

当解决导致可扩展性测试项目暂停的问题后，即可继续进行可扩展性测试，再启动标准参考如下。

（1）相关测试方案、测试计划等变更完毕，并满足测试要求，通过评审。

（2）测试中发现的严重缺陷得以解决。

（3）服务规划、部署方案调整完毕。

（4）测试环境恢复正常。

（5）测试环境调整完毕。

（6）相关的测试数据已具备。

可扩展性测试项目完成后，即可整理交付物准备结束项目，可扩展性测试准出标准参考如下。

（1）可扩展性测试用例执行率100%，通过率达到项目要求，并提供可扩展性测试结果。

（2）测试结果能完整覆盖测试用例并体现可扩展性指标。

（3）重要及一般以上级别的缺陷需得到修复并通过复测。

（4）可扩展性测试报告已提交并且通过评审。

4.2.5　安全测试准入准出标准

安全测试是通过测试手段检测被测系统是否存在安全漏洞或缺陷，一般情况下安全测试会在功能测试结束后进行，可能会与性能测试、可用性测试等同时进行。在金融软件安全测试中，为保证产品安全质量、测试效率等，一般会制定安全测试准入准出标准，安全测试准入标准可参考如下内容。

（1）系统功能测试执行完成，满足功能测试准出标准，并出具功能测试报告。

（2）系统安全测试用例 100%覆盖安全测试范围。

（3）系统安全测试方案、测试用例和测试计划通过评审。

（4）安全测试环境设备、应用服务、数据库服务安装、调试完毕，安全工具部署完毕。

（5）测试数据准备完毕，符合数据设计要求。

（6）网络配置与生产部署一致。

（7）安全测试人员和支持人员已到位。

在安全测试过程中如遇到一些突发状况或信息有误，即可暂停安全测试项目，安全测试暂停标准可参考如下内容。

（1）测试目的、范围、业务场景或待测试版本等内容变更，需要修改测试方案、测试计划，重新进行评审。

（2）系统测试中发现严重缺陷，影响后续测试用例执行。

（3）测试过程中发现服务规划、部署问题，需要重新调整服务规划、部署方案。

（4）测试环境受到干扰，比如服务器被临时征用等。

（5）测试过程中发现测试数据不准确，测试人员或开发人员不能提供相关的用于测试的数据。

当解决导致安全测试项目暂停的问题后，即可继续进行安全测试，安全测试再启动标准可参考如下内容。

（1）相关测试方案、测试计划等变更完毕，并满足测试要求，通过评审。

（2）测试中发现的严重缺陷得以解决。

（3）服务规划、部署方案调整完毕。

（4）测试环境恢复正常。

（5）测试环境调整完毕。

（6）相关的测试数据已具备。

在安全测试结束后，即可整理产出物交付，安全测试准出标准可参考如下内容。

（1）安全测试用例执行率 100%，通过率达到项目要求，并提供安全测试结果。

（2）测试结果能完整覆盖并体现各项安全指标。

（3）重要及一般以上级别的缺陷需得到修复并通过复测。

（4）安全测试报告已提交并且通过评审。

4.2.6 本节小结

本节主要介绍了非功能测试中的性能测试、可用性测试、灾备测试、可扩展性测试和安全测试的准入准出标准。由于每个公司非功能测试的准入准出标准都会有所不同，本节中提供的相关测试准入准出的一些标准仅供读者参考，读者可以结合公司的实际情况和项目需求进行调整。

4.3 本章思考和练习题

1. 什么是 SIT 和 UAT，二者之间的区别是什么？
2. SIT 的准入准出标准是什么？
3. UAT 达到什么标准后，系统方可上线？
4. 非功能测试的准入准出标准要点包含哪些？
5. 可用性测试和性能测试准入标准的区别有哪些？
6. 灾备测试和性能测试准入标准的区别有哪些？
7. 可扩展性测试区别于其他测试的准入标准的要点是什么？

05

第 5 章 金融软件测试项目管理

本章导读

本章主要介绍金融软件测试项目管理方法、软件测试流程、项目评审流程、需求变更管理、测试缺陷流程、测试轮次管理、测试参数管理、测试数据管理等内容。通过对本章的学习,您能够对金融软件测试项目管理的方法论有初步的了解和认识,为金融软件测试项目实践提供指导。

5.1 测试项目管理概述

测试项目管理方法是关于如何对测试项目进行管理的方法，是可在大部分项目中应用的方法。测试项目管理通常包括测试范围、测试策略和方法、测试环境、测试配置、测试工具、测试用例、测试执行等的管理。本节主要对测试项目管理内容进行概要性介绍。

5.1.1 实施过程管理概述

在金融测试项目实施过程中，为了完成既定目标（如金融业务系统新增需求的测试）而采用相应的技术和方法对整个实施过程进行管理，就是测试项目的实施过程管理。常见的 IT 项目包含系统集成、应用软件开发和应用软件客户化定制等。测试实施时根据不同类型的项目采取不同的测试实施方法。系统集成方面的测试涉及验收报告、POC测试、硬件测试等，这几部分内容不在本书体现。应用软件开发可能会因为采用的方法不同而分解成不同的阶段，比如文档审核测试、代码走查、单元测试、集成测试、系统测试、验收测试等。

测试的实施过程管理，可以分成3个阶段：起始阶段、执行阶段和结束阶段。其中，起始阶段为整个测试项目准备资源和制订各种计划；执行阶段监督和指导项目的实施，完善各种计划并最终完成项目的目标；结束阶段对测试项目进行总结，处理各种收尾工作。

5.1.1.1　测试实施过程的阶段管理方法

从提高软件市场认可度以及业务适用性的角度看，任何一个公司想要产出高质量的软件产品或者提供高质量的软件服务，都应该在软件测试过程中，做好必要的分析和总结，并逐步归纳出适用于自身文化环境的测试项目管理方法及测试实施过程管理方法。一般来说，测试实施过程管理方法主要有阶段管理方法、量化管理方法、优化管理方法、沟通管理制度等。

1. 阶段管理方法

阶段管理涉及从立项之初直到系统运维的全过程，主要分为3个阶段：起始阶段、执行阶段、结束阶段。测试在其中的每一个阶段都有着不同的分工和侧重点。测试介入实施过程管理越早，发现缺陷并解决缺陷的成本就越低。在测试起始阶段，测试人员主要完成测试的分析和设计、测试环境准备等工作，这时候就已经可以发现一些文档和环境部署参数配置等问题。在测试执行阶段，测试人员要做缺陷的整理与分析，辅助开发人员找出问题比较多的模块，一般80%的缺陷会出现在20%的模块中；一些由于缺陷阻断而无法执行的用例，可以在下一个版本提测前，通过风险提示的方式告知开发人员提前解决。在测试结束阶段，测试人员除了要发送测试报告外，还要对测试实施过程中所产生的各种文档、技术资料等进行整理与编辑，根据测试执行过程中的经验和教训，编制经验总结，并且将其存入历史经验库中；此外，可对整个测试实施过程进行总体评价，以积累测试实施过程管理经验。

2. 量化管理方法

量化管理方法也叫数据统计法，通过对测试实施过程中各阶段进度和质量数据进行收集和分析，从而评估风险并及时应对。在测试实施过程中，时常会碰到这种问题，即同一个缺陷在上一个版本已经解决，但是在下一个版本又出现了，同一个模块反复测试却无法做到缺陷清零。为此必须把各种问题的解决时间、投入资源（比如一个开发人员要修复大量的缺陷）、修复成效等分类量化，根据具体问题具体分析，提出针对性解决方案才能有利于整个项目进程的推进。测试人员每日汇报工作一般以当日执行了多少测试用例、发现了多少缺陷、回归测试了多少缺陷、是否可出具阶段性测试报告等来评估项目进度，做到实施过程的可控。积累的测试数据还可以用于后续项目的测试工期评估，设定测试项目基准数据，例如每日测试用例执行数、缺陷解决时长等，通过量化驱动的方式实现精细化的测试实施过程控制。

3. 优化管理方法

优化管理就是分析测试活动每部分所蕴含的知识、经验和教训，更好地总结测试过程中的经验，吸取教训，传播有益知识。例如，前一阶段的工作，由于管理得好，工作能顺利完成并符合要求，就应该使这一阶段内的管理经验和知识更好地发挥成效。如果测试执行未达到预期要求，就应该进一步分析，是测试需求分析不到位，测试用例设计不合理，还是执行过程中不能发散思维优化现有的测试用例？完成这些分析后，可以进一步优化测试实施过程管理。优化管理方法有助于形成测试项目实施过程的最佳实践，以经验驱动测试项目的成功。同时优化管理方法应形成风险库，用于记录测试实施过程中遇到的问题和解决方案，给后续测试工作的开展提供参考。

4. 沟通管理制度

连接项目中事项与事项之间、人与人之间的方法就是沟通，信息在传递过程中由于理解的问题会存在失真，因此需要建立完善的沟通管理机制。沟通管理制度主要采用会议和汇报的方式，辅助项目按照既定计划开展工作，具体方法如下。

（1）每日例会制度：包括测试组内部例会、测试管理例会等。一般在金融软件测试工作中，每日例会的方式有助于测试管理者尽快解决测试中遇到的问题，防患于未然。

（2）每周汇报制度：测试项目负责人小结本周测试情况，向测试项目领导小组汇报每周测试进展状况及存在的问题。金融测试团队一般都有测试工作汇报模板，结合量化管理方法中的内容，在汇报中纳入具体的数据或者量化指标，便于清晰地展现实施的过程和风险。

（3）专题会议制度：由测试项目领导小组或测试管理办公室组织召开专题会议，研究并落实测试过程中重大问题和风险的解决措施；跟踪和督促重大问题和风险的解决；协调各方人员讨论有争议的重大问题。

（4）争议管理：在测试实施期间，测试人员、开发人员、业务人员等之间未能解决的争议或者解决时限逾期 1 天仍未解决的问题，均需进行升级处理。在每日例会中出具争议的解决时限和方法，在每周汇报中对本周解决的争议问题进行汇总发布。

5.1.1.2 测试实施过程

按照前文所述测试实施过程（见图 5-1）管理中的阶段化管理方法，从系统研发项目立项之初直到系统正式发布投入使用的全过程分为起始、执行、结束3个阶段。针对不同阶段的工作内容可以采用不同的方法进行管理。起始阶段的主要工作内容包括测试启动、需求调研、测试准备；执行阶段的主要工作内容包括测试用例设计、测试执行；结束阶段的主要工作内容包括测试评估和报告、测试验收和持续优化。

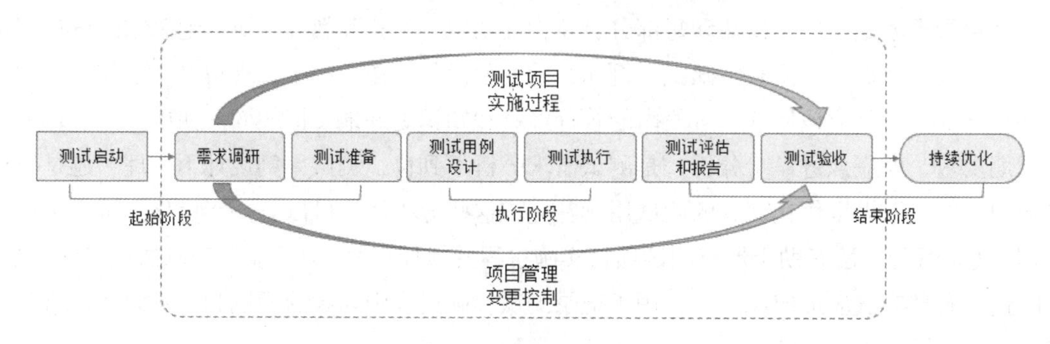

图 5-1　测试实施过程

1. 起始阶段

（1）测试负责人对接金融机构业务部门获取各子系统的需求说明书，对接开发团队获取概要设计和接口规范等必需的业务文档和技术文档。

（2）测试负责人牵头完成功能测试计划的编制，并将其作为起始阶段的交付成果。测试计划内容主要包括测试目标、时间进度、测试环境、测试范围、参与人员（投入资源）、测试策略、交易和数据接口测试安排等。

（3）测试团队邀请业务人员、开发人员、环境运维人员等共同参与功能测试计划的评审会议。

（4）测试负责人发布经过评审的功能测试计划，发布渠道包括但不限于邮件、测试管理平台或其他项目团队允许的沟通工具。

（5）测试负责人分配测试需求分析任务给测试需求分析人员（一般为项目团队高级测试工程师）。测试需求分析人员开展系统功能测试需求分析，编写功能测试需求分析说明书并提交评审。

（6）测试团队根据评审通过的功能测试需求分析说明书，制定详细测试方案并着手准备测试数据。

（7）测试团队根据功能测试需求分析说明书和测试数据中的要求提出测试环境、测试数据需求，将其提交测试环境运维团队（有些金融机构的组织方式为开发人员负责搭建所有测试环境，相关文档则需要通过系统或邮件的方式发送给开发人员）用于搭建测试环境、准备测试数据。

在测试实施过程管理的起始阶段，测试负责人根据实际需要决定是否对参与该次测试的相关人员进行培训，培训内容应包括测试管理工具的使用、基本测试理论和测试方法、相关业务知识、专用测试工具的使用等，培训前应当编制功能测试培训计划。

2. 执行阶段

（1）起始阶段各项准备工作就绪后，进入测试执行阶段，应优先完成测试用例的设计和评审工作。

（2）在执行阶段之初，测试团队把测试需求和测试用例导入测试管理平台，并建立测试用例和测试需求之间的关联关系。

（3）测试用例导入测试管理平台后，参与测试的人员应该按照测试用例的计划测试日期要求执行测试用例。

（4）测试人员在用例执行过程中如发现问题，应在测试管理平台上记录缺陷，各相关项目组按照问题的处理流程进行处理。比较严重的问题提交测试负责人协调解决，测试负责人应对重点问题进行记录并负责跟踪严重问题的解决，以及协助进行问题的复现和分析等。

（5）项目团队中的高级工程师或负责人需要定期编制测试执行简报或测试阶段性报告，并将其发送给项目相关干系人。测试负责人根据测试需要，定期召开测试例会，例会频率可以周为单位或以里程碑为单位，例会上应该对当前的测试情况进行总结，对测试中存在的需要协调的问题进行讨论并使干系人达成共识，从而解决问题。

3. 结束阶段

（1）测试评估和报告

测试评估和报告期间主要完成以下工作。

- 分析测试用例的执行结果，检查测试用例执行率和通过率，判断是否满足准出标准，是否符合质量要求。
- 分析缺陷数据，检查是否存在致命缺陷，是否符合准出标准中对于各级别缺陷的修复要求，通常测试准出标准中要求严重和一般级别缺陷100%修复。
- 根据分析结果，完成缺陷评估报告，提供缺陷解决情况表和准出意见，为系统能否上线提供参考依据，并与相关干系人（包括但不限于需求人员、开发经理、测试经理、质量人员等）一起评审缺陷和评估报告。

- 对测试执行情况进行总结，收集、整理测试成果（如测试计划方案、测试用例、测试报告、测试过程评审记录、会议纪要等），提交到测试管理平台供后续流程节点下载、查看和审核。有的金融机构有测试资产库，用于存放测试交付物，由文档管理员进行管理，方便后续测试负责人进行查看。

（2）测试验收

测试项目执行结束后，项目管理组根据测试情况编制测试验收及分析报告，在报告中对本次的测试进行总结，明确遗留问题的解决方案（一般遗留问题会在下一版本中，以小需求的方式进行解决，或随其他优化需求一同升级），并将其报告给测试负责人、业务团队、开发团队进行审查。

测试验收可能涉及的交付物如下。

- 测试各阶段准入、准出所规定的交付物，业务人员、需求人员、开发团队、测试团队、质量管理人员等均有准入准出的交付物清单，根据清单内容进行审核和检查。
- 测试各阶段审批、评审记录。项目组根据测试的不同规模会选择线上的邮件评审或线下的会议评审。
- 测试各阶段分析、评估成果，每一阶段对应的里程碑报告，根据缺陷数量和级别进行的项目风险评估。
- 测试管理（项目管理、质量管理、进度管理、配置管理、沟通管理等）性文档。

（3）持续优化

本环节主要通过项目验收测试报告、测试分析及结论（含改进计划）对测试工作进行回顾和复盘。

- 回顾项目初期的规划是否合理。
- 分析项目实施过程中是否存在问题以及问题解决方案，形成风险管理库，供后续测试参考。
- 测试项目结束后建议在组内开展头脑风暴，评估测试实施过程中的解决方案是不是最优的，如有更优解决方案，可在风险管理库中进行记录。
- 总结项目经验，为后续项目各阶段评估工作量以及识别风险提供参考。

5.1.2 测试变更管理概述

在测试的各个阶段都有可能发生变更，一般的变更包括：程序版本变更、测试参数变更、测试数据变更、应用系统环境变更等。在测试工作中，比较常见的是因版本、参数、数据、环境的调整而引起的变更，本节将对这几种变更予以简单的介绍，具体变更的管理细节可通过后续章节进行学习。

5.1.2.1 程序版本变更

程序版本变更包括大版本变更和小版本变更。大版本变更是由于需求变更、重大级别的测试缺陷、系统内部优化等导致的程序版本变更；小版本变更指的是修复测试缺陷或优化功能导致的程序版本变更。一般来说，大版本变更可以看作一个全新的测试项目，需要有对应的测试计划，涉及测试任务的起始、执行和结束阶段。而小版本变更可以看作测试项目执行阶段的缺陷回归测试，对于测试来说只是增加了一个测试轮次。

在开发人员提交完整的、满足测试准入标准的开发成果后，由版本管理员将待变更版本的文档和程序包提交给测试运维人员进行环境部署，同时更新版本号。

当涉及版本变更时，需要对相应的问题说明变更原因。如果版本变更是发现测试缺陷所引起的，在测试管理平台中已存在一个或多个处于已经解决状态的缺陷时，一般建议开发团队提交一次版本来尽可能解决多个问题，以便减少环境部署的频次。如果版本变更是需求变更所引起的，则需要上传更新的需求规格说明书，并将改动内容标出，方便测试人员更新用例。

当要进行版本变更时，测试运维人员从测试管理工具中获取部署说明和程序包。如需要更新数据，测试运维人员将执行测试脚本。测试环境部署完成后，测试运维人员会做记录并通知测试人员，同时更新测试环境版本号。

对于每次变更，需要进行变更跟踪，通常由质量管理人员建立变更跟踪表，对变更涉及的功能、接口、配置、数据、预计更新测试环境时间等进行登记，并对版本提交情况进行跟踪和督促（从版本提交至部署完成不宜超过 2 天，如超时则需要测试运维人员给出延迟部署原因）。

5.1.2.2 测试参数变更

一般可能引起测试参数变更的原因有：日常参数维护（如年度账期调整、基础参数调整、比率参数调整等）、测试发现问题（例如，当工作流系统指派错误的工作流转入时，应当调整配置的参数；由于参数配置错误引起的测试中计算数值精确性问题等）、需求变更和程序实现变化、新增各类产品参数等。

测试环境的所有参数变更按照测试环境版本变更流程来进行处理，允许变更仅提供脚本不提供程序包，所有变更的脚本都需有版本号。

5.1.2.3 测试数据变更

测试数据变更是指测试实施期间由于数据结构变更引起的数据变更。通常在测试数据不能满足功能测试要求，或数据量不足导致无法做性能测试的情形下，需要做测试数据变更。

除了因测试数据不能满足测试要求而主动提出的测试数据变更外，还会因为一些非测试要求而强制执行测试数据变更。有时生产环境会对实际产生的数据有影响，所以会定期将生产数据进行脱敏后形成脚本，迁移至测试环境中，并对迁移数据进行变更管理；有时则是由于服务器升级和环境迁移导致的数据变更，需要测试环境运维组对接数据迁移组，并提出数据变更申请，编写数据处理办法，由环境准备和技术支持团队予以执行。

由于测试数据变更一般会影响到测试执行工作，因此由测试人员评估影响进度的情况来确定执行时效，测试质量管理人员负责审核，环境运维人员负责执行测试数据变更。测试数据变更需登记备案，方便进行版本追溯。

5.1.2.4 应用系统环境变更

应用系统环境变更一般较为少见且周期较长，变更的原因主要有系统升级、硬件维护、系统特殊处理、系统参数调整等，由上述因素引起的系统测试无法实施均视作应用系统环境变更。一般情况下，涉及硬件方面的变更会在新、旧环境下部署两套同样的系统，在旧环境进行测试的同时，分派测试资源在新环境进行流程测试，若无问题，则下一次测试任务就可以直接在新硬件环境下进行测试。或者两套环境同时运行以方便开发人员定位问题，从而确定所发现的缺陷是由程序问题引起的还是硬件兼容性问题所引起的。

涉及硬件环境的变更一般由环境运维团队对接相关负责团队，由于大多采用并行的方式进行，因此除了会额外增加新设备下功能测试的工作量外，其他方面变化不大，团队有足够的时间处理应用系统环境的变更。

5.1.3 测试缺陷与测试问题管理概述

测试缺陷是针对被测系统的，是在测试过程中发现的缺陷。比较常见的测试缺陷有代码错误、兼容性问题、产品设计缺陷等。测试缺陷的数量和关闭率是系统开发质量的重要衡量标准之一，同时也能间接地体现出测试用例的编写质量以及测试用例对于测试场景的覆盖情况。

测试问题指的是在测试工作进行的过程中遇到的有可能影响测试正常进行的问题，是非系统本身的外部问题。例如，测试人员的业务知识和测试技术能力与待测系统不匹配；开发环境和测试环境共用，导致测试工作断断续续；没有完善的变更管理，导致频繁返工甚至推翻重做等。这些问题对测试工作乃至项目的有序推进有着非常不利的影响。作为一名合格的测试人员，需要具备辨识测试问题的能力，同时能够采用正确、有效的方式进行处理。

5.1.3.1 测试缺陷管理

测试缺陷管理主要是管理测试执行过程中发现的缺陷，包括系统集成测试、用户验收测试、回归测试等阶段发现的缺陷。

1. 测试缺陷概述

测试人员在执行用例过程中发现实际结果与预期结果不一致的问题,即可将其视为缺陷。一般测试团队内会通过管理工具对发现的缺陷进行记录,常见的缺陷记录包含以下几项必要元素：缺陷标题、缺陷描述、发现时间、报告人、缺陷级别、缺陷状态、发现版本、数据等。导致缺陷发生的操作步骤和前提条件记录得越详细，越有助于开发人员定位问题。通过合理使用缺陷管理工具可以完整记录缺陷从发现到关闭的生命周期，以及已修复缺陷复现情况的跟踪处理。测试人员在缺陷记录中提供发现缺陷的测试数据，以便开发人员在测试环境中复现缺陷。

缺陷管理工具还能实现测试数据的采集，方便统计后将其作为分析软件产品质量的依据之一。举例来说，当分析软件在什么条件下可以上线发布、什么时候可以交付给客户时，往往需要使用缺陷发现和修复数据。比如，在最后一轮测试的过程中，已经遗留的缺陷全部被关闭，发现问题较多的模块不再有新的缺陷产生，软件达到了测试要求的准出标准，满足升级生产环境的要求时，即可将升级包交付生产运维团队进行后续的环节，从而进入测试项目的结束阶段。

2. 测试缺陷管理目的

测试缺陷管理的目的是对不同阶段测试发现的缺陷进行统一管理，完成缺陷从发现到关闭的整个生命周期记录，使软件产品满足用户使用的功能要求，主要目的如下。

（1）确保发现的缺陷尽可能被解决或缺陷处于最终状态（未解决缺陷的最终状态为延期）。

（2）保证缺陷得到有效的跟踪，通过详细的记录减少沟通时间，使缺陷修复更加高效。

（3）通过对统计的缺陷数据进行分析，来评估软件产品的质量。

3. 测试缺陷严重级别

测试缺陷严重级别可参见表 5-1。

表 5-1 测试缺陷严重级别

级别	名称	示例
1 级	致命性缺陷	导致系统崩溃、异常退出系统、异常死机、服务停止、数据库混乱及系统不能正常运行等
2 级	严重性缺陷	程序接口错误；功能未实现、不完整；核心数据计算错误（如保费、系数）或影响保费、系数的因子计算错误；影响用户正常使用的系统性能问题等
3 级	警告性缺陷	功能已实现，不影响主要功能使用的小问题，如健壮性不强、操作界面错误等
4 级	建议性缺陷	使用不方便、不合理，界面不友好或风格不统一等

4. 测试缺陷状态

测试发现缺陷常见状态有以下几点。

（1）新建：测试人员在测试过程中发现并提交缺陷，此时缺陷处于“新建”状态。

（2）打开：开发人员接收开发项目经理转交的缺陷，开始进行修改，要把“新建”状态置为“打开”状态。

（3）已修正：开发人员认为缺陷已经修改完毕，将缺陷状态置为“已修正”。

（4）关闭：测试人员认为缺陷已经修改完毕，回归测试通过，将缺陷状态置为“关闭”。

（5）重新打开：测试人员认为开发人员修改后置为“已修正”状态的缺陷并没有解决，无法做关闭处理，可将缺陷状态置为“重新打开”。

（6）延期：开发项目经理认为缺陷目前不必急于修改，可以暂缓处理，经过三方共同审批后由开发项目经理将缺陷状态置为“延期”。

（7）拒绝：开发人员根据需求规格说明书对非缺陷向开发项目经理提出拒绝申请，若经三方沟通后认为理由充分，确实不算作缺陷，则将此缺陷状态置为“拒绝”，开发项目经理或开发人员需要在缺陷的描述中加以说明；若有成员对拒绝的缺陷有异议，则可以通过每周例会沟通再做讨论，以确认缺陷的最终状态。

5.1.3.2 测试问题管理

测试问题并不是指测试中发现的应用系统或其相关文档/代码中存在的问题，而是指测试工作进行过程中，遇到的影响或即将影响测试正常进行的问题，一般包括技术方面的问题、测试环境问题、与其他部门或项目组内部沟通协调问题，以及其他影响测试工作进展的问题。

测试问题管理包括问题提出、收集汇报和问题处理等过程，如图 5-2 所示。测试团队成员将需要上级或其他小组协助解决的问题用文档记录并提交给测试负责人，测试负责人根据这些问题的严重程度、涉及的范围等，通过口头、电话、邮件等方式提交问题记录表，召开临时会议，提交问题并跟踪问题的解决情况，以保证测试工作的顺利进行。大多数情况下，召开项目周例会或者里程碑会议时，需要讨论测试问题并寻找解决方案，在会后形成文档以便尽快解决问题。测试问题会影响测试效率，进而导致测试进度的延后，可通过表 5-2 所示的测试问题记录表进行问题的记录和跟踪。

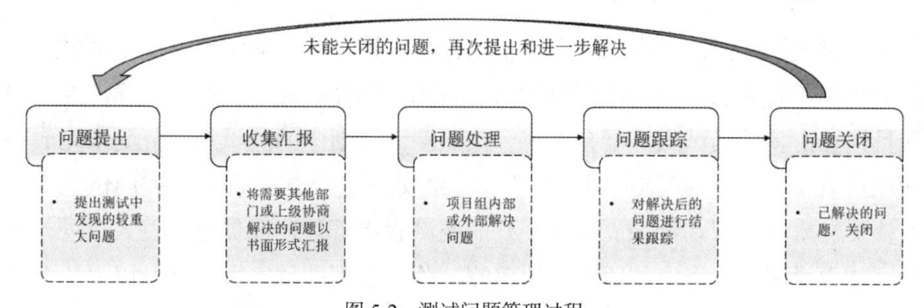

图 5-2　测试问题管理过程

表 5-2　测试问题记录表

序号	问题描述	问题类型	提出人	提出日期	希望解决日期	问题状态	解决日期	解决人	解决说明

其中，问题类型包括环境、技术、协调等；问题状态包括未分配、已分配-未解决、已分配-已解决、已解决等。

5.1.4　测试版本管理概述

在早期的软件测试执行中存在这样一个常见的问题，即开发人员提交解决缺陷代码的无序性导致测试人员不断地重复验证同一个功能模块，问题始终得不到解决。这种问题的产生主要是由于金融行业的大部分系统承载的业务规模较大，一般是以团队形式合作开发的，每个程序员都可以将自己改动的代码上传，后面上传代码的开发人员很可能会把已修改代码的版本记录覆盖掉。此时，就会出现开发人员已解决问题，且在本地验证通过，但代码合并后问题依然存在。而测试人员通过反复验证发现问题未解决，耗费了工作量，也增加了无效的测试时间。因此，可以将测试环境和开发环境完全分离，测试执行的过程中不允许频繁地进行版本部署，待一轮测试全部结束后，统一进行问题修改和代码合并，通过版本管理工具防止代码互相覆盖。每一轮测试对应一个大的缺陷修复版本，这就是软件测试过程中的版本管理。

5.1.4.1　测试版本管理目的

软件测试的版本管理有两方面的目的：一方面是对测试过程中软件的版本号和测试情况

进行记录；另一方面是保证测试环境的稳定性，保证每一轮测试的版本都是最新的。测试版本管理需要做跟踪记录，写明各个版本之间的关系，以区分不同的软件测试阶段，辅助测试工作顺利进行。在测试团队中一般有版本管理人员专门负责版本的记录和变更。

5.1.4.2　缺乏测试版本管理的危害

软件测试过程缺乏测试版本管理会带来很多危害，金融行业信息系统承载的业务逻辑复杂，多系统间均具有关联，仅仅做简单的功能测试是不能满足系统验证和确认要求的。大型的测试项目往往由多个测试人员配合完成，按照测试计划中的测试资源分配来完成各自功能模块的测试执行工作，要想达到“1+1>2”的工作效果，使多人协助开展测试工作并提高测试效率，就要注重测试版本管理。此外，好的测试版本管理还能促使开发人员进行规范化的代码合并，从而形成较为稳定的版本。缺乏测试版本管理的危害大致涉及以下4个方面。

1. 缺乏测试版本管理，会影响测试进度

测试人员需要一个稳定的测试环境来执行测试用例。在金融业务系统中，业务交易流程普遍较长，为了保证测试的完整性，有时候版本每更迭一次，就需要从流程的最开始准备数据。若是版本更新过快，会增加测试人员的工作量。而版本更新较慢，一些较为严重的缺陷会导致部分模块无法进行测试，进而造成测试工作的停滞，测试人员只能等版本更新后继续执行测试用例，从而导致测试时间延长。

2. 缺乏测试版本管理，难以保证测试的一致性

金融业务系统结构复杂，各系统之间的版本均有对应关系，当其中一个系统涉及功能改造时，配套的系统一般也会做对应的升级。当测试的功能涉及两个系统间的关联关系时，若其中一个系统处于较低版本，会直接导致测试执行无效化。若测试不具备一致性，相关功能的验证也就无从谈起了。

3. 缺乏测试版本管理，会导致缺陷重现

当开发版本较为混乱时，会存在代码互相覆盖的情况。这种情况下，已经关闭的测试缺陷还会再次出现，可能会引发开发人员和运维人员之间的矛盾，开发人员认为程序已经修改好，是环境没有部署好，而运维人员则认为就是程序改动错误，从而互相推诿。

4. 缺乏测试版本管理，无法准确地跟踪需求变更

每一次需求变更对应一个大版本，变更清单和版本号要有一一对应关系。当版本管理中的准入文档缺失时，测试人员无法确定本轮测试中发现的问题是由程序引起的，还是因版本未升级引起的，无法通过文档去溯源，从而导致版本功能混乱。

5.1.4.3 测试版本管理方法

测试版本管理方法可提高测试团队工作效率，避免问题重复出现。因此，可以制定一套管理标准，来规范软件在测试环境中的版本更迭。具体方法如下。

（1）在金融软件测试的质量管理体系中有明确且规范的测试版本管理制度，以需求规格说明书为测试基线，将任何关于需求的调整均视为可能发生的版本变动；将修复测试中发现缺陷的版本视为小版本，将每一轮测试作为一个测试里程碑；以此为基础进行版本管理来形成阶段性成果，从而避免测试实施过程中因版本混乱而导致的风险。

（2）通过制定合理的版次规划和监控机制来进行版本控制，比如控制需求变更的次数、控制测试轮次（即解决完所有当前版本的问题后再提交新的升级包）；通过对测试任务的分解评估出测试工作量；在限定的工作量范围内进行可控的版本变更。

（3）做好测试版本管理的交付物准入准出，准入需要提交程序包和脚本、部署说明，其中部署说明含有变更的功能清单，方便质量管理人员跟踪和控制测试版本。准出除了包含以上文档外，还要将版本变更过程进行记录，以便后续工作节点的人员能清楚地了解项目的整体风险。

（4）借助于版本管理工具，提高质量管理人员的工作效率，方便各个环节的干系人获取最新的版本文档，使得整个测试版本管理过程保持统一性。关于工具，在 5.6.3 节有详细介绍。

（5）测试版本管理同样要考虑人的因素，富有经验的版本管理人员能够规避很多测试前期的风险，将交付物中存在的问题找出来，提前解决，防患于未然。

5.1.5 测试数据管理概述

在测试执行过程中，为了验证应用程序的各项功能在不同业务场景或条件下的处理结果，所需要用到的输入数据就是测试数据。金融系统业务场景复杂，流程较长，测试用例的设计需要考虑不同的测试场景以达到对功能点的全方位覆盖。那么，有效的测试数据管理就可以帮助测试人员更准确地执行测试用例，从而发现潜在的测试缺陷。

5.1.5.1 常用的测试数据

常用的测试数据根据使用方式可分为以下 4 种。

1. 系统测试数据

系统测试数据包含流水号、人员基础信息、产品属性以及前置系统产生的数据等。如遇到新开发功能、数据不满足测试要求时，需要通过脚本导入的方式将数据预埋到数据库中。

2. SQL测试数据

一些在Web端不显示，但是在程序进行逻辑判断时会用到的数据，可以视为SQL测试数据。

3. 性能测试数据

性能测试由于其特殊性，不需要复杂的金融业务数据，而需要重复的、大批量的数据用于测试软件程序的并发处理能力和抗压能力，其对于数据的要求和系统测试不同，一个是看“质”，一个是看“量”。

4. 接口测试数据

接口测试一般通过发送、返回报文的形式验证接口的逻辑和准确性，可以根据不同的场景编写数据矩阵来进行接口的验证工作。

在接口测试用例的编写过程中，需要分析不同的测试场景，判断会使用哪些不同的测试数据，而这些数据会通过类似“数据需求”的文档提前进行准备。对于接口测试而言，测试数据的准备至关重要，在执行接口测试时需要在接口请求中输入测试数据，没有提前准备数据会导致测试执行中断，甚至全面受阻。例如系统的新增功能需要使用历史数据进行交易流程测试，如果不提前准备历史数据，一旦系统更新版本，新功能产生的数据只能作为新数据，无法覆盖历史存量数据贯穿交易流程的场景。因此，提前准备不同场景下的测试数据可以保证接口测试的顺利执行。

测试团队中一般会存在自动化测试团队，该团队除了进行日常的自动化测试外，还承接大批量数据生成的工作。当功能测试团队提供一套标准数据要求时，自动化测试团队可批量生成这类数据，以便测试人员在不同测试阶段、不同测试场景下重复使用这些数据。

5.1.5.2 测试数据管理的常见问题

在测试数据管理中，常见问题如下。

- 测试团队未配备自动化测试人员，批量数据的生成需要手动解决，对于工具的使用不够熟练，不具备自动化测试技能。
- 设计测试用例时，未评估需要用到的数据类型，导致执行过程中需花费时间准备测试数据。
- 数据准备阶段对于数据的标准要求不够清晰，执行时才发现无法全面覆盖。
- 测试团队无法直接访问数据库获取测试数据，访问数据库需要通过环境运维团队获取权限，影响测试效率。

- 迁移的生产数据无反例，需要手动更改已达到验证功能的情况。
- 在测试任务较为紧张的情况下，需要在短时间内准备大量的测试数据。
- 通过数据依赖/组合来测试一些业务场景，需要借助外部系统构建数据关联关系。
- 大多数数据是在执行测试期间创建或准备的，测试用例设计阶段对于数据的需求不够明确。
- 存在多个应用程序和数据版本，导致数据使用混乱的现象发生。
- 测试环境变更发布频繁，导致前期准备的数据不可用。
- 在进行生产验证的时候，由于考虑到测试会实际产生新的业务流程（无法模拟），因此数据准备往往较为简单，无法做到完全覆盖，这种情况会存在一些风险。

关于测试数据管理中常见问题的详细解决方案可参考后续章节。

5.1.6 本节小结

本节针对测试项目管理方法中的实施过程管理、测试变更管理、测试缺陷与测试问题管理、测试版本管理、测试数据管理进行概述，帮助读者深入浅出地理解测试项目管理为什么做、该怎么做的问题。在后续章节中还将针对软件测试流程、项目评审流程、需求变更流程、缺陷管理流程、测试轮次管理、测试参数管理和测试数据管理做详细介绍，涉及具体的流程、标准、经验等，读者可结合本节内容带着思考学习后续章节，以强化对于测试项目管理方法的掌握。

5.2 软件测试流程

从整个项目管理角度来看，软件测试流程可以分为立项、计划、实施、监控和收尾五大过程，而在每个阶段会用到不同的方法、理论和工具。

在金融软件测试中，项目通常以产品、系统或者某个功能、业务板块作为测试需求的主体。软件测试流程可以细分为测试计划、测试需求分析、测试用例设计与评审、测试用例执行、缺陷管理、报告分析等，作为软件生命周期中的一个重要环节，软件测试同样要严格遵循项目管理流程。

通过本节的介绍，读者将学习到作为一名金融软件测试人员在软件测试流程中需要做什么，以及如何站在项目管理的角度做好日常的测试工作。

5.2.1 测试计划

我们都知道"凡事预则立，不预则废"，计划的好坏是决定项目成功与否的重要因素。什么是测试计划？简单地说，测试计划就是约定什么人，在什么时间做什么事，最后交付什么，即测试人员要测试哪些系统模块，在什么期限内完成，需要交付哪些文档。总的来说，测试范围、测试方法、测试周期、测试资源、测试准则等组成了测试计划的基本要素，根据不同的项目要求，还会包括一些其他的要素。

测试范围：即测试内容，包括项目的系统/功能及本功能拓展或相关的功能及页面。测试范围不同于项目需求，一个项目需求可能会分多阶段实施，而测试范围则是在项目中约定的需要在不同阶段实施开发的内容，这一点非常重要。

测试方法：功能测试的测试方法主要有手工测试、自动化测试、交叉测试等。手工测试是由功能测试人员通过前端页面或应用程序对被测系统/功能直接进行操作；自动化测试是使用工具执行测试脚本，在预设条件下运行系统或应用程序；交叉测试是同时使用手工测试和自动化测试。

测试周期：是指根据测试需求、测试范围及开发计划，估算测试计划中的测试执行周期、计划完成时间。

测试资源：通常是指测试人员、测试设备以及测试环境。对测试工作量估算一般使用人天或人月作为单位，例如 10 人天表示需要 1 人花费 10 天完成，或者 10 人花费 1 天完成。其中，1 天是指 8 小时工作制的 1 天。

测试准则：是指测试需求通过及失败的准则，是与项目组共同约定的测试目标。测试目标的考量因素包括测试需求的紧急程度、重要程度、测试范围以及测试周期。通过及失败准则的参考数据包括测试用例通过率、缺陷修复率、中高风险缺陷遗留数、回归测试轮次等。

5.2.2 测试需求分析

测试需求分析是测试实施中最先开始的环节。测试需求分析通过解析项目文档从而了解产品的预期功能，设计出符合实际需求、有效性高、覆盖率高的测试用例。项目文档包括产品设计书、需求规格说明书等。

进行测试需求分析时，首先将项目文档描述的内容进行细化分解，拆分成一个个可由测试场景支撑的功能点，同时分析出文档内容不完善的部分，包括预期结果不清晰、输出内容不明确的部分；功能（如优先级、排序、时间控制等）逻辑冲突的部分；字段控制（如字段属性、控制规则、边界值、取数规则等）不明确的部分；文字错误，如登陆/登录、缴费/交费误用的部分等。需要特别注意的是，我们首先要对文档版本进行确认，确认文档的时效性，当存在多版本更新时需要确认文档内容是否存在新增、删除、改动的情况。其次挖掘隐性需求，对于需求的各种特征，分析是否包含隐性需求的验证，如界面友好性、易用性、兼容性、安全性、合规性等的验证。

在大多数项目中会有需求评审会或说明会，一般由产品经理、开发人员、测试人员共同参与，其目的是帮助项目参与人员更准确地理解项目需求，从而保障开发实施和测试用例编写更符合项目需求，不会存在严重的偏差。

5.2.3 测试用例设计与评审

测试用例集是所有测试用例的一个完备的集合，能够覆盖测试范围内所有的测试场景。需要注意的是，测试用例的好坏与软件中有无缺陷无关。缺陷就像是池塘里的鱼，测试用例集就像是渔网，渔网的好坏与池塘中是否有鱼无关，而是取决于它能覆盖多大的池塘。所以好的测试用例集一定是一个完备的整体，是一组有效用例的集合，也就是说，测试用例集能覆盖的测试场景越丰富，它的质量就越高。

测试用例的设计是基于需求分析形成的测试功能点所涉及测试场景开展的，测试功能点和测试场景之间存在逻辑关系。通常是根据测试需求拆分测试功能点，再根据测试功能点分析测试场景，然后为每个测试场景设计测试用例。设计测试用例时使用的方法有等价类划分法、边界值分析法、错误推测法、因果图法、功能图法、场景法等，这些方法及其运用将在6.2节进行介绍。

在我们的测试用例设计完成后，为确保测试用例的有效执行，用例评审环节是必不可少的，在评审中需要确认的内容包括。

（1）测试用例是否覆盖测试范围内所有测试功能点和测试场景。

（2）测试用例内容是否正确，是否与需求目标一致。

（3）测试用例内容是否完整，是否能清晰描述输入与预期输出结果。

（4）是否有冗余测试用例。

测试用例评审方式一般有线下评审和线上评审，需要由产品经理、开发人员、测试人员等干系人共同参与，这两个方式的评审内容和参与人员都是相同的，区别在于参与方式不同。

5.2.4 测试用例执行

在产品完成开发并提交测试后，则进入测试用例执行阶段，在开始测试之前需要先搭建测试环境和准备测试数据。测试环境一般涉及基础硬件、被测软件安装包、操作系统、浏览器及其版本等，这些是需要与项目经理及开发人员进行确认的。准备测试数据时，通常会提前准备测试账号、用户，这些数据一般可以在数据库中查找获得；对于指定测试场景下的测试数据往往会提前进行数据预埋，如历史数据、客户资产等，也可以在数据库中通过查找或者修改对应的参数来获取数据。

在整个测试用例执行过程中，将经过评审的测试用例逐条执行，根据测试用例中的步骤进行输入，检查实际输出结果与预期结果是否一致，一致即该条测试用例通过，否则失败。同时要对测试过程进行记录，通常使用测试截图作为附件对测试用例执行留痕，测试截图需要包括被测用例的发起界面、关键步骤、检查点和实际结果等。

对于每日的测试用例执行情况及测试问题进行整理和统计，形成每日测试日报，将其反馈至项目相关人员，并突出关键问题，以引起重视并获取支持。

5.2.5 缺陷管理

在测试执行过程中发现实际结果与预期结果不一致时，需要记录测试过程中发现的缺陷，同时对缺陷进行截图。如果截图无法有效保留缺陷暴露现象（如闪退、窗口抖动等），可以进行屏幕录制，并及时告知开发人员进行修复，修复完成后对相应的测试用例进行复测，验证缺陷已成功修复。

软件缺陷的发现不仅仅存在于测试执行阶段，在需求分析阶段也会发现很多缺陷，这些缺陷可能是因在产品设计时没有充分考虑到业务规则、系统交互、数据流转等情况而产生的。虽然缺陷的定义是软件的开发结果和产品设计的预期结果不相符，但是在需求分析时往往会发现需求文档内容本身就存在矛盾或者二义性，如果实施开发必然会产生与预期结果不相符的情况，那么这就是一个有效缺陷。

5.2.6 报告分析

在所有测试用例执行完成，并且达到测试计划中约定的测试成功准则时，需要把测试过程和结果整理成测试报告，在报告中对测试执行情况及发现的缺陷进行分析，为项目验收和交付提供参考。

测试报告的内容一般包括：项目概述、项目背景、测试范围、测试资源、角色职责、测试执行数据分析、缺陷处理数据分析、测试结论、风险提示等。根据不同的项目要求，测试报告具体内容会有所调整，报告的核心内容也会有所不同。测试报告的正式发布，意味着这个阶段的测试工作告一段落。

5.2.7 本节小结

通过本节的介绍，我们学习到从项目管理的角度出发，一名软件测试从业人员该如何规范地开展软件测试工作。编写测试计划、开展测试需求分析、设计与评审测试用例、执行测试用例、记录并修复缺陷、报告测试结果等活动覆盖了软件测试全生命周期。

5.3 项目评审流程

为了尽早发现并修复工作产品或交付物中的缺陷，对工作产品或交付物的改进提出建议，避免工作产品或交付物中的缺陷再次出现，确保工作产品或交付物能够满足要求，在项目实施过程中，通常会引入评审技术，对项目工作产品或关键交付物进行评审。

项目实施过程中的评审包括管理评审和同行评审（也称为“技术评审”）。管理评审是对项目中管理类交付物进行的评审，例如项目计划、项目报告等，目的在于监控项目进展，确保项目计划的实施，发现项目管理中存在的问题。参与管理评审的人员一般包括项目经理、项目核心成员、管理人员、客户方相关人员以及其他干系人。管理评审的对象主要有项目工作范围说明书、项目估算、项目计划、项目报告等。对于测试项目，管理评审的对象主要包含测试项目工作范围说明书、测试工作量估算、测试计划、测试报告等。同行评审是对项目中技术文档或工作产品进行的评审，目的是在项目早期识别工作产品的缺陷和需改进之处，参与同行评审的人员一般由工作产品生产者的同行组成。在研发项目中，参与同行评审的人员通常包括产品经理、需求分析人员、设计工程师、编码工程师以及测试工程师。同行评审的对象主要有用户需求说明书、需求规格说明书、概要设计、详细设计、代码、测试用例等。在金融软件测试项目中，需要进行同行评审的内容包括测试需求、测试需求跟踪矩阵、功能测试用例、性能测试用例、安全测试用例、测试脚本、测试执行结果等。本节主要讨论同行评审的方法和流程。

5.3.1 常见评审方法

根据待评审工作产品的不同，同行评审可以是正式的，也可以是非正式的。正式同行评审与非正式同行评审的最大区别在于正式同行评审不但有预审，还会召开评审会议；并且在评审会议上不仅要处理预审意见，还要通过评审人员的相互启发，发现更多的缺陷。而非正式同行评审则主要通过预审来发现问题，即使有评审会议，也主要用来处理预审意见。同行评审是一个增值活动，必须考虑其正式程度。

正式同行评审的特点包括以下几点。

- 具有严格的制度和流程。
- 着重于准备工作。
- 角色设定完善。
- 同行评审中发现的缺陷被正式记录。
- 工作产品的返工需要被正式验证。
- 制定一份正式的评审报告。

非正式同行评审通常是请工作产品的生产者的同行负责评审，缺陷通常通过口头报告的方式或者在工作产品或其草稿副本上进行标注。非正式同行评审的特点包括以下几点。

- 不需要提前准备。
- 不需要角色设定。
- 可口头汇报或通过笔记进行缺陷报告，工作产品的返工由文档作者决定。

常见的同行评审方法包括交叉检查、走查和审查等。

交叉检查是团队成员相互对工作产品进行检查，是一种非正式同行评审方法。参与者可以是任意两个组员，也可以是开发组长分别与每个组员结对。

走查是一个或多个同行与工作产品的文档作者组成一个团队对工作产品进行检查，走查是一种非正式同行评审方法。走查的有效性不但取决于个人的技术、投入的关注度及工作量，还取决于团队的协作度。走查可以根据项目管理要求决定是否采用会议方式。

非会议走查主要由文档作者将待评审工作产品发送给评审人员，评审人员直接在工作产品上进行评论或添加注释，文档作者根据需要修订工作产品。

会议走查通常在文档作者的主导下进行，在会议中文档作者向评审人员详细介绍工作产品，评审人员可以针对评审发现的问题进行沟通，评审结束后形成评审发现问题单和评审结论。

审查是由包括文档作者在内的同行团队参与的一种正式同行评审方法，需要进行详尽的准备，再对工作产品进行评审。在评审会议前评审人员需要对被评审物进行预审。这种方法既能提高评审的质量，又能提高评审会议的效率。审查需要设定评审角色，一般包括作者、评审组织者、评审决策者、讲解员、记录员以及参与评审的同行。评审过程包括评审准备、预评审、正式评审以及评审后问题修复，需要记录评审前和评审中发现的问题并形成评审报告。

5.3.2 正式的同行评审流程

正式的同行评审流程一般包括评审准备、组织评审、记录问题以及评审后问题修复等。评审的发起通常由工作产品的作者提交待评审材料开始，评审组织者接收到待评审材料后制订评审计划、准备评审并发布评审通知，评审人员接收到评审通知后对待评审材料进行预评审，组织并参与正式评审会议，提出评审问题，给出评审结论。正式同行评审流程中如有未决问题，可以召开第三小时会议。评审会议后由文档作者对评审中发现的问题进行修复，并请评委进行确认后关闭评审问题。

图 5-3 所示为常见的评审流程图。图 5-3 中参与评审的角色有文档作者、评审组织者和参与评审的评委，在实际组织评审过程中，可以根据需要增设评审主持人、讲解员、记录员、评审组长等角色。

关于评审流程，具体涉及以下几个方面。

1. 评审流程入口准则

工作产品经过初审已满足评审条件，评审人员具备评审技能，由文档作者提交待评审材料给评审组织者。

2. 评审流程描述

（1）文档作者提交待评审材料

工作产品的文档作者提交经过初审的材料到评审组织者，例如测试人员提交经过初审的测试用例到测试用例评审组织者。

（2）制订评审计划、准备评审

根据待评审材料的规模、复杂度以及交付要求，选择评审方法，制定评审优先级和评审策略。对于规模较大、复杂度较高的工作，如果安排一次评审无法达到评审的预期目标，则需要分多次评审，将大规模评审拆分成多个小规模评审，以降低返工的风险，提高评审的质量。

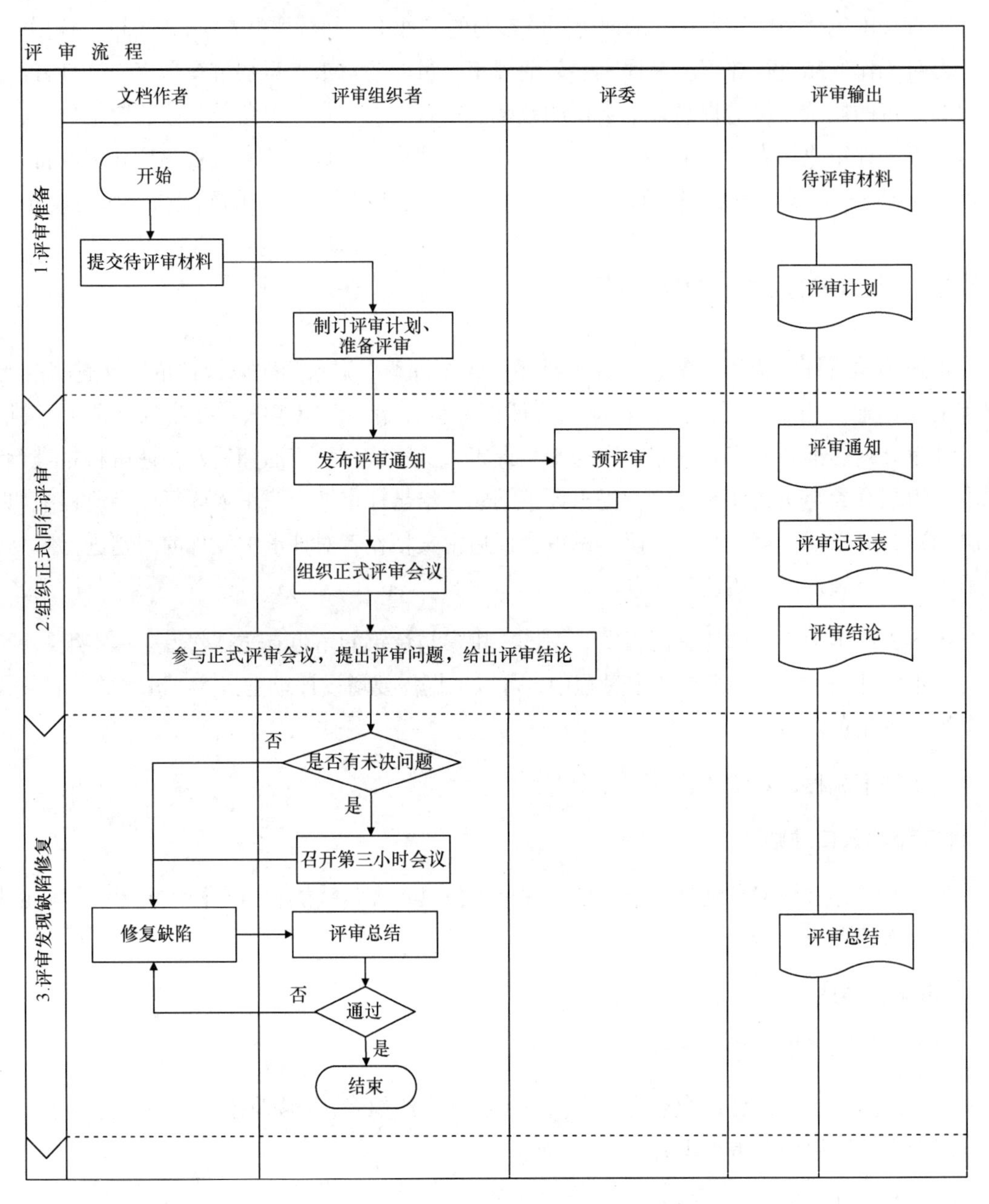

图 5-3　评审流程图

评审组织者根据评审策略制订评审计划，评审计划包括评审内容、评审方式、评审实施时间段、评审角色、参与评审人员、评审标准、评审通过准则等。

评审标准可以通过采用制定评审检查单的方法确定，评审检查单包括规范性检查单和内容检查单。规范性检查单主要用于核对工作产品是否符合质量标准，内容检查单主要用于核对工作产品的内容是否满足需求。

在设定与评审活动相关的角色时需要注意：为了保证评审工作的公正性和客观性，文档作者不能兼任组织者；为了避免评审人员对工作产品的理解被文档作者牵引，建议文档作者不兼任讲解员；为了确保缺陷和遗留问题记录的完整性和正确性，文档作者不能兼任记录员；评审人员可以兼任讲解员、记录员和组织者。

选择评审人员时需要考虑评审人员对工作产品的熟悉程度以及是否具备评审技能，同时需要注意评审人员的互补性。金融测试项目中，在对系统集成测试需求和系统集成测试用例进行评审时，通常选择的评审人员包括需求分析人员、开发人员及测试人员。在对用户验收测试需求和用户验收测试用例进行评审时，通常选择的评审人员包括业务人员、需求分析人员、开发人员及测试人员。

（3）发布评审通知

评审组织者针对具体的工作产品将评审时间、地点、角色分工、检查单（如需要）、评审标准、出入口准则、再次评审的条件等写入评审通知单，然后将评审材料（包括工作产品的获取方式、评审通知单以及参考资料）一并分发给评审人员。为了确保评审工作的效率和质量，组织者需要给评审人员预留充足的准备时间。

（4）预评审

评审人员收到评审组织者发来的评审材料后，需要根据工作产品的规模和复杂度，安排预评审时间审核工作产品，如发现工作产品中的缺陷，将其记录在评审记录表中，并反馈给组织者。组织者检查评审记录表，决定是否需要调整评审计划，增加评审投入时间。

（5）组织正式评审会议

- 主持人介绍评审主题、评委及评审流程。
- 讲解员介绍工作产品。
- 评委提问，讲解员或文档作者回答评委的问题。

如评审中出现争议，组织者（或主持人）需对有争议的问题进行裁决，同时控制会议议题和进度。为确保评审会议效果，评审会议时间尽量控制在 2h 内。

- 主持人和评委确认评审检查点是否通过，并给出评审结论。
- 记录员记录缺陷、问题和建议到评审记录表中。在会议结束前，记录员宣读所有评审中发现的问题和会议结论，并请评委确认，以确保记录完整和正确。

（6）召开第三小时会议

组织者决定是否召开第三小时会议（也可根据文档作者的要求决定）。第三小时会议是正式评审会议的延续，会上大家对正式评审会议中的未决问题给出决议，对评审记录表中已确认的问题讨论解决方案。

（7）修复缺陷

文档作者根据评委发现的问题对工作产品进行修复，并请缺陷发现人对修复后的工作产品进行确认，确保工作产品的所有缺陷都已正确地修复。

（8）评审总结

组织者分析评审数据，判断是否达成评审预期目标。

3. 评审流程出口准则

工作产品评审完成，评审发现的问题已全部修复并验证通过。如已针对遗留问题或缺陷制定相应措施并得到高层或客户的同意，则被评审工作产品的质量目标已达成。

在评审过程中难免会遇到一些问题，表 5-3 所示为评审过程常见问题及对应解决方法，可供参考。

表 5-3 评审过程常见问题及对应解决方法

问题	后果	解决方法
项目计划中没有包括必要的评审安排	评审仓促进行或者可有可无，产品质量保证需要过分依赖于测试	在制订项目计划时包括评审计划、评审活动和跟踪修改问题的时间安排
评审专家的选择没有覆盖到评审材料	部分评审内容无人负责，评审不完整	针对评审材料选择评审专家，评审需要覆盖完整
金融测试用例评审未选择合适的业务专家	专家对业务场景不了解，不能进行有效评审	根据测试需求，选择领域内的业务专家
没有建立评审检查表或者检查点不符合实际情况	评审时无据可依，评审效果完全依赖专家个人能力	建立评审检查表，并及时优化评审检查表
缺乏评审的历史数据	无法对评审质量、评审改进进行评估和管理	搜集历次评审的数据，建立评审过程能力基线
评审会议上跑题或者陷入细节，没有及时控制	评审效率不高	召开评审会议前制定评审会议议题，主持人根据议题控制时间和内容

5.3.3 金融测试项目评审工作产品一览

金融测试项目中需要评审的工作产品有测试方案、测试计划、测试需求、测试环境、测试数据、测试用例以及测试报告等。表 5-4 所示为金融测试项目常见的需要评审的工作产品、评审方法以及评审时机。

表 5-4 金融测试项目评审工作产品、评审方法、评审时机一览

工作产品	评审方法	评审时机
测试需求	走查或审查	需求分析阶段
测试方案和测试计划	管理评审	测试规划阶段
SIT 的测试方案和测试计划	管理评审	测试规划阶段
UAT 的测试方案和测试计划	管理评审	测试规划阶段
非功能测试方案和测试计划	管理评审	测试规划阶段
SIT 的测试数据	走查或审查	测试设计阶段
SIT 的测试环境	走查或审查	测试准备阶段
SIT 的测试用例	审查	测试设计阶段
UAT 的测试数据	走查或审查	测试设计阶段
UAT 的测试环境	走查或审查	测试准备阶段
UAT 的测试用例	审查	测试设计阶段
非功能测试数据	走查或审查	测试设计阶段
非功能测试环境	走查或审查	测试准备阶段
非功能测试用例	审查	测试设计阶段
非功能测试脚本	走查	测试设计阶段
安全测试数据	走查或审查	测试设计阶段
安全测试环境	走查或审查	测试准备阶段
安全测试用例	审查	测试设计阶段
SIT 的测试报告	管理评审	SIT 阶段结束
UAT 的测试报告	管理评审	UAT 阶段结束
非功能测试报告	管理评审	非功能测试结束
测试报告	管理评审	测试总结阶段

5.3.4 金融测试评审中的常见问题

金融测试评审中的常见问题包括测试大纲未覆盖所有测试需求、SIT 的测试用例未覆盖

所有待测试功能、UAT 的测试用例中业务场景描述错误等。表 5-5 展示了金融测试项目评审中的常见问题。

表 5-5 金融测试项目评审中的常见问题

序号	评审中发现的问题	工作产品
1	测试方案和测试计划中内容不完整，没有包含非功能测试（例如性能测试、兼容性测试等）计划	测试方案和测试计划
2	测试方案和测试计划中内容不完整，没有对安全测试进行规划	测试方案和测试计划
3	测试方案和测试计划中的范围不正确，缺失某些功能的测试	测试方案和测试计划
4	SIT 的测试用例没有覆盖测试范围内的所有待测试功能	SIT 的测试用例
5	SIT 的测试用例没有考虑异常情况，没有设计反向测试用例	SIT 的测试用例
6	SIT 报表类测试用例没有覆盖监管报送和业务所有报表相关的待验证内容	SIT 的测试用例
7	SIT 参数类测试用例没有覆盖所有待测试参数	SIT 的测试用例
8	移动端测试用例中没有覆盖兼容性测试，例如对不同操作系统或型号的手机进行测试	SIT 的测试用例
9	测试用例没有覆盖外联测试	SIT 的测试用例
10	测试数据直接从生产环境获取，没有经过脱敏	测试数据
11	测试环境中的测试版本不正确	测试环境
12	UAT 的测试用例中没有覆盖某些业务的端到端流程	UAT 的测试用例
13	UAT 的测试用例中业务场景描述错误	UAT 的测试用例
14	测试报告中测试用例、测试缺陷数据和实际执行用例、发现缺陷数据不符	测试报告
15	测试报告中没有给出测试结论或测试结论描述不准确	测试报告

5.3.5 本节小结

本节主要介绍了项目评审流程，重点介绍了同行评审的方法和评审流程，对金融测试项目评审工作产品和评审中的常见问题进行介绍，让读者对金融测试项目的评审过程有初步的认识和了解。

5.4 需求变更流程

需求变更是在整个项目进行过程中难以避免甚至会频繁发生的一个重要事件。如果不对需求变更进行有效的管理和控制，会导致整个项目陷入混乱的状态，出现产品无法按时交付、交付质量差、成本超支等情况，甚至造成项目失败。需求变更管理的目的就是减少需求变更给项目带来的负面影响。什么是需求变更？需求变更是指在经过项目团队评审后正式发布的项目需求文档基础上，对需求内容进行的增加、删除、修改等所有变动。最初的项目需求文档就是项目的第一个需求基线，而每当发生有效需求变更后调整的项目需求文档形成新的需求基线。

在本节中，读者将学习如何应对需求变更，如何对需求变更进行控制和管理，并通过测试工作进行优化来降低需求变更发生的可能性。

5.4.1 需求变更触发因素

需求变更可能会发生在任何一个环节，而发起人可以是任何一名项目参与人员。触发需求变更的因素概括来说，只要项目参与人员在项目工作中遇到无法按原定计划完成的工作，就有可能触发需求变更。

变更因素可能是外部因素，如发布新的标准规范、业务规则发生调整等；也可能是内部因素，如项目人员调整、需求内容调整等。变更的内容包括：时间计划，即调整各环节时间排期，可能缩短也可能延长；项目资源，即调整人力资源或设备资源，可能增加也可能减少；需求内容，即对产品预期功能进行修改、补充或取消。它们之间存在关联并相互影响，需求内容的增加会导致项目时间延长；如果项目时间不变，那么需要增加额外的资源来完成，或者通过加班的方式赶工。

对于产品设计人员而言，在项目初期往往由于需求模糊，客户并不能准确地定义产品功能，只能提供基本的概念，随着产品开发的进行，产品实现效果越来越清晰，会发现很多必要的功能没有考虑到，那么就会触发需求变更。

对于开发人员而言，受系统架构、网络、权限、服务器等因素影响，难以准确辨识出项目风险，在开发编码过程中遇到无法实现的功能也会触发需求变更。

对于测试人员而言，在测试过程中发现的缺陷无法被修复，或者受项目计划影响无法在短时间内修复，同样也会触发需求变更。

当然，需求变更的发起人不仅仅局限于上述的 3 种角色，但是在金融软件开发项目里，往往由这 3 种角色发起。

5.4.2 需求变更处理流程

当需求变更触发后，项目团队需要采取措施对变更内容进行管理和控制，而需求变更处理流程就是一个有效的应对方法。需求变更处理流程是指当触发需求变更后，项目团队各角色所需要采取应对措施的流程，可以分为：变更申请、变更评审、变更评估、调整项目需求和计划、实施变更等。

（1）变更申请：项目参与人员在项目过程中发现项目工作无法按原计划完成时，需要向项目团队以规范的格式正式提出变更申请，提出方式因项目背景不同而不同，比如使用邮件或变更系统。类似面谈或电话这类非正式方式下提出的变更申请都是无效的。

（2）变更评审：变更申请提出后，首先项目团队需要对变更内容进行评审，评审变更内容的必要性、紧急性、可行性和变更风险。对一些非必要或者无效的变更申请进行拒绝；对评审后确定变更的申请，则将变更内容传递至项目团队相关人员，如产品设计人员、开发人员、测试人员等。

（3）变更评估：项目团队根据原工作计划对确定变更的内容进行评估，评估变更内容在各自所负责工作中具体需要调整的范围和风险，以及需要额外增加或减少的资源和周期。

（4）调整项目需求和计划：对影响到项目需求内容的变更，产品设计人员需要对项目需求文档进行调整，同时项目团队根据变更内容及影响范围对项目子计划进行调整，汇总子计划形成新的项目计划。

（5）实施变更：项目团队根据变更内容实施变更，定期评估实施阶段因变更带来的风险。

5.4.3 需求变更应对策略

在项目实施过程中需求变更往往不可避免，项目初期产品设计越清晰，项目计划越详细，需求变更触发的可能性就越小；并且在整个项目阶段需求变更触发得越早，变更所带来的附加成本和风险越小，对项目的影响也会越小。如果需求变更触发在项目临近收尾阶段，项目的资源、时间已经消耗殆尽，所带来的负面影响和损失将会非常大。所以在整个项目周期中尽早地辨识风险、评估风险、应对风险是每个项目成员必须具备的技能，而不是走一步看一步，遇到问题匆忙应对。

在金融软件测试工作中，软件测试的项目子计划就是我们常说的测试计划，测试计划的主要参考依据是需求规格说明书或产品设计文档。在制订测试计划的时候需要充分考虑需求内所覆盖的测试场景，并根据这些测试场景评估已有信息是否具备测试条件、已有测试资源是否满足测试需要等。在这个阶段提出的需求变更因项目资源尚未完全投入，变更所带来的影响是最小的，可采取的应对措施也是最灵活的。

当软件测试工作正式开始时，最先要做的是需求分析，我们之前学习到需求分析除了需要对功能点进行拆分、梳理外，还需要对产品功能、业务规则及逻辑等进行分析，判断是否存在错、漏、冲突的情况，以及挖掘隐性需求。在需求分析阶段，产品的功能、预期结果已经基本清晰，所以经常会暴露出一些在产品设计时没有考虑到的关联影响因素。当遇到令测试工作无法按计划继续进行的因素时，就需要向项目团队提出需求变更。在这个阶段提出的需求变更因项目资源已经开始投入，实施变更所采取的应对措施将会对原有的工作带来比较大的影响，但由于这个阶段产品没有完成开发、提交测试，所以对软件测试工作的影响会相对较小。

在开发团队完成软件开发后提交测试进入测试执行阶段时，在之前各阶段没有发现的潜在变更因素将逐步暴露出来，我们会遇到功能的实际结果与预期结果不符、特殊测试场景没有测试用例覆盖、指定测试数据需要关联系统配合等情况，这些因素都可能会导致测试工作无法按计划进行从而触发需求变更。在这个阶段所提出的需求变更带来的影响将会非常明显，并且应对空间将会被缩小，代码重写、需求范围调整、功能推翻、测试用例补充、已经执行通过的测试用例失效、加班、加人、项目延期等高代价的应对措施和后果往往都会在这个阶段出现，这些情况的出现不仅会增加项目成本，更会对团队成员的士气造成打击。

对于软件测试人员而言，具备良好的需求分析能力将会在很大程度上帮助项目工作顺利实施，并且可以减少额外的资源投入，从而提高工作效率、降低项目成本。

5.4.4 本节小结

在本节的介绍中，读者学习到什么是需求变更，当触发需求变更时该如何应对。需求变更是软件测试工作中常见的一种情况，需求变更的目的是对项目过程纠偏，让所有项目团队成员朝着相同的目标有序开展工作，所以我们应该积极应对需求变更，而不是害怕需求变更、逃避需求变更。

5.5 缺陷管理流程

缺陷管理在软件测试中是指在对被测系统或软件发现的缺陷进行传递、处理、跟踪和记录时所采取的措施和方法。所谓软件缺陷，是指系统或软件中开发代码的实现结果与产品设计的预期结果不符合的部分。在金融软件测试中通常会使用缺陷管理工具来进行缺陷的全流程管理，它可以让项目团队有一个统一的平台对缺陷进行传递、处理、跟踪和记录。一些缺陷管理工具可以对数据进行汇聚和分析，帮助项目管理团队更直观地对项目实施情况进行监控。

在本节中，读者将学习该如何处理缺陷及缺陷的基本要素。

5.5.1 缺陷生命周期和处理流程

每一个缺陷从发现到解决都有一个周期，这个周期就是缺陷的生命周期。根据缺陷不同的最终状态，有3种不同的生命周期，在不同的生命周期中，每个缺陷必须流转至最终状态。3 种最终状态分别为关闭，即认定发现的缺陷为有效缺陷，缺陷得到修复并复测通过后的最终状态；确认遗留，即认定发现的缺陷为遗留缺陷，虽然认定为有效缺陷，但受各方面因素影响，由项目团队判定该缺陷在当前版本中可以接受并在后续版本进行优化的最终状态；确认拒绝，即认定发现的缺陷为无效缺陷，开发人员无须修复的最终状态。无效缺陷可能由于测试人员误操作、使用错误的测试数据、重复提交相同缺陷等情况导致。

根据3种不同的最终状态，对应缺陷的生命周期如下。

（1）有效缺陷生命周期

新增（测试人员发现并提交缺陷）→打开（开发人员受理缺陷）→已修复（开发人员修复缺陷）→复测失败（测试人员验证失败）→复测通过（测试人员验证通过）→关闭（缺陷处理结束）。

（2）遗留缺陷生命周期

新增（测试人员发现并提交缺陷）→打开（开发人员受理缺陷）→遗留（开发人员决定遗留缺陷）→确认遗留（项目经理或业务人员决定遗留缺陷）。

（3）无效缺陷生命周期

新增（测试人员发现并提交缺陷）→拒绝（开发人员不受理缺陷）→确认拒绝（测试人员确认缺陷无效）。

3种不同的缺陷生命周期并不是独立的循环，它们之间是可以交叉的，如果原判定为无效缺陷，在后续跟踪中发现是有效缺陷，就进入有效缺陷生命周期，反之亦然。

5.5.2 缺陷要素

在测试工作开展过程中发现需要将缺陷提交至开发人员处进行修复，那么如何有效、准确地记录缺陷？缺陷需要有哪些要素？缺陷要素是记录缺陷的信息，它们不仅可以让项目人员准确地了解到缺陷的表现情况和触发背景，更能让项目人员通过缺陷信息对缺陷进行分类管理，从而更高效地管理缺陷。

缺陷的基本要素包括缺陷概要、缺陷描述、缺陷状态、缺陷类型、严重程度、优先级、所属系统、所属模块、提出人、提出日期、处理人、关闭日期等。部分项目可能会包含一些其他的要素，如归属阶段、缺陷原因、迭代批次等。

（1）缺陷概要：相当于缺陷标题，通过简要的文字描述缺陷的发现位置和异常情况。

（2）缺陷描述：缺陷的详细描述，包括产生缺陷的操作步骤、前置条件、缺陷的表现结果以及预期结果等。

（3）缺陷状态：对应缺陷生命周期，包括新增、打开、已修复、复测通过、复测失败、遗留、拒绝、关闭、确认遗留、确认拒绝等。

（4）缺陷类型：通常分为需求缺陷、文档缺陷、应用缺陷、环境缺陷、数据缺陷。

- 需求缺陷：由于前期项目需求不明确或后期需求变更导致的缺陷。
- 文档缺陷：项目文档中对功能点或接口说明描述不完整、错误或遗漏等所导致的缺陷。
- 应用缺陷：系统设计或程序的实现与需求预期功能不一致导致的缺陷。
- 环境缺陷：由于测试环境配置或测试环境不稳定导致的系统异常错误，例如无法登录或通信中断等情况。
- 数据缺陷：由于系统基础数据或测试数据中存在无效数据或空数据而产生的缺陷。

（5）严重程度：根据缺陷的影响程度划分为致命、严重、一般、轻微、改善。

- 致命：发现的缺陷造成系统或应用程序崩溃、死机、系统挂起，或造成数据丢失、关键功能完全无法正常运行。
- 严重：发现的缺陷造成部分关键功能无法使用或次要功能完全不能使用。
- 一般：发现的缺陷造成次要功能没有完全实现但不影响软件的使用。
- 轻微：发现的缺陷在功能上属于细小的错误，完全不影响功能的操作和执行。

- 改善：发现的缺陷并不在测试范围内，对被测系统提出改进意见或建议。

（6）优先级：划分缺陷修复的优先级为“最高、高、中、低、最低”5 个级别，通常情况下对应严重程度和项目团队的关注度。

（7）所属系统、所属模块：发生缺陷的系统名称和对应的功能模块，通过这两个要素可以快速定位不同系统、模块下的缺陷。

5.5.3 本节小结

在本节的介绍中，读者学习到软件测试中发现缺陷的生命周期和处理流程，以及记录缺陷的基本要素。在测试过程中不仅要发现和处理缺陷，更重要的是对软件、功能的异常情况进行记录，以便对软件在各阶段的状态进行追溯和跟踪。

5.6 测试版本管理

测试版本管理通常与测试环境管理密不可分，不同阶段的测试版本会分布在不同的测试环境中。其中测试环境管理是完成一个测试项目的重中之重，测试工作实施过程中的大部分非程序代码问题都与环境管理的不规范有关，做好测试环境管理是提高测试项目工作效率、节省测试工作量的重要一环；而测试版本管理则取决于测试任务的排期、测试人力的分配、多系统间协调测试等因素。

测试版本管理的主要内容如下。

（1）保证测试版本与测试产出物的对应关系，对被测版本进行严格管理。

（2）测试环境和联调环境（有些金融机构的联调环境也由生产环境的运维团队负责）的测试版本均由测试团队统一管理，生产环境由专门的运维团队负责，保证生产环境的独立性。

（3）测试执行记录和缺陷记录中，需包含测试版本号。

（4）有版本更新需求时，要提交申请给测试团队。

（5）系统测试通过的最终测试版本，方可提交联调测试。

5.6.1 测试版本管理流程

某金融公司的系统测试版本管理流程图如图 5-4 所示，不同测试团队流程会有所不同，此处仅供参考。

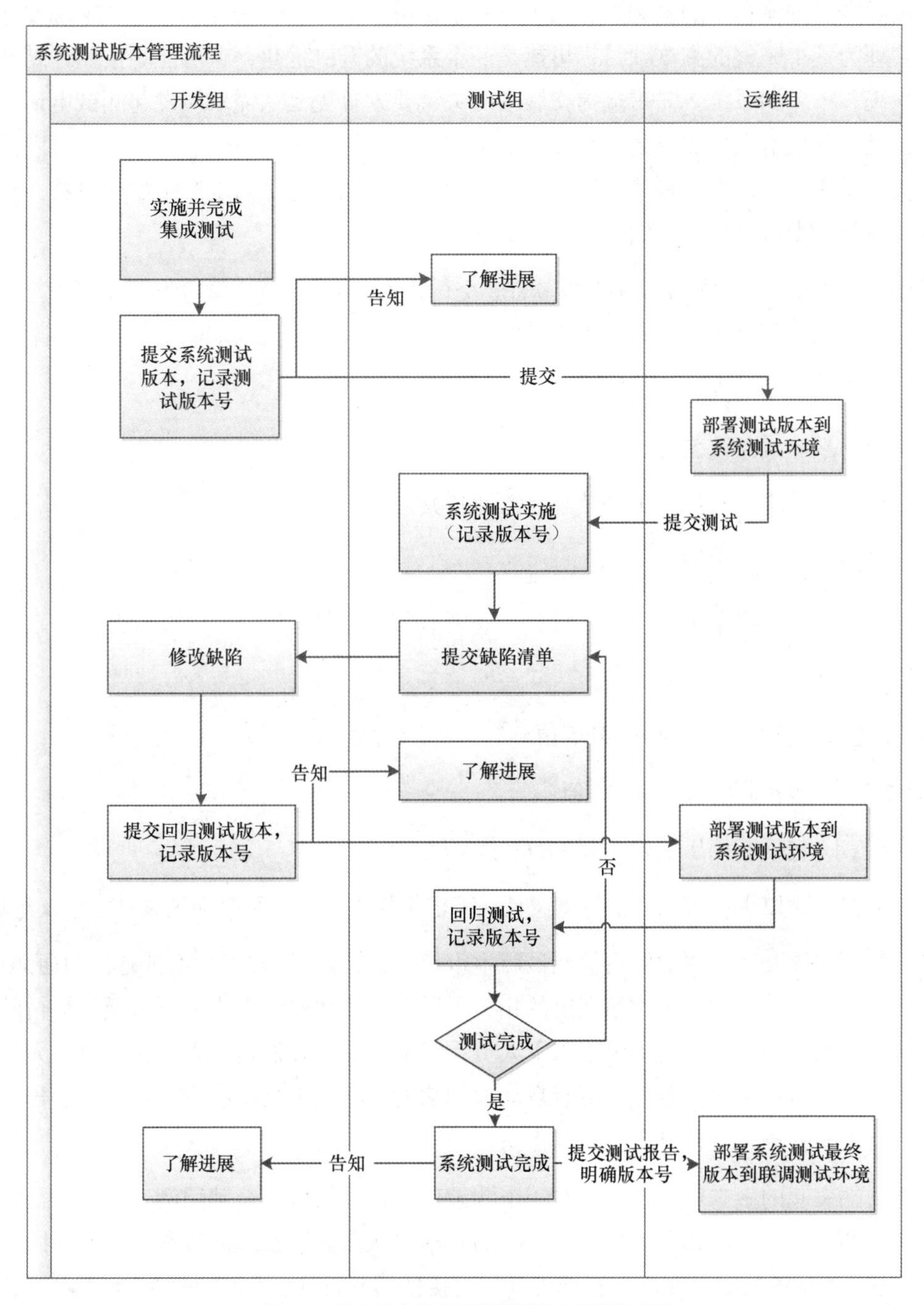

图 5-4　某金融公司的系统测试版本管理流程图

1. 测试版本提交

测试版本管理流程中的发起点有两个，一个是需求端、一个是测试端。需求端发起的测试版本管理为一个完整的测试项目，可能是一个系统的升级优化，也可能是按照计划开发的第一期系统、第二期系统。需求端提交版本的关键要素首先是从需求端发起测试申请，只有将后续开发、测试节点所需要的配套文档准备齐全才可进入下一节点。配套文档可以是具体的需求规格说明书，也可以是需求沟通的会议纪要等文档，它是需求产生的交付物，具体对于附件的内容要求可见后续介绍。

开发人员根据需求规格说明书开发软件，交付物为程序包（可为增量包，也可为全量包），并按照以下要求将其上传至版本管理工具中。

交付物目录结构规则明细如下。

根目录：平台或系统名称。

二级目录：子系统名称（无子系统省略此目录）。

三级目录：系统版本号。

四级目录：环境更新次数，若为新版本，则命名为“第一次”，后续以此类推。

五级目录：

【程序包】，包括程序包及其 MD5 值。

【脚本包】，包括脚本及其 MD5 值。

【文档包】，包括文档压缩包及其 MD5 值。

其中文档包含以下内容：系统自测文档、需求规格说明书、系统详细设计、会议纪要等。

开发的版本提交后需要通知后续测试版本审核员，若版本管理工具不带有自动通知功能，则需要在上传完文档后发送邮件给系统的相关干系人。发送时间点作为测试项目交付的一个重要里程碑，而干系人包括但不限于以下人员：需求人员、开发负责人、测试负责人、测试版本审核员、项目负责人。若工具带有自动通知功能，则在工具系统中会弹出提示告知本版本审核员有审核任务，流程进入下一节点。

从测试端发起的版本申请，需要在一个测试项目首次执行完全部用例，或者执行完按照计划约定的用例后，打回开发人员修改缺陷的版本。从测试端发起的版本管理流程同样有交付物的要求，测试人员需要在版本管理工具中直接使用开发人员创建好的四级目录“第某次”下上传测试用例执行记录和缺陷记录，证明测试已经完成一轮的用例覆盖，并且给出简要的阶段性测试报告，辅助开发人员定位缺陷，说明这些缺陷仅存在于该版本。而后通过邮件或者系统自动的方式，将版本打回事件通知到测试任务的干系人（和开发端发起版本申请涉及的干系人一致）。开发人员接到打回的版本并修复缺陷后，再次按照版本发起流程提交交付物到版本管理工具，重复此流程直到所提交的版本没有缺陷为止。

2. 测试版本审核

一般金融软件测试的版本管理都有专门的岗位人员负责，他们按照规定好的审核清单对交付物逐一检查，并对问题项进行标注，其中程序包和脚本通过 MD5 生成工具产生 MD5 值，与开发人员提交的 MD5 值进行比对，若不一致则不符合版本规范，可直接将其打回到开发节点重新提交；若一致则可以视为版本审核通过。

开发人员提交的版本审核点如下。

（1）一个版本提测一个任务。

（2）主题格式：例如××系统 V1.0.9 测试申请。

（3）描述：说明本次升级的内容，如优化或新增的功能；若是开发人员提交的修复缺陷的版本，则请说明本次调整的内容，如修复的缺陷。

（4）目标版本：版本号要以大写的 V 开头，例如 V2.0.3。

（5）附件：

- 对 MD5 值一致性进行检验；
- 附件能够解压缩成功，且不存在空文件夹；
- 只允许上传.zip、.jpg 和.png 这 3 种格式的文件。

同时按以下格式进行压缩：

××系统程序包+版本号+第×次.zip；

××系统脚本包+版本号+第×次.zip；

××系统文档包+版本号+第×次.zip。

（6）提测主题、目标版本、附件命名与涉及的版本一致。

测试人员提交的版本审核点如下。

（1）一个测试版本对应一个升级轮次。

（2）附件形式的测试用例执行记录、缺陷记录的命名格式符合规范。

（3）描述：某某某已经完成某系统的第一轮测试任务，执行多少条用例，发现多少个缺陷，申请打回开发人员进行修复。

（4）附件：测试用例和缺陷清单采用 Excel 表格可识别的后缀，阶段评估报告采用 Word 格式。

（5）测试任务、目标版本、附件命名与涉及的版本一致。

3. 测试版本交付

在测试组完成所有提交的版本测试后，测试需求内容已经具备准出标准，在编写测试报告的同时应写明测试需求已满足提交联调和生产环境的版本交付要求，同时在测试报告中体现出测试版本记录，如表 5-6 所示。

表 5-6　测试版本记录

序号	测试轮次	测试策略	测试时间	测试版本
1	第一轮	100%需求点覆盖		
2	第二轮	对已修复状态缺陷进行回归测试		
3				
4				
5				

其中测试版本一列需要填写各版本升级包的 MD5 值，如有升级对应脚本的，脚本 MD5 值同样需要填写。开发人员提交的版本程序包，存在全量包和增量包的区别。如果开发人员提交的是全量包，那么最后提交投产发布的版本是最后一次的全量包以及全量的脚本。如果开发人员提交的是增量包，那么需要开发人员将所有的增量包合并统一成一个全量包之后，再由测试人员进行一轮封板测试，然后以全量包的方式提交到生产环境。也就是说，最终提交给生产环境的交付物，一定是以全量包的形式存在的，版本只需要部署一次即可完成上线。在测试过程中的环境部署，有时候也会遇到在升级过程中发现问题、解决问题的情况，那么需要总结出一个升级问题解决手册，作为升级生产环境的必备交付物上传。交付物准备齐全后，应通过邮件或系统的方式告知需要升级生产环境的相关干系人，并且留下支持版本升级的测试人员的联系方式，方便遇到问题及时解决。

5.6.2　测试环境管理的分类和定义

为更好地适应金融软件应用系统开发各阶段测试需求，测试团队需要搭建软件生命周期各阶段相对独立的环境，以方便定位不同阶段下测试发现的问题，防止由于环境因素造成的功能不全、流程不通的问题。测试环境管理是测试版本管理的重要一环，下面对各环境名称及使用性质做出定义和介绍。

开发环境：支持开发团队各应用软件系统的开发和维护的环境，主要提供给开发人员用于进行编码、编译、单元测试（含应用项目内部模块联调测试）、代码调试、功能自测等相对独立的环境。

功能测试环境：检查软件系统各个功能模块的实际功能是否符合用户的需求，方便测试人员进行测试工作的环境。为保证功能测试环境的独立性，根据测试过程中涉及的不同使用性质又将功能测试环境分为 SIT 环境和 UAT 环境。

- **SIT 环境**：支持系统集成测试及敏捷测试等，并且可以模拟大部分的实际金融业务，主要提供给独立的第三方测试团队对提测系统进行集成测试和系统测试，是为集成多个应用系统进行关联测试而建立的较为完整的测试环境。有一些对外接口在 SIT 环境中可能不具备联通的条件，一般会通过挡板的方式进行功能验证，待升级到 UAT 环境后再进行与外部接口的业务场景验证。
- **UAT（联调）环境**：支持用户验收测试，主要提供给需求人员、业务部门或产品经理等，从业务及用户角度对被测系统进行验收测试，以判断系统是否达到上线标准。一般 UAT 环境版本部署采用一次性全量包的方式进行，大部分 UAT 环境测试无问题后，可将交付物直接提供给生产环境的运维团队进行上线准备。同时由于联调环境部署的全量包是已经在测试环境经过验证的、功能较为稳定的版本，且部分外接系统也是对接到这个环境的，因此一些金融机构与外部对接的业务场景驱动测试同样是通过联调环境进行的。

准生产环境：主要提供给性能测试人员做性能测试或提供给安全测试人员做安全测试。该环境要求其硬件设施尽可能接近生产参数设置，或具有一定可比性，环境数据采用和生产环境类似并做过脱敏处理的数据。准生产环境的版本一般是和最终的生产版本保持一致的。如生产遇到问题，有时也会通过准生产环境进行问题复现，从而定位问题产生原因。

生产环境：指金融机构正式提供金融业务的真实 IT 系统服务环境，包含所有的业务功能，同时是其他环境的基线。一般我们所说的上线部署，就是指部署到生产环境。当功能测试环境出现功能紊乱需要回滚版本时，大多以生产环境的版本和功能为基准，要求在生产环境的版本基础上，部署功能测试需求的全量或者增量包。

环境分类及释义如表 5-7 所示。

表 5-7 环境分类及释义

<table>
<tr><th>编号</th><th colspan="2">环境分类</th><th>描述</th><th>管理方法</th><th>备注</th></tr>
<tr><td>1</td><td colspan="2">开发环境</td><td>1. 开发人员用来编码
2. 开发人员用来进行单元测试与联调测试等</td><td>开发团队为主</td><td></td></tr>
<tr><td>2</td><td rowspan="2">功能测试环境</td><td>SIT 环境</td><td>第三方测试团队使用的测试环境</td><td rowspan="3">环境与版本管理小组为主</td><td rowspan="2"></td></tr>
<tr><td>3</td><td>UAT 环境</td><td>验收测试使用的测试环境</td></tr>
<tr><td>4</td><td colspan="2">准生产环境</td><td>1. 进行非功能测试（性能、安全等测试）
2. 针对上线前封版软件版本的测试
3. 常用于生产缺陷复现</td><td>需尽可能地与生产环境保持一致</td></tr>
<tr><td>5</td><td colspan="2">生产环境</td><td>提供金融业务的真实 IT 系统服务环境</td><td></td><td>是其他环境的基线</td></tr>
</table>

5.6.3 测试版本管理工具

测试版本管理工具用于记录文档内容的修改轨迹、对版本变更与新增进行跟踪等，常见的测试版本管理工具有 SVN、VSS、Git 等，金融机构根据各自的不同习惯选择不同的工具，实现版本过程管理。

本节简单介绍集中式测试版本管理工具 SVN 和分布式测试版本管理工具 Git，其他工具在完成版本管理的方式上和这两款工具有细微差别，读者可对照使用。

集中式测试版本管理工具和分布式测试版本管理工具的区别在于：开发人员之间相互同步修改内容的方式不同。

5.6.3.1 SVN 管理工具

SVN 是 Subversion（版本控制系统）的缩写，SVN 是开源客户端，属于集中式测试版本管理工具，其具体操作流程可参考图 5-5，采用分支管理系统，相较于以往的版本管理工具会更加高效。在金融开发项目中，多是项目团队集体式地共同开发同一个项目，SVN 在此情况下可实现资源共享、集中式的代码和版本管理。

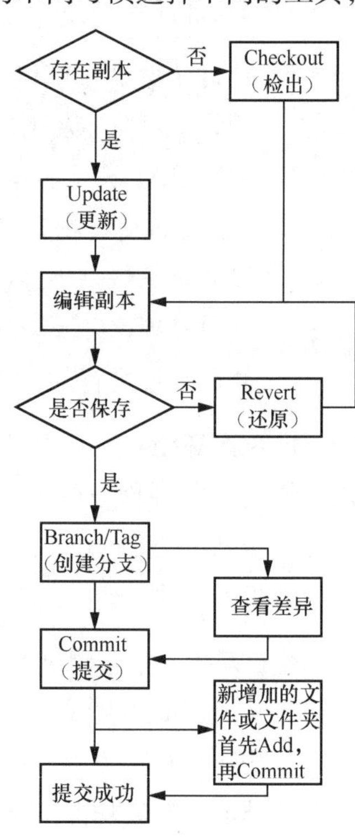

图 5-5 SVN 具体操作流程

SVN 可以对每一次的操作行为进行记录，方便管理人员进行查阅，当版本出现问题时，通过操作记录可以进行撤销，恢复至原来稳定的版本。SVN 可以在任意一台服务器中添加版本库，其中存储了写好的程序和文档，这些资料的访问权限可以由配置管理员进行分配，确定哪些用户可以访问哪些文件、做哪些操作，进而实现对资源的统一管理。开发、测试、运维可以通过不同的权限分组共用一个版本库，不会出现修改对方文档的情况。

图 5-5 中，Update 是指从 SVN 服务器上把最新版本下载到本地进行更新；Commit 是将本地做过的改动（修改、新增、删除、改名、移动等）提交到 SVN 服务器；Add 是将修改项目文件进行控制标记，一般还未上传到 SVN 服务器，待完成改动后，继续做 Commit 操作。SVN 服务器会对所有流程进行记录，可以通过记录轨迹查看操作时间和操作用户。

SVN 可以实现多人修改同一文档、信息合并的功能，在文档提交之后，SVN 服务器会将修改后与修改前的数据进行比较，如有不同则在后台对修改内容进行标记，当操作提交后完成对历史操作记录的更新、记载。测试团队人员可以看到旧的版本，也能通过 SVN 实现两个版本的对比，同时系统还可以接收并处理不同用户提交的各种不同性质版本的资源代码，允许各个用户之间在遵循相应规则的范围内实现代码合并。

SVN 的特点如下。

- 文件操作能够被记录，方便回退和管理，项目备份较为方便。
- 操作简单，管理方便，符合日常进行版本管理的思维习惯。
- 分为客户端和服务端，方便管理员进行权限分配，可根据使用人员的不同岗位配置不同权限的分支目录，文档独立性强。
- 同一测试文档支持多人修改，数据可自动合并。
- 用户的所有操作都需要通过 SVN 服务器进行同步，导致对服务器性能要求比较高。
- SVN 的分支是一个完整的目录，对目录进行操作需要在 SVN 服务器进行同步，分支管理不灵活。

5.6.3.2 Git 管理工具

Git 属于分布式测试版本管理工具，它采用 Linux 内核开发，不需要服务端软件的支持，使源代码的发布和交流极其方便，没有网络时依然可以使用。一般来说，在每个使用者的计算机上都有完整的数据库，在团队协作的过程中，会将本地数据同步到 Git 服务器上。

Git 优势如下。

- 对网络的依赖性低，可以离线工作。

- 由于使用的是本地数据库，操作速度更快，使用更加灵活。
- 适合大型的开源项目，每个开发人员都可以在自己的分支上进行工作。
- 公共服务器压力和数据量都不会太大。
- 拥有良好的分支机制，Git 的分支只要不提交合并，对其他人没有任何影响。

5.6.4 本节小结

本节主要介绍了软件测试版本管理流程、环境的分类和定义、测试版本管理工具等内容。软件测试版本管理可以保证测试执行工作的有序性，让测试人员能够专注于通过执行用例发现缺陷，而不是将精力消耗于繁杂的版本当中，在管理方法上也讲究规范化，读者结合其他章节的项目管理方法可对软件测试版本管理在实际项目中加以应用。

5.7 测试参数管理

金融软件测试的一大特点就是存在各类标准的行业参数，这些参数在程序开发前就已经做好了定义，在测试过程中也深刻影响着测试过程管理，是完成测试项目的重要一环。而要做好测试参数管理，需要我们从参数的管理分类、参数的管理流程、参数的管理方案方面去理解它和测试的相关性，下面我们就以上几项内容进行详细的阐述。

5.7.1 测试参数分类

金融软件项目中的参数是如何定义的？首先我们要知道一般金融产品的参数有哪些，一般金融产品的参数可参见表 5-8。

表 5-8 一般金融产品的参数

产品名称	某 1 号基金	收益率	20%
产品期限	1 年期	基金排名	112/256
管理人员	张某	交易记录	
投资行业	大数据智慧城市	分红方式	季度分红
重仓股票	物流、地产、科技	赎回费率	1.50%
最大回撤		实时估值	1.0345

参数可以定义为具体金融产品的某个属性。金融 IT 系统的属性是根据不同的业务来定义

的，比如国际结算业务涉及币种、国家、机构代码等参数；参与借贷的公司有统一社会信用代码、注册资本等参数；保险业务的标的物，如车险，有针对车辆的参数（如发动机号、VIN等）。这些参数是完成用例执行的基础数据，错误的参数可能会引发缺陷，因此如何管理参数，对参数进行分类、管理和标准定义就显得尤为重要。

5.7.1.1 世界级参数

世界级参数是国际标准化组织定义的标准（ISO 标准）代码，是软件系统使用过程中定义某个字段的标准化描述。在处理金融系统国际业务时，通过接口传输的报文必须满足世界级参数标准，才能让各自系统顺利识别其中参数的含义，进而完成金融 IT 系统业务处理。常见的适用于金融 IT 系统的世界级参数中的部分代码，如表 5-9 所示。

表 5-9 ISO 3166-1 标准中的部分代码

二位字母代码	三位字母代码	数字编号	标准代码	国家或地区的中文简称
AD	AND	20	ISO 3166-2: AD	安道尔
AE	ARE	784	ISO 3166-2: AE	阿联酋
AF	AFG	4	ISO 3166-2: AF	阿富汗
AG	ATG	28	ISO 3166-2: AG	安提瓜和巴布达
AI	AIA	660	ISO 3166-2: AI	安圭拉
AL	ALB	8	ISO 3166-2: AL	阿尔巴尼亚
AM	ARM	51	ISO 3166-2: AM	亚美尼亚
AO	AGO	24	ISO 3166-2: AO	安哥拉
AQ	ATA	10	ISO 3166-2: AQ	南极洲
AR	ARG	32	ISO 3166-2: AR	阿根廷

ISO 639 中部分语言标准如表 5-10 所示。

表 5-10 ISO 639 中部分语言标准（在本书编写时，现行标准为 2022 年版）

语言	ISO 639 语言代码
Albanian	sq
Amharic	am
Arabic	ar
Afar	aa
Armenian	hy
Aymara	ay
Assamese	as
Azerbaiani	az
Bashkir	ba
Basque	eu
Bengali	bn

世界级参数中关于系数部分的定义则包括但不限于GDP（国内生产总值）、GNP（国民生产总值）、CPI（消费价格指数）、通货膨胀率、汇率等数据，这些数据在进行金融系统国际业务的相关系统测试时，是作为必要的参数使用的。

5.7.1.2 国家级参数

国家级参数使用的是国家标准代码（简称国标码），一般强制性国家标准被冠以“GB”，推荐性国家标准被冠以“GB/T”。目前国内强制使用GB 18030标准，但较旧的计算机仍然使用GB/T 2312-1980。一般在金融业务中常用的国家标准有：GB/T 2260-2002（《中华人民共和国行政区划代码》）、GB/T 2261.1-2003（《人的性别代码》）、GB/T 4880.3-2009（《语种名称代码》）、GB/T 7408-2005（《数据元和交换格式 信息交换日期和时间表示法》）、GB/T 12406-2008（《表示货币和资金的代码》）等。GB 11643-1999标准中居民身份证编码表示形式如图5-6所示。

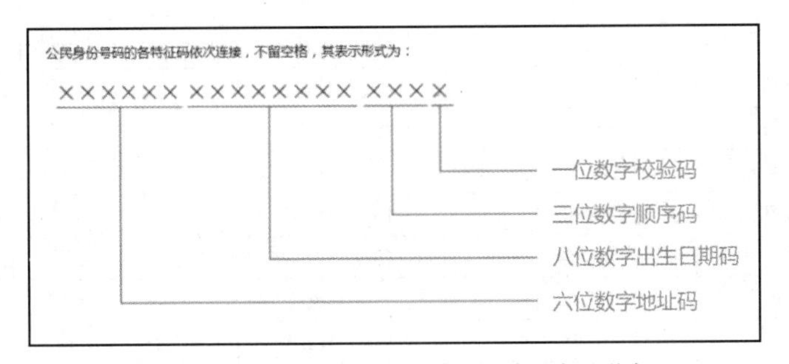

图5-6 GB 11643-1999居民身份证编码表示形式

某居民身份号码示例如图5-7所示。

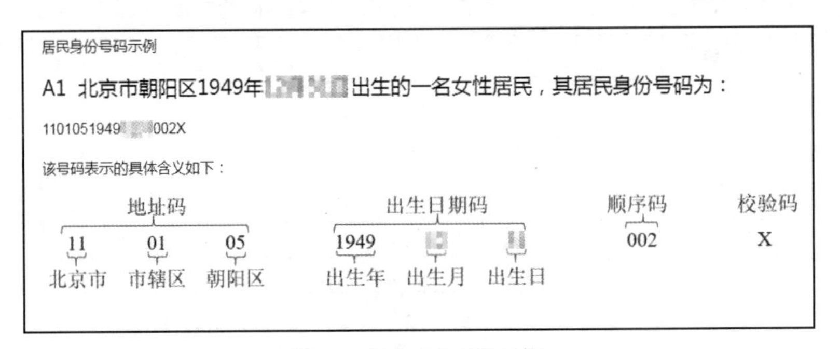

图5-7 居民身份号码示例

GB/T 12406-1996中部分货币和资金的代码如表5-11所示。

表 5-11 GB/T 12406-1996 中部分货币和资金的代码（在本书编写时，现行标准为 2022 版）

货币名称	字母型代码	货币代码
CFA 法郎 BCEAO	XOF	952
CFA 法郎 BEAC	XAF	950
CFP 法郎	XPF	953
UAE 迪拉姆	AED	784
阿尔及利亚第纳尔	DZD	012
阿富汗尼	AFA	004
阿曼里亚尔	OMR	512
阿塞拜疆马纳特	AZM	031
埃及镑	EGP	818
埃塞俄比亚比尔	ETB	230
爱尔兰镑	IEP	372
安道尔比塞塔	ADP	020
澳大利亚元	AUD	036
澳门元	MOP	446
巴巴多斯元	BBD	052

国家级参数中系数（如货币等）的使用都有统一的标准，对于金融行业常用的数据包括存款准备金率、M1、M2 等。存款统计分类可参考表 5-12，具体可以参考《中国金融体系指标大全（2021 年版）》中的内容。

表 5-12 存款统计分类

分类	说明
普通存款	包括 4 类：单位活期存款、单位定期存款、活期储蓄存款、定期储蓄存款。其中，定期储蓄存款还包括整存整取储蓄存款、零存整取储蓄存款、存本取息储蓄存款、教育储蓄存款、整存零取储蓄存款等
定活两便存款	不约定存期、本金一次性存入，支取时一次性支付全部本金和税后利息，具有定期和活期双重性质的一种存款
通知存款	办理时不约定存期，支取时需提前一定时间通知金融机构，约定支取日期和金额的存款
协议存款	根据中国人民银行相关规定对存款人开办的存款，存款利率由双方协商确定

续表

分类	说明
协定存款	指存款人通过与金融机构签订合同约定合同期限、确定结算账户需要保留的基本存款额度，对基本存款额度按结息日中国人民银行规定的活期存款利率计息，对超过基本存款额度的存款按中国人民银行规定的协定存款利率或合同约定的利率计息的存款，包括结算户存款和协定户存款两类
保证金存款	仅包括信用证保证金存款、保函保证金存款、银行承兑汇票保证金存款、银行本票保证金存款、信用卡保证金存款、衍生金融产品交易保证金存款、黄金交易保证金存款、证券交易保证金存款、其他保证金存款等
应解汇款及临时存款	金融机构因办理支付或结算，形成的一种临时性资金存款，包括应解汇款、临时存款、汇出汇款、汇入汇款等
结构性存款	指金融机构吸收的嵌入金融衍生工具的存款，通过与利率、汇率、指数等的波动挂钩或与某实体的信用情况挂钩，使存款人在承担一定风险的基础上获得更高收益的业务产品
信用卡存款	包括贷记卡存款、准贷记卡存款
第三方存管存款	指由金融机构作为独立第三方保管证券公司的交易结算资金
准备金存款	中国人民银行按规定吸收的法定存款准备金及超额存款准备金
特种存款	指中国人民银行根据金融宏观调控需要，向金融机构吸收的特定存款

5.7.1.3 行业级参数

行业级参数一般指仅金融行业使用的参数，2019年1月8日，中国人民银行正式发布《银行间市场基础数据元》（JR/T 0065-2019），对行业级参数的使用制定了统一标准（如图5-8所示），完善了我国金融行业IT标准数据使用的对应方案，有助于规范和统一金融行业数据元，进而全面提升金融行业IT数据管理水平。

行业级参数中，关于系数的使用一般有银行同业拆借利率、共保业务中主共与从共的比率、不同银行客户等级对应的可投资理财产品、理赔系数等。

5.7.1.4 公司级参数

在金融企业内部，多业务构成的复杂系统中包含多个业务上的共用字段。比如资金这个字段在最初设计时，由于不一定是同一个开发团队负责，有的在程序和数据库中可能以ZJ这个汉语拼音缩写命名，也可能以fund这个英文单词命名，当两个系统由于业务需要相互传输数据时，就会由于命名的不同加大开发工作量去做转译，或者两方都按照自己的标准开发程序。当进行多系统接口测试时，可能会出现发送的字段无法识别的问题，这时制定公司级参数标准就显得尤为重要了。由此可知，公司级参数是内部多系统建设就同一个业务字段按规范统一命名使用的，由公司自行定义。一般常见的公司级参数有流水单号、保单号、理赔编号等。

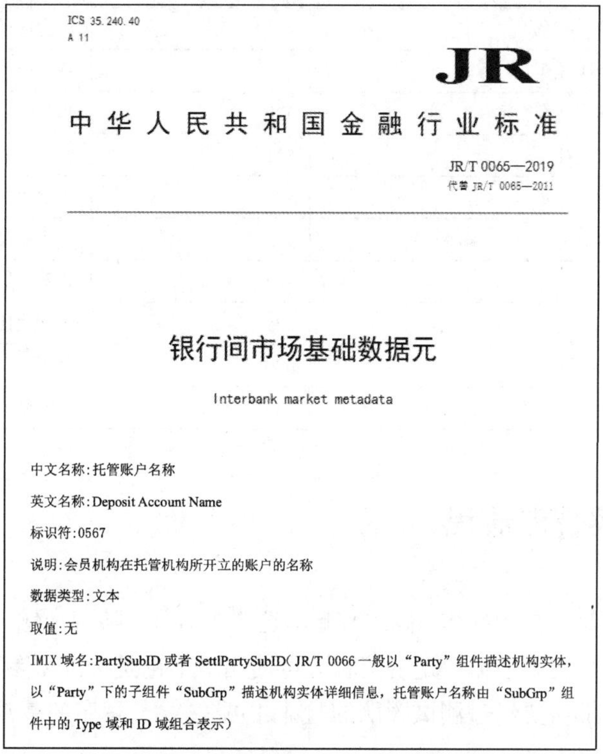

ICS 35.240.40
A 11

JR

中华人民共和国金融行业标准

JR/T 0065—2019
代替 JR/T 0065—2011

银行间市场基础数据元

Interbank market metadata

中文名称：托管账户名称

英文名称：Deposit Account Name

标识符：0567

说明：会员机构在托管机构所开立的账户的名称

数据类型：文本

取值：无

IMIX 域名：PartySubID 或者 SettlPartySubID（JR/T 0066 一般以"Party"组件描述机构实体，以"Party"下的子组件"SubGrp"描述机构实体详细信息，托管账户名称由"SubGrp"组件中的 Type 域和 ID 域组合表示）

图 5-8 行业级参数标准封面及内容举例

公司级参数中关于系数的使用，一般也是根据公司系统的使用要求来进行定义的。比如多系统间的业务通过接口进行数据传输，接口反应时间这个系数的制定需要根据系统的业务复杂度去评估，一旦确定后，多个系统就要遵照这个系数来进行配置。

公司级参数示例如表 5-13 所示。

表 5-13 公司级参数示例

车辆代码	车辆代码描述	类型代码	类型代码描述
66	大型汽车	410	不区分营业、非营业
67	小型汽车	411	营业
68	使馆汽车	412	营业出租租赁
69	领馆汽车	413	营业城市公交
70	境外汽车	414	营业公路客运

续表

车辆代码	车辆代码描述	类型代码	类型代码描述
71	三轮摩托车	415	营业货车
72	轻便摩托车	416	营业挂车
73	使馆摩托车	520	非营业
74	领馆摩托车	521	非营业个人
75	农用运输车	522	非营业企业
76	拖拉机	523	非营业机关
77	挂车	524	非营业货运
78	教练汽车	525	非营业挂车
79	试验汽车	620	兼用型（拖拉机）
80	临时入境汽车	630	运输型（拖拉机）

5.7.2 测试参数管理流程

测试参数管理涉及参数的新增、修改和删除这3个方面。随着金融行业IT系统的复杂度越来越高，新增的参数也要遵循一定的流程方可使用，不论是标准型参数还是系数型参数，真正用于业务系统时都需要经过测试团队的验证才可写入IT程序的基础配置中，两种参数的新增流程是一致的。

（1）需求部门根据参数等级获取最新的参数标准，规划参数新增方案，方案一般涉及金融系统中新增参数所有涉及的影响业务的情况，有时参数的新增还会涉及程序的修改优化，这种情况下可以直接将参数的新增当成一个测试项目来进行。如果在仅涉及参数调整而不影响业务的情况下，一般只需提交一个配置脚本和调整说明，但同样需要测试团队的验证，新增流程依然遵循测试项目的生命周期。

（2）测试团队接到测试参数新增的任务后，如何进行测试？一般是先检查开发团队提交的脚本，根据脚本中的SQL语句定位参数都加到了哪些位置，将其和需求文档进行对比，查看是否有遗漏。测试人员在具备较为丰富的业务知识和测试经验的情况下，可能会发现需求中遗漏的调整点。待环境部署岗位在测试环境中执行了本次参数调整的脚本后，则需要“跑通”涉及参数新增的业务流程，保证对原系统运行无影响。

（3）世界级参数、国家级参数、行业级参数新增一般不是仅一家金融机构需要进行参数调整，在测试团队完成测试环境的参数新增验证后，还需要升级到联调环境，各个金融机构按照约定好的时间进行联调，保证参数新增对业务的正常运行无影响。

（4）测试参数的删除：一般测试参数的删除有两种方案，一种是直接将数据库中对应的参数删除；另一种是将参数记录保留，状态置为“无效”，如后续因业务变动需要再次使用可重新置为“有效”。凡涉及参数的新增、修改、删除都需要完成参数变更流程，进行测试验证后方可在生产环境执行变更脚本。

（5）系数型参数的使用：在实际测试过程中涉及系数型参数使用问题，由于系数属于具体的数字，一般在设计测试用例时可采用数据驱动的方式，通过等价类划分、边界值分析的设计方法编制系数表格，在测试用例执行步骤相同的情况下，保障系数尽可能覆盖全面。在金融业务系统中有时多个系数之间还会构成复杂的业务逻辑，比如某种类型的车辆（车型）根据使用性质（营业、非营业）和历史理赔记录不同，对应的保单投保系数有所不同，则需要针对每一种系数设计数据对应关系表格，让测试执行人员知道每个对应系数的标准返回值。此时的系数型参数既可以是测试输入数据（经过一定的业务逻辑运算），也可以是测试输出的系数值（得出带有参数的系数值）。

5.7.3 测试参数管理方案

测试参数管理方案主要有以下几种。

（1）业务测试流程（测试用例）与测试数据的关联管理

这个方案的主要作用是方便测试组管理测试过程中的数据准备工作。在执行某项测试任务或测试用例之前，提前根据参数情况，罗列所有可能输入的参数形成数据对应关系表格，同一业务流程输入不同的数据进行多次执行，测试用例执行完成之后，记录不同参数下产生的结果。

（2）测试参数关系可视化

测试参数之间的关系可视化管理，有利于测试人员理解测试参数之间的关联关系，对照业务功能层面的关系进行梳理，以便正确地设计造数方法、造数脚本。一些金融系统的参数既是输入的条件数据，又是得出的结果，通过数据对应关系表格对不同的返回结果进行分类，能有效地帮助测试人员做好需求拆分，从而实现测试用例的全面覆盖。

（3）测试参数批量生成

大批量的测试参数生成不可能由人工执行，必须依赖工具造数方式自动化执行，通常需要利用一些脚本、工具进行辅助。在金融机构测试中心存在自动化团队的前提下，可通过标准流程提交数据生成要求，让自动化团队辅助测试人员完成测试参数的准备工作。

（4）测试参数验证

测试参数更新完成后，需要结合业务规则、参数关联关系、数据字段设计规范等对已造参数进行简单的快速验证，以保证新增的参数符合业务要求。

5.7.4 本节小结

本节主要介绍了测试参数管理分类，各分类下的参数执行标准，测试参数管理流程和测试参数管理方案等内容。在金融系统相关测试过程中，参数管理具备独特性，一般的测试图书将测试参数和数据合并来进行介绍，无法体现出金融测试参数和一般测试数据的区别。通过本节的学习，读者可以理解何为测试参数，它是如何使用并辅助测试工作的。

5.8 测试数据管理

在金融行业软件测试过程中，分析、寻找、创建、铺设和维护测试数据往往会占用测试人员大量的工作时间，为了验证一个特定的业务场景，测试数据的准备反而比执行测试用例更复杂。准备测试数据是测试工作开展的一部分，一般先于测试执行，但在实际工作中由于存在测试人员不了解关联系统、对业务交互规则陌生等情况，经常会出现准备的测试数据无效或者没有提前准备需要的测试数据的情况，从而导致在测试执行过程中需要匆忙准备测试数据。

不仅如此，在金融软件测试中所使用的测试数据经常会涉及一些敏感信息，如业务规则、产品规则、客户信息等。在使用测试数据的过程中，需要充分考虑数据安全的因素，防止数据泄露。随着系统不断迭代更新，测试数据也会在数据库中持续保留和积累，大量的无效数据、不良数据不仅会直接干扰测试工作的开展，也会对开发工作带来阻碍。对测试数据进行行之有效的管理，对软件测试来说至关重要。

在本节中，读者将学习在软件测试工作中会使用哪些测试数据，以及在测试数据生命周期中如何进行数据管理。

5.8.1 测试数据分类

测试数据根据使用背景的不同可以分为基础数据、业务数据和模拟数据。

基础数据是指在测试环境中可以应用于软件系统中的基本数据，这类数据的信息是必备的，最常见的基础数据有个人/公司账号、密码等。

业务数据是指在测试环境中指定的业务场景下需要使用的数据，它是在基础数据上具备一些可满足业务场景条件的测试数据。

模拟数据是指测试人员根据测试需要，自行创建并设计的测试数据。

测试数据根据其敏感性可以分为敏感数据和非敏感数据。敏感数据是指一旦泄露后可能对社会或个人带来危害的数据，一般存在于基础数据中，如企业或个人信息等。在金融行业中对敏感数据的管理和控制非常严格，基础数据和业务数据的使用必须经过数据脱敏，对原始数据进行变形，从而保障数据的安全使用。

5.8.2 测试数据生命周期

测试数据生命周期包括测试数据需求确认、测试数据准备、测试数据使用、测试数据清理、测试数据归档五大阶段。

测试数据需求确认阶段，可分为测试数据使用申请、测试数据审查、测试数据使用方案确认 3 个子阶段。在测试数据使用申请子阶段，需要定义测试数据的使用信息，至少包含被测软件的数据类型、测试数据部署环境及权限控制，并分析申请使用的数据中是否包含敏感信息，以及敏感信息的处理方式。在测试数据审查子阶段，需要分析测试数据需求是否符合实际情况，提出测试数据在使用过程中可能存在的风险及责任划分等，对测试数据进行敏感性分析，分析测试数据申请人提出的数据敏感性是否符合行业内相关的要求。在测试数据使用方案确认子阶段，需要对测试数据使用方案进行确认，确认后方可进入测试数据准备阶段。

测试数据准备阶段可分为源数据获取、测试数据加工、测试数据部署 3 个子阶段。在源数据获取阶段，源数据提供方按照要求提供所需处理的源数据，并将源数据部署到指定的测试脱敏加工环境或者工具中。在测试数据加工阶段，测试数据加工人员应按照测试数据使用需求和脱敏方法对测试数据进行脱敏和瘦身处理，并如实记录脱敏处理情况。测试数据脱敏是指在涉及用户安全数据或者一些商用性敏感数据的情况下，在不违反系统规则的条件下对真实数据进行改造和变形，供测试人员使用，如身份证号、手机号、住址、银行卡号、客户号等个人信息都需要进行数据脱敏。在测试数据部署阶段，数据加工人员将脱敏后的数据部署在测试环境，并记录数据部署情况和使用情况。

在测试数据使用阶段，需要确定数据在使用阶段的存储、使用、传输、变更等环节的相关规范、指标和要求。

（1）应遵循“谁使用，谁负责”的基本原则。

（2）测试数据使用人员使用源数据为基础的测试数据，应严格控制使用范围。

（3）测试数据使用人员应按照测试计划使用测试数据，不应进行与测试无关的操作。

（4）在使用带有残余敏感信息的测试数据时，使用人员应根据残余风险分析，采取相应的风险应对措施，并在测试计划中进行描述，测试执行时应将风险应对措施的执行情况记入测试记录。

（5）对于测试中所有的派生数据，包括采用电子或纸质方式记录的，均应实施有效控制，并在测试结束或者确认测试终止后由测试数据使用人员主动提出，并由相关人员实施清理。

（6）在测试执行过程中，测试数据使用人员发现未识别出的风险时，应进行风险分析，并采取风险应对措施。如风险应对措施涉及人力资源、环境等，应与相关主管部门沟通后，调整测试计划和方案。

（7）测试期间，不应将存储有敏感数据的移动存储设备或打印有敏感信息的凭证等带出测试工作区，不应利用网络和设备进行信息交换。

（8）如遇特殊情况，确需将移动存储设备、凭证带出工作区，或确需传输敏感测试数据的，测试数据使用人员应提出书面申请，说明原因，经测试数据管理人员分析评估，并报源数据提供方审批，获得批准后方可实施。

在测试数据清理阶段，需要规范定义测试数据在清理阶段的备份、清理等环节的相关规范、指标和要求。

（1）测试完成或确定终止后，测试数据使用人员应对测试数据使用情况进行分析和总结，提出测试数据清理、备份和保存要求，并将其报送测试数据管理人员。

（2）测试数据使用人员应及时销毁测试过程中打印的纸质凭证和输出的数字文件，特别是涉及带有残余敏感信息的测试数据时。

（3）如需备份测试数据，测试数据使用人员应详细说明备份原因、用途、备份策略、备份时间、数据大小等，经测试数据管理人员分析评估，获得批准后方可实施。

（4）如需将纸质凭证或者数字文件保存，测试数据使用人员应提出书面申请，说明原因，经测试数据管理人员分析评估，获得批准后妥善保管。

（5）根据存储要求和权限分工，相关人员对测试数据进行清理、备份和保存，记录数据清理、备份和保存情况。

在测试数据归档阶段，通过数据存储与内容管理的无缝集成，实现对数据从生产到销毁的全生命周期管理。归档内容应包含备份和保存的测试数据，涉及基础数据、业务数据和模拟数据。

5.8.3 本节小结

在本节中，读者学习了什么是测试数据，以及在测试数据生命周期的各大阶段如何对它们进行管理。

5.9 本章思考和练习题

1. 测试项目管理方法具体都有哪些？

2. 测试版本管理流程是什么？

3. 测试环境管理的分类以及定义是什么？哪些环境是日常测试需要用到的？

4. 测试参数管理分类及特点是什么？

5. 在金融测试项目中，哪些工作产品需要被评审？

6. 在金融测试的评审过程中，常见的评审问题有哪些？

情景思考题：

7. 软件测试工程师新人小张刚加入一个 A 银行网银功能改造的项目团队，第一天项目经理告知他，项目周期非常紧张，需要他在 3 天内完成测试用例设计并开始测试，在给了他一份半年前的产品设计书和几份 demo 页面效果图后就离开了。小张接到工作安排后无从下手，勉强写出一份测试用例后就开始测试，在测试过程中困难重重，他发现开发出的功能和他设想的完全不一样，测试用例可用比例非常低，他放弃了原先的测试用例，根据开发的效果重新调整测试用例，几经波折之后终于完成了测试，把写着 100%执行、100%通过、0 缺陷的测试报告提交给项目经理后如释重负。几天后产品验收时收到了客户的大量投诉，小张也被项目经理责问。请思考一下小张在这个项目的工作中存在哪些问题？如果您是小张该如何做好这个项目的软件测试工作？

8. 软件测试工程师小张正在参与 M 银行的信贷系统改造项目，在测试进度推进到 90%

时，接到项目经理通知因合规性问题需要进行需求变更，对原开发功能进行调整，并可能会额外影响10个关联交易，此时小张该如何应对本次需求变更？

9. 对于在软件测试过程中发现的缺陷，测试人员在提交测试缺陷后该做些什么？可以通过哪些方法与开发团队一起更快速地处理、定位、修复缺陷？

10. 使用任意一款商业银行App对任意一款理财产品进行购买，在整个过程中会使用到哪些数据，产生哪些数据？其中又有哪些数据或者信息属于敏感信息？

06

第 6 章 金融软件测试用例设计方法

本章导读

通过第 5 章的介绍，读者已经了解到金融软件测试项目管理方法和金融软件测试项目的流程，在软件测试流程中有一个重要的环节是测试用例设计，那么什么是测试用例？如何去设计测试用例？测试用例在整个软件测试流程中有什么重要作用？在金融软件测试中，又有哪些常见的用例设计场景？让我们通过本章的学习，寻找这些问题的答案。

6.1 金融软件测试用例要素

6.1.1 什么是测试用例

测试用例（Test Case）是为了实施测试而向被测系统提供的一组集合，这组集合包括测试环境、步骤描述、测试数据、预期结果等要素。在金融软件测试中，测试用例设计一定要遵循规范、严谨、详细和分工明确等要求。测试用例在软件整体测试生命周期中属于里程碑式的关键文档，是测试人员具体执行测试的依据，需要经过测试部门、开发部门和业务部门三方共同评审，经过三方评审后的测试用例将作为测试的标准，指导测试人员进行相应的测试工作。

6.1.2 测试用例要素

测试用例是用于测试的例子，包括用例编号、用例序号、用例名称、用例描述、前置条件、步骤描述、预期结果等关键要素。每个公司对于测试用例的编写规范可能会有所不同，有的还包括测试时间、测试人员、测试优先级等其他附加要素。一般情况下，测试人员都会以表格的形式来编写测试用例，测试用例中各个要素信息一目了然，这样会使得用例的编写、阅读和执行更加容易。下面介绍在金融软件测试过程中编写一个测试用例通常包含的要素。

（1）用例编号：通常是由字符和数字组成的字符串，用例编号应该具有唯一性，方便识别和查找。例如系统测试的用例编号格式为：产品编号-ST-系统测试项名-系统测试子项名-×××。（备注：每个公司对于用例书写的规则不尽相同，具体细则还需要参考公司配置的命名规范。）

（2）用例编写日期：用例编写的时间，有助于检查用例编写的进度。

（3）用例序号：表示用例执行的顺序。

（4）用例名称：对测试用例的概括，简要描述用例的出发点、关注点，原则上用例名称不能重复。

（5）正/反用例：正用例或反用例。正用例是测试用例中与预期结果一致的用例，主要用于保证程序的基本流程；反用例指系统不支持的输入或状态，这类用例可用于检查系统的容错能力和可靠性。

（6）用例描述：测试用例的简单描述，能清楚表达测试用例的用途。

（7）步骤描述：执行当前测试用例需要的操作步骤，通常要描述该测试用例执行所需的前置条件，明确地给出每个步骤的详细描述，方便不同的测试用例执行人员根据该步骤描述完成用例执行，这是测试用例中非常关键的要素。

（8）预期结果：测试用例执行的预期结果，预期结果可以不止一个，比如返回值的内容、界面的响应结果、输出结果的规则符合度、数据库等存储表中的操作状态等，要尽可能地把每个操作步骤对应的预期结果描述完整。

（9）优先级：测试用例的优先级，方便在项目实施过程中将用例进行分类执行。常见优先级分为高、中和低3类：高，保证系统基本功能、核心业务、重要特性，实际使用频率比较高的测试用例；中，重要程度介于高和低之间的测试用例；低，实际使用频率不高，对系统业务功能影响不大的模块或功能的测试用例。

（10）用例设计人员：测试用例的设计人员，主要用于能准确定位测试用例的设计人员，对用例进行修改时，方便找到对应人员。

（11）用例执行人员：测试用例的执行人员。

（12）用例负责人：测试用例的负责人员。

（13）属性：当前/历史。“当前”表示用例有效，“历史”表示用例已经失效。

（14）路径：系统操作的路径。例如，国际结算系统\保函业务\保函\备用信用证开立。

（15）是否纳入 UAT：该用例是否纳入下一轮 UAT。

（16）计划执行日期：测试用例计划执行的时间。

以上就是我们在实际的金融软件测试项目中，编写测试用例时会涉及的一些基本要素，详细的测试用例表可参见图 6-1，实际工作中可根据各公司不同的要求对其中的要素做调整。

用例编号	用例编号日期	用例序号	用例名称	正/反例	用例描述	步骤描述	预期结果	优先级	用例设计人员	用例执行人员	用例负责人	属性	路径	是否纳入UAT测试	计划执行日期
S01_ST_GI_001	2018-06-17	001	保函开立	正例	我行根据申请人的要求向受益人开出的担保申请人正常履行合同义务的书面证明	前提条件：信贷已经审批通过的开证申请，我行依据开证申请进行开证 柜员进入系统后，单击界面上的菜单保函业务-保函开立，在左侧选择想要完成的保函开立，然后录入必输项的信息： 1.是否备用信用证：NO 2.适用规则（MT700:40E-MT760:40C):URDG 3.收报行SWIFTCODE:CITIAEAD 4.收报行名称、地址：CITIBANK N.A.,DUBAI KHALID IBN AL WALID STREET,749 DUBAI 5.报文-信开类型：不发报 6.是否发送MT799：NO 7.境内外：境外 8.费用承担：国内-我方 9.保函类型：投标保函 10.开立-要求日期（：30）：2018-06-11	1.正确地开出保函，开立面函 2.正确生成相应的报文 3.核心记账成功	高	测试人员1	测试人员2	测试人员3	当前	国际结算系统\保函业务\保函\备用证开立。	是	2019-01-02

图 6-1　测试用例示例

6.1.3　本节小结

在本节中，主要介绍了什么是测试用例，以及编写测试用例所需要包含的要素。在本章后续内容中会介绍测试用例的设计方法，读者可以结合测试用例设计方法编写相应的测试用例，在实际测试项目中，需要结合实际情况进行用例要素的设计。

6.2　常规功能测试用例设计方法

在 6.1.2 节中，我们了解到编写测试用例的要素，那么如何设计测试用例并填写测试用例表？编写测试用例是否有相应的设计方法？在日常的软件测试中，功能测试是依据产品设计规格说明书，通过一些测试手段对产品的各项功能进行验证；根据所设计的功能测试用例，逐项测试，检查开发的产品是否符合和满足用户的要求。

软件测试人员在设计测试用例时，如果仅凭借主观的想象进行设计，设计出来的测试用例可能会存在局限性，因为测试人员无法确定是否所有的测试用例都已被设计。实际在功能测试领域中，通常会采用黑盒测试方法设计测试用例进行测试，而黑盒测试方法中有很多种测试用例的设计方法，这些方法可以指导测试人员设计出合理、全面的测试用例。在本节中将介绍 8 种常规功能测试用例设计方法，分别是等价类划分法、边界值分析法、错误推测法、判定表法、因果图法、正交分析法、功能图法、场景法，这些方法可以应用于大多数软件的测试用例设计中。在接下来的内容中，将逐一介绍这些测试用例设计方法。

6.2.1 等价类划分法

6.2.1.1 等价类划分法简介

软件测试有一个致命的缺陷，就是测试的不彻底性。由于穷举测试的数据量太大，实际工作中难以处理，需要在大量的数据中选择一部分作为测试用例，既要考虑到测试的效果，又要考虑到实际测试的成本，这样一来如何选取合适的测试用例就成了关键问题，因此引入了等价类的思想。使用等价类划分法的最主要目的在于，在测试资源有限的情况下，用少量有代表性的数据得到比较好的测试结果。

等价类划分法是一种典型的、重要的黑盒测试方法。它完全不考虑程序的内部结构，只根据程序规格说明书对输入范围进行划分，其目的就是解决如何选择适当的数据子集来代表整个数据集的问题，通过降低测试的数目去实现“合理的”覆盖，以发现更多的软件缺陷，对软件进行改进升级。

6.2.1.2 等价类的划分

等价类是指某个输入域的子集。在该子集中，各个输入数据对于揭露程序中的错误都是等效的，并合理地假定测试某等价类的代表值就等于对这一类其他值进行测试。因此可以把所有输入数据合理划分为若干等价类，在每一个等价类中取一个数据作为测试的输入条件，这样就可以用少量有代表性的测试数据取得较好的测试结果。

软件不仅要能接收有效的、合理的数据，而且要能经受意外的“考验”，即接收无效的或不合理的数据，这样测试时才能确保软件具有更高的可靠性。因此，在划分等价类时，有两种不同的情况，即有效等价类和无效等价类。

（1）有效等价类

有效等价类是指由对程序的规格说明来说是合理的、有意义的输入数据构成的集合。利用有效等价类可检验程序是否实现了规格说明中所规定的功能和达到了所规定的性能。

（2）无效等价类

无效等价类与有效等价类的定义恰恰相反。无效等价类指由对程序的规格说明来说是不合理的、无意义的输入数据所构成的集合。对于具体的问题，无效等价类至少应有一个，也可能有多个。

6.2.1.3 等价类划分法示例

（1）在输入条件规定了取值范围或值的个数的情况下，则可以确立 1 个有效等价类和 2 个无效等价类。例如，输入值是学生成绩，范围是 0～100，则等价类划分如下（可参见图 6-2）。

- 1 个有效等价类：0≤成绩≤100。
- 2 个无效等价类：成绩<0；成绩>100。

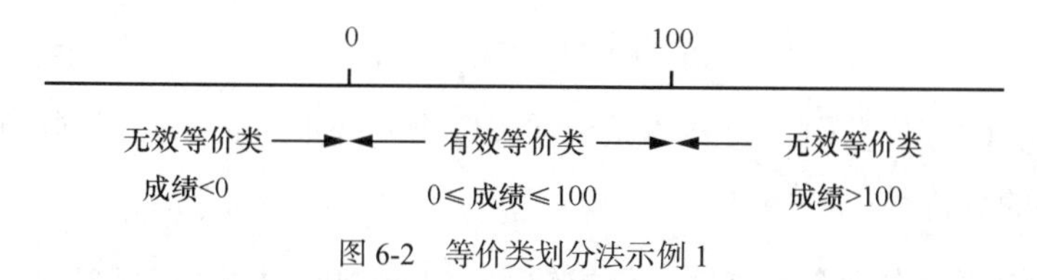

图 6-2 等价类划分法示例 1

（2）在输入条件规定了输入值的集合或者规定了输入值“必须如何”的条件的情况下，可确立 1 个有效等价类和 1 个无效等价类。例如，输入值必须是整数，则等价类划分如下。

- 1 个有效等价类：整数。
- 1 个无效等价类：非整数。

（3）在输入值是一个布尔量的情况下，可确定 1 个有效等价类和 1 个无效等价类。例如，一道判断题的等价类划分如下。

- 1 个有效等价类：对。
- 1 个无效等价类：错。

（4）在规定了输入数据的一组值（假定为 n 个），并且程序要对每一个输入值分别进行处理的情况下，可确定 n 个有效等价类和 1 个无效等价类。例如，输入条件说明学历可为专科、本科、硕士、博士 4 种之一，则等价类划分如下。

- 4 个有效等价类：输入专科；输入本科；输入硕士；输入博士。
- 1 个无效等价类：输入 4 种学历之外的数据。

（5）在规定了输入数据必须遵守的规则的情况下，可确定 1 个有效等价类（符合规则）

和若干个无效等价类（从不同角度违反规则）。例如，银行在妇女节为女性 VIP 客户发放礼品，则等价类划分如下（参见图 6-3）。

- 1 个有效等价类：客户是 VIP，并且是女性客户。
- 2 个无效等价类：①不是 VIP；②不是女性客户。

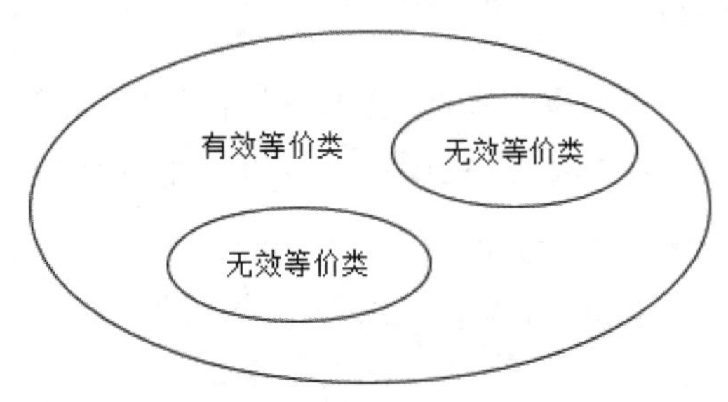

图 6-3 等价类划分法示例 2

（6）在已划分的等价类中，如果各元素在程序中的处理方式不同，则应再将该等价类进一步划分为更小的等价类。

例如，测试加法器有两个文本框，要求输入-100～100 的整数。整数的存储在计算机底层中会使用不同的算法，正整数和负整数的算法不同。所以测试时正整数和负整数应该分开来测（一般对有效等价类数据应用，无效等价类数据一般不需要正、负分别测）。所以将有效等价类细分为：-100～-1 负整数、0、1～100 非负整数。

6.2.1.4 等价类转化为测试用例的原则

在确立等价类后，可建立等价类表，列出所有划分出的等价类（有效等价类、无效等价类），然后从划分出的等价类中按以下 3 个原则设计测试用例。

（1）为每一个等价类规定一个唯一的编号。

（2）设计新的测试用例，使其尽可能多地覆盖尚未被覆盖的有效等价类，重复这一步，直到所有的有效等价类都被覆盖为止。

（3）设计新的测试用例，使其仅覆盖一个尚未被覆盖的无效等价类，重复这一步，直到所有的无效等价类都被覆盖为止。

6.2.1.5 等价类划分法案例

测试场景：银行个人客户信息建立。银行个人客户信息主要包含：证件种类、证件号码、客户姓名、客户性别等。用等价类划分法为该场景进行测试用例设计。

分析该场景中给出的输入条件要求，如下。

（1）证件种类：一般分为身份证类和非身份证类的证件。

（2）证件号码：身份证号（18 位）和非身份证号。

（3）客户姓名：常规汉字、英文。

（4）客户性别：男或女。

通过以上分析后，接下来进行等价类的划分，具体过程如下。

（1）列出等价类并编号，如表 6-1 所示。

表 6-1　个人客户信息等价类划分

输入条件	有效等价类	编号	无效等价类	编号
证件种类	身份证类	1	为空	9
	非身份证类	2		
证件号码	身份证号-18 位	3	为空	10
	非身份证号-合法	4	身份证号-15 位	11
			非身份证号-非法	12
客户姓名	常规汉字	5	为空	13
	英文	6	非法字符	14
性别	男	7	为空	15
	女	8		

（2）根据划分的等价类设计测试用例，按照表 6-1 中划分的等价类需要设计 15 个测试用例，由于测试用例较多，本书仅展示输入条件中证件种类的测试用例设计内容（详见表 6-2），其他测试用例读者可参照表 6-2 中给定的样例自行进行设计，此处仅提供测试用例中的部分要素。

表 6-2　个人客户信息建立测试用例

用例序号	用例名称	用例描述	步骤描述	预期结果	用例设计人员	路径
001	个人客户信息建立-信息要素检查-证件种类-身份证类	个人客户信息建立，各种信息要素输入检验	1. 发起个人客户信息建立 2. 信息要素输入-证件种类-身份证类，进行校验	校验通过	张三	前端-个人客户信息建立
002	个人客户信息建立-信息要素检查-证件种类-非身份证类	个人客户信息建立，各种信息要素输入检验	1. 发起个人客户信息建立交易 2. 信息要素输入-证件种类-非身份证类，进行校验	校验通过	张三	前端-个人客户信息建立
003	个人客户信息建立-信息要素检查-证件种类-为空	个人客户信息建立，各种信息要素输入检验	1. 发起个人客户信息建立交易 2. 信息要素输入-证件种类-为空，进行校验	校验失败，提示信息“不能为空，必须输入内容”	张三	前端-个人客户信息建立

6.2.2 边界值分析法

6.2.2.1 边界值分析法简介

边界值分析法是指对输入的边界值条件进行分析，设计出针对边界值的测试用例。一般情况下将其与等价类划分法结合使用，根据各个等价类的边界值来设计测试用例。

在实际的软件设计和编写过程中，开发人员往往容易忽视边界条件，人们也通过长期的测试工作经验得知，大量的错误发生在数据输入范围或输出范围的边界上，而不是在输入范围内部。例如除法运算中除数为0导致数据溢出、数组变量中第一个元素和最后一个元素由于没有被赋值而出错等。因此在测试用例的设计中，对输入的条件进行边界条件分析以确定边界值，针对各种边界情况设置测试用例，可以发现不少缺陷，对提高测试效率是非常有帮助的。

边界值分析法与等价类划分法的区别在于边界值分析不是从某等价类中随便挑一个典型值或任意值作为代表，而是使这个等价类的每个边界都作为测试条件。边界值分析法不仅考虑输入条件，还考虑输出空间产生的测试情况。在实际测试中，会将两种方法结合起来使用。

6.2.2.2 边界值条件

边界值分析法使用与等价类划分法相同的划分方法，只是边界值分析法假定错误更多地存在于划分的边界上，因此需要在等价类的边界以及边界两侧设计测试用例。通常情况下，软件测试所包含的边界检验涉及以下几种数据类型：数值、位置、质量、字符、速度、尺寸、大小、方位和空间等。与此同时，考虑这些数据类型的下述特征：第一个和最后一个、最小值和最大值、开始和完成、超过和在内、空和满、最短和最长、最慢和最快、最早和最迟、最高和最低、相邻和最远等。常见边界值如下。

- 对于16位有符号二进制数而言，32767和−32768是边界。
- 屏幕上光标在最左上、最右下位置。
- 报表的第一行和最后一行。
- 数组元素的第一个和最后一个。
- 循环的第0次、第1次和倒数第2次、最后一次。

对于测试用例的设计，不仅要取边界值作为其中的测试数据，还要取刚刚大于和刚刚小于边界值的数据作为测试数据。边界值附近数据的几种确定方法可参见表6-3。

表 6-3 边界值附近数据确定方法

项	边界值附近数据	确定方法
字符	起始-1 个字符/结束+1 个字符	假设一个文本输入域允许输入 1～255 个字符，输入 1 个和 255 个字符作为有效等价类；输入 0 个和 256 个字符作为无效等价类，这几个数值都属于边界值
数值	最小值-1/最大值+1	假设某软件的数据输入域要求输入 5 位的数据，可以使用 10000 作为最小值、99999 作为最大值；然后使用刚好小于 5 位和大于 5 位的数值作为边界值
空间	小于空空间一点/大于满空间一点	例如在用 U 盘存储数据时，使用比剩余磁盘空间大一点（几 KB）的文件作为边界条件

在多数情况下，边界值条件是基于应用程序的功能设计而需要考虑的因素，可以从软件的规格说明或常识中得到，也是最终用户可以很容易发现的问题。然而，在测试用例设计过程中，某些边界值条件是不需要呈现给用户的，或者说用户是很难注意到的，但其也是检验范畴内的边界条件，称为内部边界值条件或子边界值条件。

内部边界值检验主要有下面几种。

（1）数值的边界值检验：计算机是基于二进制数工作的，其中位（bit）是计算机内部数据存储的最小单位，一个二进制位只能用 0 或 1 表示。字节（byte）是计算机中数据处理的基本单位，由 8 个二进制位（bit）组成。一个字节如果存储 8 位无符号数，储存的数值范围为 0～255；如果存储 8 位有符号数，数值范围为-128～127。数值的边界值检验可以参考表 6-4。如对无符号数字进行检验，边界值条件可以设置为 254、255 和 256。

表 6-4 计算机中常用数值的范围或值

项	范围或值
位（Bit）	0 或者 1
字节（Byte）	无符号（0～255），有符号（-128～127）

（2）字符的边界值检验：在计算机软件中，字符也是很重要的表示元素，其中 ASCII 和 Unicode 是常见的编码方式。表 6-5 中列出了一些常用字符对应的 ASCII 值。

表 6-5 常用字符及其对应的 ASCII 值

字符	ASCII 值	字符	ASCII 值
空（Null）	0	A	65
空格（Space）	32	a	97
斜线（/）	47	Z	90
0	48	z	122
冒号（:）	58	反引号（`）	96
@	64	[	91

在文本输入或者文本转换的测试过程中，需要非常清晰地了解ASCII值的一些基本对应关系，如小写字母a和大写字母A、空和空格的ASCII值是不同的，而且它们处在边界上，斜线、冒号、@、左中括号和反引号的ASCII值恰好处在阿拉伯数字、英文字母的边界值附近。

（3）其他边界值检验：不同的行业应用领域，依据硬件和软件的标准不同而具有各自特定的边界值。表6-6中列出了部分手机相关的边界值。

表6-6 部分手机相关的边界值

硬件设备参数项	范围
手机锂电池电压	工作电压：3.6～4.2V 保护电压：2.5～3V
手机正常使用温度	−25～+60°C

（4）还有一些情况经常被忽视。一些特殊的值，如默认值、空值、空格、无输入值、0等都可以被认为是边界值。在字符编辑域、多选项上，都存在这样的特殊边界值，或者可以看作边界值的延伸，比如在文本框中没有输入任何内容就单击“确认”按钮。因此在实际的测试中还需要考虑程序对默认值、空格、0、空值、无输入值等情况的处理。

6.2.2.3 边界值转换为测试用例的原则

在进行边界值测试时怎样确定边界条件的取值呢？一般来说，应该遵循以下几个原则。

（1）如果输入条件规定了值的范围，则应取刚达到这个范围的边界值以及刚超过这个范围的边界值作为测试输入数据。例如，程序的规格说明中规定“重量在10kg至50kg范围内的邮件，其邮费计算公式为……”，作为测试用例，我们应取10及50，还应取10.01、49.99、9.99及50.01等。

（2）如果输入条件规定了值的个数，则用最大个数、最小个数和比最大个数多1个、比最小个数少1个的数作为测试输入数据。例如，一个输入文件应包括1～255个记录，则测试用例应取1和255，还应取0及256等。

（3）根据程序规格说明的每个输出条件，使用原则（1）或（2），即设计测试用例使输出值达到边界值及其左右的值。例如，某程序的规格说明要求计算出“每月保险金扣除额为0至1165.25元”，其测试用例可取0.00及1165.24、还可取0.01及1165.26等。

（4）如果程序规格说明给出的输入域或输出域是有序集合（如有序表、顺序文件等），则应选取集合中的第一个元素和最后一个元素作为测试用例。

（5）如果程序中使用了一个内部数据结构，则应当选择这个内部数据结构的边界上的值作为测试用例。

（6）分析程序规格说明，找出其他可能的边界条件。

6.2.2.4 边界值分析法案例

测试场景：在前端柜员币种额度维护中，币种额度种类有很多，每种额度都有一定的范围，具体前端柜员币种额度种类及范围可参见表 6-7。

表 6-7 前端柜员币种额度种类及范围

额度种类	范围
钱箱额度	0～999,999,999,999.99
付现额度	0～999,999,999,999.99
收现额度	0～999,999,999,999.99
转账额度	0～999,999,999,999.99
付现授权额度	0～999,999,999,999.99
收现授权额度	0～999,999,999,999.99
转账授权额度	0～999,999,999,999.99

根据以上额度范围，结合边界值分析法，选取空格、超出最大额度以及正常额度范围的值来设计前端柜员币种额度维护测试用例。此处仅展示钱箱额度的测试用例（见表 6-8），其他额度测试用例和钱箱额度测试用例类似，读者可参见表 6-8 中提供的样例自行进行设计，此处仅提供测试用例中的部分要素。

表 6-8 前端柜员币种额度维护测试用例

用例序号	用例名称	用例描述	步骤描述	预期结果	用例设计人员	路径
001	前端柜员币种额度维护-钱箱额度控制-输入空格	前端柜员币种额度维护，钱箱额度输入不同数值验证	前置条件：柜员状态正常 1. 前端柜员币种额度维护交易 2. 钱箱额度输入-空格 3. 查询交易信息	交易失败，报错提示“请输入 0～999,999,999,999.99 的数值。”	张三	前端-柜员币种额度维护
002	前端柜员币种额度维护-钱箱额度控制-输入超限数值	前端柜员币种额度维护，钱箱额度输入不同数值验证	前置条件：柜员状态正常 1. 前端柜员币种额度维护交易 2. 钱箱额度输入-超过最大额度 999,999,999,999.99 3. 查询交易信息	交易失败，报错提示“请输入 0～999,999,999,999.99 的数值。”	张三	前端-柜员币种额度维护
003	前端柜员币种额度维护-钱箱额度控制-输入正常数值	前端柜员币种额度维护，钱箱额度输入不同数值验证	前置条件：柜员状态正常 1. 前端柜员币种额度维护交易 2. 钱箱额度输入-0～999,999,999,999.99 的数值 3. 查询交易信息	交易成功，显示准确数值	张三	前端-柜员币种额度维护

6.2.3 错误推测法

6.2.3.1 错误推测法简介

错误推测法是指基于经验和直觉推测程序中所有可能存在的错误，从而有针对性地设计测试用例的方法。

6.2.3.2 错误推测法的基本思想

错误推测法的基本思想是尽量列举程序中所有可能出现的错误和容易发生错误的特殊情况，从中做出选择，根据它们设计测试用例。可以利用不同测试阶段的经验和对软件功能特性的理解来进行测试用例的设计，举例如下。

（1）如果在单元测试中程序模块测试曾经出现了错误，在后期功能测试中可以列出这些可能出现错误的地方，设计相应的测试用例。

（2）根据前一个版本中发现的常见错误，有针对性地为当前版本设计测试用例。

（3）输入数据和输出数据为 0、输入表格为空或输入表格只有一行等都是容易发生错误的情况，可选择这些情况下的例子作为测试用例。

（4）测试一个对线性表（比如数组）进行排序的程序，可推测并列出以下几项需要特别测试的情况。

- 输入的线性表为空表。
- 输入表中只含有一个元素。
- 输入表中所有元素已排好序。
- 输入表已按逆序排好。
- 输入表中部分或全部元素相同。

综上所述，在错误推测法中，通常依据下列因素来进行判断以及设计测试用例。

- 客观因素：产品先前版本的问题，回归测试中发现的新问题。
- 已知因素：语言、操作系统、浏览器的限制等可能带来的问题。
- 经验：由模块之间的关联所联想到的测试，由修复软件的错误推测带来的问题。

错误推测法由于存在较大的随意性，因而常作为一种辅助的黑盒测试方法。

6.2.3.3 错误推测法案例

测试场景：手机银行发起转账汇款。

根据以往的测试经验，通过手机银行发起转账汇款有可能存在如下错误。

- 手机银行 App 的版本不同。
- 付款客户状态异常（黑名单、注销）。
- 付款账户状态异常（挂失、冻结）。
- 收款客户状态异常（关注名单、已身故）。
- 收款账户状态异常（不收不付、销户）。
- 转账金额超单笔上限。
- 转账金额超账户余额。
- 转账金额总和超日/月累计限额。
- 交易密码错误。
- 验证码信息错误。
- 交易时间处于非营业时段。

根据以上测试经验分析，选取上面所提到的付款客户状态异常（黑名单、注销）编写相关测试用例（见表 6-9），其他情况可参照表 6-9 自行进行设计，此处仅提供测试用例中的部分要素。

表 6-9 手机银行发起转账汇款测试用例

用例序号	用例名称	用例描述	步骤描述	预期结果	用例设计人员	路径
001	手机银行转账-付款客户状态-黑名单	使用特殊状态的付款客户或收款客户，打开手机银行App，发起转账交易	前置条件：客户已开通手机银行，账户状态正常，付款客户处于黑名单 客户正常登录手机银行，发起以下操作： 1. 打开转账交易 2. 录入付款客户信息和付款账户信息 3. 录入收款客户信息和收款账户信息 4. 输入转账金额和到账方式 5. 验证交易密码 6. 检验其他验证方式，如短信验证码 7. 完成转账操作	1. 正常登录手机银行 2. 转账操作失败，提示客户属于黑名单	张三	手机银行-转账汇款

续表

用例序号	用例名称	用例描述	步骤描述	预期结果	用例设计人员	路径
002	手机银行转账-付款客户状态-注销	使用特殊状态的付款客户或收款客户，打开手机银行App，发起转账交易	前置条件：客户已开通手机银行，账户状态正常，付款客户已注销 客户登录手机银行，发起以下操作： 1. 打开转账交易 2. 录入付款客户信息和付款账户信息 3. 录入收款客户信息和收款账户信息 4. 输入转账金额和到账方式 5. 验证交易密码 6. 检验其他验证方式，如短信验证码 7. 完成转账操作	登录手机银行失败，提示客户已注销	张三	手机银行-转账汇款

6.2.4 判定表法

6.2.4.1 判定表法简介

判定表（又称决策表）是分析和表达多逻辑条件下执行不同动作的工具。在一些数据处理问题当中，某些动作的实施依赖于多个逻辑条件的组合，即针对不同逻辑条件的组合值，分别执行不同的动作。

判定表能够将复杂的问题按照各种可能的情况全部列举出来，简明并可避免遗漏。因此，利用判定表能够设计出完整的测试用例集。

6.2.4.2 判定表的组成

判定表通常由4个部分组成，分别是条件桩、条件项、动作桩、动作项，如图6-4所示。

- 条件桩（Condition Stub）：列出问题的所有条件，通常认为列出的条件的次序无关紧要。
- 条件项（Condition Entry）：针对条件桩给出的条件列出所有可能的取值（在所有可能情况下的真假值）。
- 动作桩（Action Stub）：列出问题规定可能采取的动作，这些动作的排列顺序没有约束。
- 动作项（Action Entry）：指出在条件项的各组取值情况下应采取的动作。

任何一个条件组合的特定取值及相应要执行的动作称为一条规则。在判定表中贯穿条件项和动作项的一列就是一条规则。一条规则就是一条测试用例，判定表中列出多少组取值，就有多少条规则和相应数量的测试用例。在实际中，也可以看到判定表的应用。

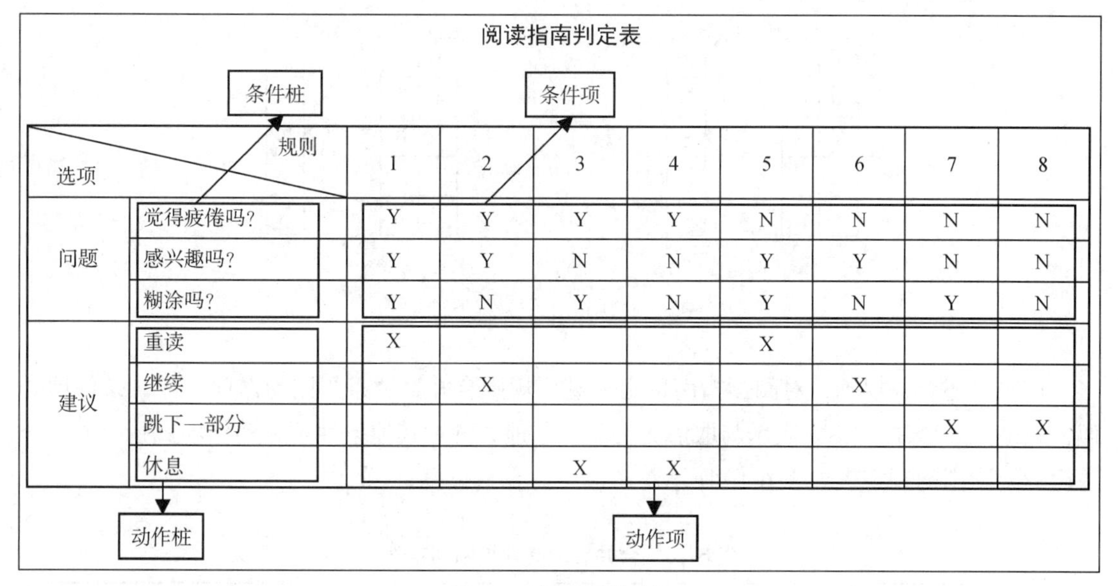

选项 \ 规则		1	2	3	4	5	6	7	8
问题	觉得疲倦吗?	Y	Y	Y	Y	N	N	N	N
	感兴趣吗?	Y	Y	N	N	Y	Y	N	N
	糊涂吗?	Y	N	Y	N	Y	N	Y	N
建议	重读	X				X			
	继续		X				X		
	跳下一部分							X	X
	休息			X	X				

图 6-4 判定表及其结构

6.2.4.3 判定表的建立

一般来说，建立判定表有以下 5 个步骤。

（1）确定规则的条数。假如有 n 个条件，每个条件有两个取值（0、1），故共有 2^n 条规则。

（2）列出所有的条件桩和动作桩。

（3）填入条件项（条件的不同取值）。

（4）填入动作项（动作的不同取值），制定初始判定表。

（5）简化判定表，合并相似规则或相似动作。

6.2.4.4 判定表规则合并

若表中有两条以上规则具有相同的动作，并且在条件项之间存在极为相似的关系，便可以将它们合并。合并后的条件项用符号“-”表示，说明执行的动作与该条件的取值无关，称为无关条件。

如图 6-5（a）所示，针对规则 3 和规则 4，两条规则的动作项一样，且条件项类似，在条件项 1 取 Y，条件项 2 取 N 时，无论条件 3 取何值，都执行相同的动作。即要执行的动作与条件 3 无关，于是可将这两条规则合并，“－”表示与取值无关。在图 6-5（b）中，针对规则 2 和规则 6，无关条件项“－”可包含其他条件项取值，将具有相同动作的规则合并。

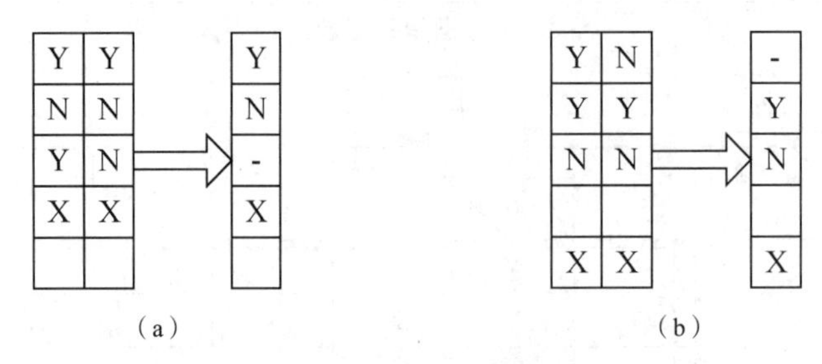

图 6-5 判定表合并规则举例

按照上述合并规则，对阅读指南判定表进行规则合并，两条规则动作项一样，条件项类似，可将它们合并。“－”表示与取值无关。类似地，可对其他条件项和动作项进行合并，合并后的阅读指南判定表如表 6-10 所示。

表 6-10 合并后的阅读指南判定表

		1	2	3	4
问题	觉得疲倦吗?	-	-	Y	N
	感兴趣吗?	Y	Y	N	N
	糊涂吗?	Y	N	-	-
建议	重读	X			
	继续		X		
	跳到下一部分				X
	休息			X	

对于有 n 个条件的判定表，相应有 2^n 条规则，当 n 较大时，判定表很烦琐。实际使用判定表时，通常先将其简化。判定表的简化以合并相似规则为目标。

6.2.4.5 依据判定表设计测试用例

在简化判定表或最后的判定表给出之后，只需要选择恰当的输入，使得判定表每一列的输入条件值得到满足即可生成相应的测试用例。

同其他软件测试用例设计方法一样，判定表法适用于具有以下特征的应用程序。

- if-then-else 逻辑突出。
- 输入变量之间存在逻辑关系。
- 涉及输入变量子集的计算。
- 输入与输出之间存在因果关系。

使用判定表法设计测试用例的必要条件。

- 规格说明以判定表形式给出，或较容易转换为判定表。
- 条件的排列顺序不会也不应影响执行的动作。
- 规则的排列顺序不会也不应影响执行的动作。
- 当某一规则的条件已经满足，并确定要执行的动作后，不必检验别的规则。
- 如果某一规则的条件要执行多个动作，这些动作的执行顺序无关紧要。

以上 5 个必要条件是由 B. Beizer 提出的，对于某些不满足上述条件的情况，同样可以使用判定表设计测试用例，只不过还需要增加一些其他的测试用例。

6.2.4.6 关于判定表法的案例

测试场景：假设某银行前端无纸化交易开关维护，总行开关关闭，所有省市分行和支行均无法启用无纸化；总行开关打开，省市分行开关无论开通或关闭，都不影响支行开关的结果。

按照前面介绍的判定表建立的方法进行分析，此处案例中有 3 个条件，即总行开关、省市分行开关、支行开关，每个条件有两个取值，故应有 2×2×2=8 条规则。各种条件的组合将会产生 2 种不同的结果，分别是无纸化交易和有纸化交易。通过前述介绍的判定表建立规则（此处省略部分步骤），产生的初始判定表如表 6-11 所示。

表 6-11 前端无纸化交易开关维护初始判定表

		1	2	3	4	5	6	7	8
开关控制	总行开关	开通	开通	开通	开通	关闭	关闭	关闭	关闭
	省市分行开关	开通	开通	关闭	关闭	开通	开通	关闭	关闭
	支行开关	开通	关闭	开通	关闭	开通	关闭	开通	关闭
交易调用	无纸化交易	启用		启用					
	有纸化交易		启用		启用	启用	启用	启用	启用

观察表 6-11 所示的初始判定表，会发现该表中有一些相似规则，按照 6.2.4.4 节中介绍的合并相似规则的方法，化简后的判定表如表 6-12 所示。

表 6-12　化简后前端无纸化交易开关维护判定表

		1	2	3
开关控制	总行开关	开通	开通	关闭
	省市分行开关	-	-	-
	支行开关	开通	关闭	-
交易调用	无纸化交易	启用		
	有纸化交易		启用	启用

根据化简后的判定表设计测试用例，本书中仅展示前面 3 个测试用例的设计内容（详见表 6-13），其他情况可参照表 6-13 自行进行设计，此处仅提供测试用例中的部分要素。

表 6-13　前端无纸化交易开关维护测试用例

用例序号	用例名称	用例描述	步骤描述	预期结果	用例设计人员	路径
001	无纸化交易开关维护-全部开通	无纸化交易开关维护，总行、省市分行、支行开关组合下，调用情况	前置条件：客户信息正常 1. 发起无纸化交易开关维护交易 2. 总行开关输入-开通 3. 省市分行开关输入-开通 4. 支行开关输入-开通 5. 查询交易调用无纸化情况	交易调用情况为-无纸化	张三	前端-无纸化交易开关维护
002	无纸化交易开关维护-仅总行和支行开通	无纸化交易开关维护，总行、省市分行、支行开关组合下，调用情况	前置条件：客户信息正常 1. 发起无纸化交易开关维护交易 2. 总行开关输入-开通 3. 省市分行开关输入-关闭 4. 支行开关输入-关闭 5. 查询交易调用无纸化情况	交易调用情况为-有纸化	张三	前端-无纸化交易开关维护
003	无纸化交易开关维护-全部关闭	无纸化交易开关维护，总行、省市分行、支行开关组合下，调用情况	前置条件：客户信息正常 1. 发起无纸化交易开关维护交易 2. 总行开关输入-关闭 3. 省市分行开关输入-关闭 4. 支行开关输入-关闭 5. 查询交易调用无纸化情况	交易调用情况为-有纸化	张三	前端-无纸化交易开关维护

6.2.5 因果图法

等价类划分法和边界值分析法都着重考虑输入条件，但没有考虑输入条件的各种组合，以及输入条件之间的相互制约关系。这样虽然各个输入条件可能出错的情况已经测试到了，但多个输入条件组合起来可能出错的情况却被忽视了。组合情况是造成软件缺陷的主要原因之一，也是非常重要的测试点。检验各种输入条件的组合并非一件很容易的事情，即使能将所有数据输入的边界值确定下来并划分成等价类，输入的条件组合情况也是相当多的。因此必须考虑采用一种适合描述多种条件的组合、相应产生多个动作的形式来进行测试用例的设计，这就需要利用因果图。

6.2.5.1 因果图法简介

20 世纪 70 年代，IBM 进行了一项工作，将自然语言书写的要求转换成形式说明，形式说明可以用来产生功能测试的测试用例。这个转换过程需要检查需求的语义，用输入和输出之间或输入和转换之间的逻辑关系来重新表述它们。输入称为原因，输出和转换称为结果。通过分析可以得到一张反映这些关系的图，这张图称为因果图。

因果图法就是一种利用图解法来分析软件输入条件（原因）和输出条件（结果）之间的关系，从而设计测试用例的方法。它适用于检查程序输入条件的各种组合情况，并最终生成判定表，来获得对应的测试用例。

6.2.5.2 因果图的基本符号

因果图使用图 6-6 中的 4 种符号来分别表示规格说明书中的 4 种因果关系。因果图中使用简单的逻辑符号，以直线连接左节点、右节点。左节点表示输入条件（或称原因），右节点表示输出条件（或称结果）。c_i 表示原因，通常置于图的左部；e_i 表示结果，通常置于图的右部。c_i 和 e_i 均可取值 0 或 1，0 表示某状态不出现，1 表示某状态出现。

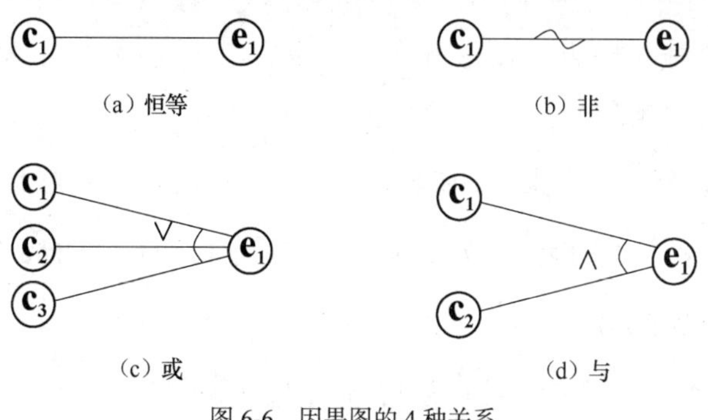

图 6-6 因果图的 4 种关系

因果图中的4种基本关系如下。

- 恒等：若 c_1 为1，则 e_1 也为1，否则 e_1 为0。
- 非：若 c_1 为1，则 e_1 为0，否则 e_1 为1。
- 或：若 c_1、c_2 或 c_3 为1，则 e_1 为1，否则 e_1 为0。"或"可以有任意个输入。
- 与：若 c_1 和 c_2 都为1，则 e_1 为1，否则 e_1 为0。"与"也可以有任意个输入。

输入条件相互之间可能存在某些依赖关系（也称为约束），例如，某些输入条件本身不可能同时出现。输出条件之间往往也存在约束。在因果图中用特定的符号标明这些约束，如图6-7所示。

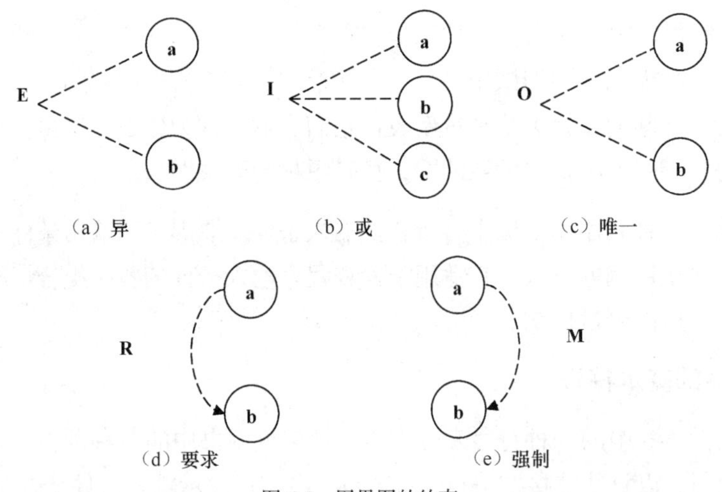

图6-7 因果图的约束

输入条件的约束有以下4类。

- E（Exclusive，异）约束：a和b中至多有一个可能为1，即a和b不能同时为1。
- I（Inclusive，或）约束：a、b和c中至少有一个必须为1，即a、b和c不能同时为0。
- O（Only one，唯一）约束：a和b必须有一个且仅有1个为1。
- R（Request，要求）约束：a为1时，b必须为1，即不可能a为1时b为0。

输出条件的约束只有1类。

M（Mask，强制）约束：若结果a为1，则结果b强制为0。

6.2.5.3　通过因果图法生成测试用例

如何通过因果图法来生成测试用例？通常需要经过下面 4 个步骤，如图 6-8 所示。

（1）分析软件规格说明书中的输入输出条件并划分出等价类；分析规格说明书中哪些是原因（即输入条件或输入条件的等价类），哪些是结果（即输出条件），并给每个原因和结果赋予一个标识符。

（2）分析软件规格说明书中的语义，找出原因与结果之间、原因与原因之间对应的关系，并将其中不可能的组合情况标注成约束或者限制条件，形成因果图。

（3）根据因果图来转换判定表。任何由输入输出数据间关系构成的路径，都成为判定表的一列，也被视为判定表的一条规则。

（4）将判定表的每一列拿出来作为依据设计测试用例。通常判定表的每一列对应一条测试用例。

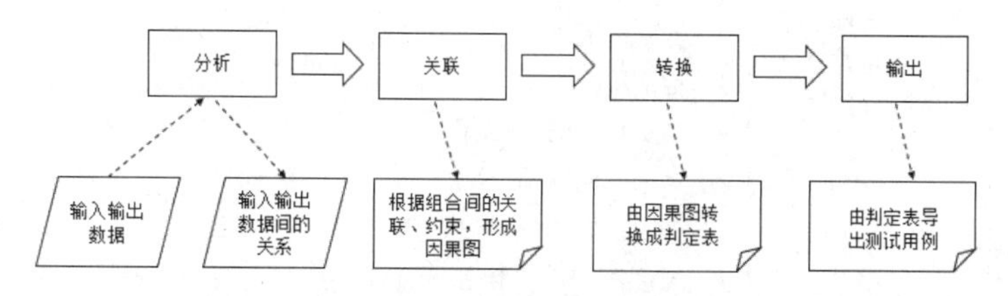

图 6-8　通过因果图法生成测试用例

6.2.5.4　因果图法案例

测试场景：某行调查客户个人信息，客户性别分为男、女；称谓分为先生、女士、夫人；婚姻状况分为已婚和未婚。

建立判定表如表 6-14 所示。

表 6-14　调查客户个人信息判定表

序号	1	2	3	4	5	6	7	8	9	10	11	12
输入												
性别	男	男	男	男	男	男	女	女	女	女	女	女
称谓	女士	女士	夫人	夫人	先生	先生	女士	女士	夫人	夫人	先生	先生
婚姻状况	未婚	已婚	未婚	已婚	未婚	已婚	未婚	已婚	未婚	已婚	未婚	已婚
输出												
配偶信息					无	是-女	无	是-男		是-男		
是否报错	是	是	是	是					是		是	是

根据以上判定表设计相应的测试用例，本书中仅展示前面3个测试用例（详见表6-15），其他情况可参照表6-15自行进行设计，此处仅提供测试用例中的部分要素。

表6-15 调查客户个人信息测试用例

用例序号	用例名称	用例描述	步骤描述	预期结果	用例设计人员	路径
001	调查客户个人信息-组合1	调查客户个人信息，客户性别、称谓和婚姻状况的不同组合	前置条件：客户个人信息正常 1. 发起客户个人信息调查交易 2. 性别输入-男 3. 称谓输入-女士 4. 婚姻状况输入-未婚 5. 查询配偶信息	交易失败、报错提示	张三	前端-调查客户个人信息
002	调查客户个人信息-组合2	调查客户个人信息，客户性别、称谓和婚姻状况的不同组合	前置条件：客户个人信息正常 1. 发起客户个人信息调查交易 2. 性别输入-男 3. 称谓输入-女士 4. 婚姻状况输入-已婚 5. 查询配偶信息	交易失败、报错提示	张三	前端-调查客户个人信息
003	调查客户个人信息-组合3	调查客户个人信息，客户性别、称谓和婚姻状况的不同组合	前置条件：客户个人信息正常 1. 发起客户个人信息调查交易 2. 性别输入-男 3. 称谓输入-夫人 4. 婚姻状况输入-未婚 5. 查询配偶信息	交易失败、报错提示	张三	前端-调查客户个人信息

6.2.6 正交分析法

在实际的软件项目中，作为输入条件的原因非常多，这时如果用因果图法分析，很难理出头绪，即使好不容易画出因果图，其组合数也是一个非常大的数字，测试的工作量非常大，因时间和人力资源不允许而无法执行。为了有效地、合理地减少输入条件的组合数，降低工作量，可以利用正交分析法进行测试用例的设计。

6.2.6.1 正交分析法简介

正交分析法即正交试验设计（Orthogonal Experimental Design），是研究多因素多水平的一种设计方法，它是根据正交性从全面试验中挑选出部分有代表性的点进行试验，这些有代表性的点具备“均匀分散，齐整可比”的特点，正交分析法是分式析因设计的主要方法，是一种高效率、快速、经济的试验设计方法。

日本著名的统计学家田口玄一将正交试验选择的水平组合列成表格，称为正交表。正交表是一种特制的表格，一般用 $L_n(m^k)$表示，L 代表正交表，n 代表试验次数或正交表的行数，k 代表最多可安排影响指标因素的个数或正交表的列数，m 表示每个因素水平数，且有 $n=k\times(m-1)+1$。

例如做一个三因素三水平的试验，按全面试验要求，须进行 3^3=27 种组合的试验，且尚未考虑每一组合的重复数。若按 $L_7(3^3)$正交表安排试验，只需作 7 次，按 $L_{15}(3^7)$正交表进行 15 次试验，显然大大减少了工作量。因而正交分析法在很多领域的研究中已经得到广泛应用。

6.2.6.2 正交表的构成和形式

正交表通常由以下 3 个部分构成，具体如图 6-9 所示。

- 行数（Rows）：正交表中行的个数，即试验的次数，也是我们通过正交分析法设计的测试用例的个数。
- 因素数（Factors）：正交表中列的个数，即我们要测试的功能点数。
- 水平数（Levels）：任何单个因素能够取得的值的最大个数，即要测试功能点的输入条件。正交表中包含的值为从 0 到“水平数−1”或从 1 到“水平数”。

正交表的形式：如 $L_8(2^7)$，其中 8 代表行数，2 代表水平数，7 代表因素数。详细信息可参见图 6-9。

2 水平 7 因素正交表 $L_8(2^7)$

水平数

行数

序号	列号						
	因素 1	因素 2	因素 3	因素 4	因素 5	因素 6	因素 7
1	1	1	1	1	1	1	1
2	1	1	1	2	2	2	2
3	1	2	2	1	1	2	2
4	1	2	2	2	2	1	1
5	2	1	2	1	2	1	2
6	2	1	2	2	1	2	1
7	2	2	1	1	2	2	1
8	2	2	1	2	1	1	2

图 6-9 正交表及其结构

将正交试验选择的水平组合列成表格，称为正交表。正交表具有以下两个特点，正交表必须满足这两个特点，有一个不满足，就不是正交表，具体如下：

（1）每列中不同数字出现的次数相等。在图 6-9 中任何一列都有 1 和 2，且这两个数字在任何一列的出现次数均相等。这一特点表明一个因素的每个水平与其他因素的每个水平参与试验的概率是完全相同的，从而保证了在各个水平中最大限度地排除其他因素水平的干扰，能有效地比较试验结果并找出最佳的试验条件。

（2）在任意 2 列横向组成的数字对中，每种数字对出现的次数相等。这个特点保证了试验点均匀地分散在因素与水平的完全组合之中，因此具有很强的代表性，容易得到好的试验条件。

6.2.6.3 正交分析法设计测试用例

利用正交分析法设计测试用例时主要包括以下步骤。

（1）分析规格说明书，确定因素数和水平数。

利用正交分析法来设计测试用例时，首先要根据被测试软件的规格说明书，找出影响其功能实现的操作对象和外部因素，把它们当作因素，并确定每个因素的水平数（各因素的取值数）。

（2）根据因素数和水平数确定行数，这里有 2 种情况。

- 单一水平正交表，即各因素的水平数相同的正交表，也称为等水平正交表。例如因素 1、因素 2…因素 m 中各列水平数为 2，称为 2 水平正交表；因素 1、因素 2…因素 k 中各列水平数为 3，称为 3 水平正交表。表示为：$n=k\times(m-1)+1$，其中 n 表示行数，k 表示因素数，m 表示水平数。
- 混合水平正交表，就是各因素的水平数不完全相同的正交表。例如正交表中有 1 个因素的水平数为 4，有 4 个因素的水平数为 2。也就是说该表可以安排 1 个 4 水平因素和 4 个 2 水平因素。表示为：$n=k_1\times(m_1-1)+k_2\times(m_2-1)+\cdots+k_x\times(m_x-1)+1$，其中 n 表示行数，$k_1,k_2,\cdots,k_x$ 表示因素数，$m_1,m_2,\cdots,m_x$ 表示水平数。

（3）选择合适的正交表，并将各因素的取值映射到正交表中。

（4）根据正交表设计测试用例。正交表的每一行，就是一条测试用例，每一行的各因素的取值组合作为一个测试用例。

6.2.6.4 正交分析法案例

测试场景：个人电子银行业务签约申请，由个人发起电子银行业务签约申请交易时，用户选择开通渠道，涉及的主要渠道有网上银行、手机银行、电话银行。

采用正交分析法分析上述测试需求，具体如下。

（1）确定因素数和水平数。

有 3 个被测元素，即网上银行、手机银行、电话银行，我们称之为因素；每个因素有 2 个取值，即开通和关闭，我们称之为水平值。

（2）根据因素数和水平数确定行数。因素数 k=3，水平数 m=2，故行数 n=3×(2−1)+1=4。

（3）选择 3 因素 2 水平正交表，即 $L_4(2^3)$正交表，将各因素数的取值映射到表中，详见表 6-16。

表 6-16　个人电子银行业务签约申请正交表

序号	网上银行	手机银行	电话银行
1	开通	开通	开通
2	开通	关闭	关闭
3	关闭	开通	关闭
4	关闭	关闭	开通

（4）根据表 6-16 所示正交表设计测试用例，详见表 6-17，此处仅提供测试用例中的部分要素。

表 6-17　个人电子银行业务签约申请测试用例

用例序号	用例名称	用例描述	步骤描述	预期结果	用例设计人员	路径
001	个人电子银行业务签约申请-全部渠道开通	个人电子银行业务签约申请，不同渠道开通或关闭	前置条件：客户状态正常，账户状态正常 1. 发起电子银行业务签约申请交易 2. 选择开通渠道-网上银行、手机银行、电话银行 3. 选择关闭渠道-无 4. 完成申请操作	1. 交易成功 2. 开通渠道：网上银行、手机银行、电话银行 3. 关闭渠道：无	张三	前端-电子银行业务管理-个人电子银行业务签约申请
002	个人电子银行业务签约申请-仅网上银行开通	个人电子银行业务签约申请，不同渠道开通或关闭	前置条件：客户状态正常，账户状态正常 1. 发起电子银行业务签约申请交易 2. 选择开通渠道-网上银行 3. 选择关闭渠道-手机银行、电话银行 4. 完成申请操作	1. 交易成功 2. 开通渠道：网上银行 3. 关闭渠道：手机银行、电话银行	张三	前端-电子银行业务管理-个人电子银行业务签约申请

续表

用例序号	用例名称	用例描述	步骤描述	预期结果	用例设计人员	路径
003	个人电子银行业务签约申请-仅手机银行开通	个人电子银行业务签约申请，不同渠道开通或关闭	前置条件：客户状态正常，账户状态正常 1. 发起电子银行业务签约申请交易 2. 选择开通渠道-手机银行 3. 选择关闭渠道-网上银行、电话银行 4. 完成申请操作	1. 交易成功 2. 开通渠道：手机银行 3. 关闭渠道：网上银行、电话银行	张三	前端-电子银行业务管理-个人电子银行业务签约申请
004	个人电子银行业务签约申请-仅电话银行开通	个人电子银行业务签约申请，不同渠道开通或关闭	前提条件：客户状态正常，账户状态正常 1. 发起电子银行业务申请交易 2. 选择开通渠道-电话银行 3. 选择关闭渠道-网上银行、手机银行 4. 完成申请操作	1. 交易成功 2. 开通渠道：电话银行 3. 关闭渠道：网上银行、手机银行	张三	前端-电子银行业务管理-个人电子银行业务签约申请

正交分析法是一种通过大量精简测试组合得到高效组合的高级策略算法，有着深厚的理论基础和较强的实践意义。在判定表和因果图中，如果组合过多的话，可以考虑使用该方法来减少组合，减轻后续测试实施压力。

6.2.7 功能图法

程序的功能说明通常由动态说明和静态说明组成，动态说明描述的是输入数据的次序和转移的次序，而静态说明描述的是输入条件与输出条件之间的对应关系。当程序过于复杂并且存在大量的组合时，仅仅使用静态说明设计的测试用例，往往是考虑不周的，所以采用动态说明来补充一定的测试用例是必要的。而功能图法就是使用动态说明来生成测试用例的方法，其本质是一种白盒测试方法和黑盒测试方法组合的测试用例设计方法。

6.2.7.1 功能图法简介

功能图法是和因果图法相对应的一种测试用例设计方法。因果图法将输入作为原因，将输出作为结果，以构造输入和输出之间的关系，处理软件功能的静态说明。功能图法用于描述程序状态变化、转移的过程，软件运行或操作的过程可以看作其状态不断发生变化的过程。

测试用例的设计要覆盖所有软件表现出的状态，即在满足输入输出数据的一组条件下，软件运行是一系列有次序的、受控制的状态变化过程。

功能图法用功能图形象地描述程序的功能说明，并机械地生成功能图的测试用例。功能图由状态迁移图和逻辑功能模型构成。

状态迁移图和逻辑功能模型的相关描述如下。

- 状态迁移图：用于表示输入数据序列以及相应的输出数据。在状态迁移图中，由输入数据和当前状态决定输出数据和后续状态。
- 逻辑功能模型：用于表示在状态中的输入条件和输出条件之间的对应关系。逻辑功能模型仅用于描述静态说明，输出数据仅由输入数据决定。测试用例则是由测试中经过的一系列状态和在每个状态中必须依靠输入输出数据满足的一对条件组成的。

6.2.7.2 功能图法导出测试用例

使用功能图导出测试用例的步骤如下。

（1）明确状态节点。分析被测对象的测试特性及需求规格说明书，明确被测对象的状态节点数量及相互迁移关系。

（2）绘制状态迁移图。利用圆圈表示状态节点，有向箭头表示状态间的迁移关系，根据需要在箭头旁边标识迁移条件。可以利用绘图软件绘制状态迁移图。

（3）绘制状态迁移树。根据状态迁移图，按照广度优先和深度优先原则，搜索绘制状态迁移树。首先确定起始节点和终止节点，在绘制时，当路径上遇到终止节点时，不再扩展，遇到已经出现的节点也停止扩展。

（4）抽取测试路径，设计测试用例。根据绘制好的状态迁移树，抽取测试路径，从左到右，横向抽取，每条路径构成一条测试规则，然后利用等价类划分法和边界值分析法等测试用例设计方法设计具体的测试用例。

6.2.7.3 功能图法案例

测试场景：在 POS 使用过程中，经常会涉及发起消费、发起取现、发起转账、发起查询等操作。POS 使用过程与相应功能及状态迁移可参见图 6-10。

根据图 6-10 所示设计测试用例，本书中仅展示发起消费流程的测试用例设计内容（详见表 6-18），其他情况可参照表 6-18 自行进行设计，此处仅提供测试用例中的部分要素。

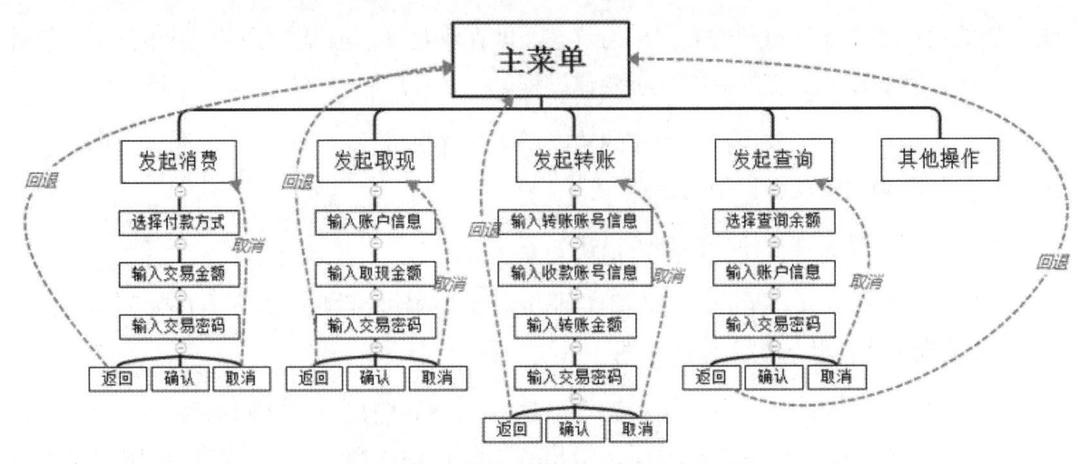

图 6-10 POS 使用过程与相应功能及状态迁移

表 6-18 POS 使用测试用例

用例序号	用例名称	用例描述	步骤描述	预期结果	用例设计人员	路径
001	POS-发起消费流程-返回	POS 消费交易，不同选择的结果	前置条件：客户账号处于正常状态。POS 登录客户，进入主菜单 1. 单击“消费”，进入发起消费菜单 2. 选择发起消费交易 3. 选择付款方式，输入账户信息 4. 输入交易金额 5. 输入交易密码 6. 单击“返回”，查看结果	交易取消，返回到主菜单	张三	POS-主菜单-消费
002	POS-发起消费流程-确认	POS 消费交易，不同选择的结果	前置条件：客户账号处于正常状态。POS 登录客户，进入主菜单 1. 单击“消费”，进入发起消费菜单 2. 选择发起消费交易 3. 选择付款方式，输入账户信息 4. 输入交易金额 5. 输入交易密码 6. 单击“确认”，查看结果	交易成功，显示结果和记账流水正确	张三	POS-主菜单-消费
003	POS-发起消费流程-取消	POS 消费交易，不同选择的结果	前置条件：客户账号处于正常状态。POS 登录客户，进入主菜单 1. 单击“消费”，进入发起消费菜单 2. 选择发起消费交易 3. 选择付款方式，输入账户信息 4. 输入交易金额 5. 输入交易密码 6. 单击“取消”，查看结果	交易取消，返回到发起消费菜单	张三	POS-主菜单-消费

6.2.8 场景法

当前软件大多采用事件触发来控制流程的，事件触发时的情景便形成了场景，而同一事件不同的触发顺序和处理结果就形成了事件流。这种软件设计方面的思想也可以引入软件测试中，以比较生动地描绘出事件触发时的情景，有利于测试设计者设计测试用例，同时使测试用例更容易被理解和执行。

6.2.8.1 场景法简介

场景法是通过运用场景来对系统的功能点或业务流程进行描述，即针对需求模拟出不同的场景进行所有功能点及业务流程的覆盖，从而提高测试效率的一种方法。用场景来测试需求是指模拟特定场景边界发生的事情，通过事件来触发某个动作的发生，观察事件的最终结果，从而发现需求中存在的问题。我们通常以正常的用例场景分析开始，然后着手其他的场景分析。

为什么场景法能如此清晰地描述整个事件？因为系统基本上都是由事件来触发控制流程的。例如，我们申请一个项目，需先提交审批单据，再由部门经理审批，审批通过后由总经理最终审批；如果部门经理审批不通过，就直接退回。每个事件触发时的情景便形成了场景，而同一事件不同的触发顺序和处理结果形成了事件流。我们可以利用场景法清晰地描述这一系列的过程。终端用户期望软件能够实现业务需求，而不是简单的功能组合。对于单点功能来说，利用等价类划分法、边界值分析法、判定表法等用例设计方法就能够解决大部分问题，而对于涉及业务流程的软件系统，采用场景法比较合适。

6.2.8.2 场景法涉及的一些概念

场景法一般包含基本流和备用流，其从一个流程开始，通过描述经过的路径来确定过程，通过遍历所有的基本流和备用流来确定整个场景。

- 基本流（正确流）：模拟用户正确的操作流程，目的是验证软件的业务流程和主要功能。
- 备用流（错误流）：模拟用户错误的操作流程，目的是验证软件的错误处理能力。

如图 6-11 所示，图中经过用例的每条路径都用基本流和备用流来表示，直黑主线表示基本流，是经过用例的最简单的路径，即无任何差错，程序从开始直接执行到结束的流程。通常，一个业务仅存在一个基本流，且基本流仅有一个起点和一个终点。

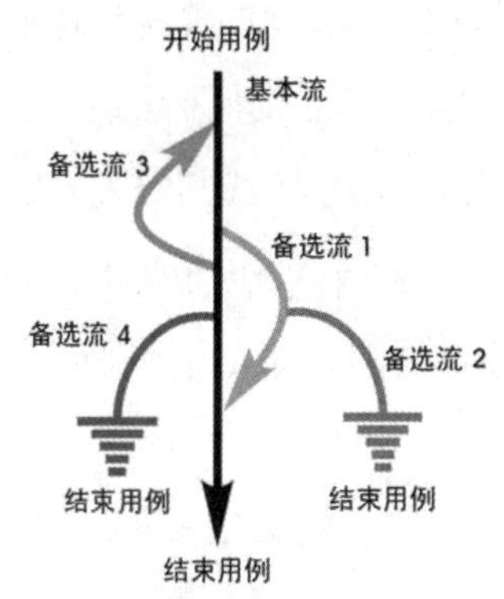

图 6-11 基本流和备用流示例

备用流用曲线箭头表示，备用流表示通过业务流程时因输入错误（或者操作错误）导致流程存在反复，但是经过纠正后仍能达到目标的流程。备用流为除了基本流之外的各支流，包含多种不同情况，例如，一个备用流可能从基本流开始，在某个特定条件下执行，然后重新加入基本流（如备用流 1 和备用流 3）；也可能起源于另一个备用流（如备用流 2），终止用例而不再重新加入某个流（如备用流 2 和备用流 4）。

每个经过用例的可能路径，都可以确定不同的用例场景。从基本流开始，再将基本流和备用流结合起来，根据图 6-11 可以确定以下用例场景。

- 场景 1：基本流。
- 场景 2：基本流，备用流 1。
- 场景 3：基本流，备用流 1，备用流 2。
- 场景 4：基本流，备用流 3。
- 场景 5：基本流，备用流 3，备用流 1。
- 场景 6：基本流，备用流 3，备用流 1，备用流 2。
- 场景 7：基本流，备用流 4。
- 场景 8：基本流，备用流 3，备用流 4。

6.2.8.3 场景法测试用例设计步骤

使用场景法设计测试用例的步骤如下。

（1）分析需求，根据用户需求说明书，描述出业务的基本流及各项备用流。

（2）根据基本流和各个备用流生成不同的场景。

（3）针对生成的每一个场景设计相应的测试用例，可以采用矩阵或判定表来确定和管理测试用例。

（4）对生成的所有测试用例重新复审，去掉多余的测试用例，测试用例确定后，为每一个测试用例确定测试数据值。

6.2.8.4 场景法案例

图 6-12 所示是 ATM 案例的流程示意，此处将使用场景法分析客户在 ATM 上取款的相关流程，按照场景

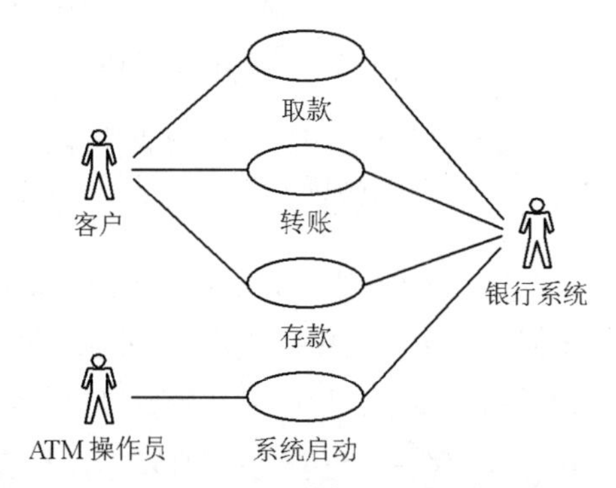

图 6-12 ATM 案例的流程示意

法设计步骤进行分析如下。

（1）描述基本流和备选流：表 6-19 所示是 ATM 提款用例的基本流和部分备选流。

表 6-19 ATM 提款用例的基本流和部分备选流

类型	描述
基本流	用例开始时 ATM 处于准备就绪状态。 1. 准备取款：客户将银行卡插入 ATM 的读卡机。 2. 验证银行卡：ATM 从银行卡的磁条中读取账户代码，并检查它是否属于可以接收的银行卡。 3. 输入 PIN：ATM 要求客户输入 4 位 PIN。 4. 验证账户代码和 PIN：验证账户代码和 PIN 以确定该账户是否有效以及 PIN 是否正确。对于此事件流，账户是有效的而且 PIN 对此账户来说是正确的。 5. ATM 选项：ATM 显示在本机上可用的各种选项。在此事件流中，银行客户通常选择“提款”。 6. 输入金额：输入要从 ATM 中提取的金额。在此事件流中，客户可选择预设的金额（100 元、1000 元等）。 7. 授权：ATM 通过将卡账号、PIN、金额以及账户信息作为交易信息发送给银行系统来启动验证过程。对于此事件流，银行系统处于联机状态，而且对授权请求给予答复，批准完成提款过程，并且据此更新账户余额。 8. 出钞：提供现金。 9. 返回银行卡：银行卡被返还。 10. 收据：打印收据并提供给客户。ATM 相应地更新内部记录。 用例结束时 ATM 又回到准备就绪状态
备选流 1——银行卡无效	在基本流步骤 2（验证银行卡）中，如果卡是无效的，则卡被退回，同时系统提示相关信息
备选流 2——ATM 内没有现金	在基本流步骤 5（ATM 选项）中，如果 ATM 内没有现金，则“提款”选项将无法使用
备选流 3——ATM 内现金不足	在基本流步骤 6（输入金额）中，如果 ATM 内金额少于请求提取的金额，则将提示适当信息，并在基本流步骤 6（输入金额）处重新加入基本流
备选流 4——PIN 有误	在基本流步骤 4（验证账户代码和 PIN）中，客户有 3 次机会输入 PIN。 如果 PIN 输入有误，ATM 将提示适当信息；如果还存在输入机会，则在基本流步骤 3（输入 PIN）处重新加入基本流；如果最后一次尝试输入的 PIN 仍然错误，则该卡将被 ATM 保留，同时 ATM 返回到准备就绪状态，本用例终止
备选流 5——账户不存在/账户类型有误	在基本流步骤 4（验证账户代码和 PIN）中，如果银行系统验证未通过，则将提示适当信息并在步骤 9（返回银行卡）处重新加入基本流
备选流 6——账面金额不足	在基本流步骤 7（授权）中，银行系统返回代码表明账面金额小于在基本流步骤 6（输入金额）中输入的金额，则提示适当的信息并在基本流步骤 6（输入金额）处重新加入基本流

（2）场景设计：根据基本流和备选流生成不同的场景，表 6-20 所示是生成的 ATM 提款场景。

表6-20 ATM提款场景设计

场景描述	类型1	类型2
场景1——成功取款	基本流	
场景2——ATM内没有现金	基本流	备选流2
场景3——ATM内现金不足	基本流	备选流3
场景4——PIN有误（还有输入机会）	基本流	备选流4
场景5——PIN有误（不再有输入机会）	基本流	备选流4
场景6——账户不存在/账户类型有误	基本流	备选流5
场景7——账面余额不足	基本流	备选流6

注：为方便起见，备选流3和备选流6（场景3和场景7）内的循环以及循环组合未纳入上表。

（3）用例设计

对于这7个场景中的每一个场景都需要确定测试用例，可以采用矩阵或判定表来确定和管理测试用例。表6-21显示了一种通用格式，其中各行代表各个测试用例，而各列则代表测试用例的信息。在本案例中，对于每个测试用例，存在一个用例ID、场景/条件（或说明）、测试用例中涉及的所有数据元素（作为输入或已经存在于数据库中）以及预期结果。

从确定执行用例场景所需的数据元素入手构建矩阵。然后对于每个场景，至少要确定包含执行场景所需的适当条件的测试用例。例如，在表6-21所示的矩阵中，V（Valid：有效）用于表明这个条件必须是有效的才可执行基本流，而I（Invalid：无效）用于表明这个条件下将激活所需备选流。表6-21中的"N/A"（不适用）表明这个条件不适用于测试用例。

表6-21 ATM提款矩阵

用例ID	场景/条件	PIN	账号	输入（或选择）的金额	账面金额	ATM内金额	预期结果
CJ1	场景1——成功取款	V	V	V	V	V	成功取款
CJ2	场景2——ATM内没有现金	V	V	V	V	I	取款选项不可用，用例结束
CJ3	场景3——ATM内现金不足	V	V	V	V	I	警告消息，返回基本流步骤6（输入金额），输入金额
CJ4	场景4——PIN有误（还有不止一次输入机会）	I	V	N/A	V	V	警告消息，返回基本流步骤4（验证账户代码和PIN），输入PIN
CJ5	场景4——PIN有误（还有一次输入机会）	I	V	N/A	V	V	警告消息，返回基本流步骤4（验证账户代码和PIN），输入PIN
CJ6	场景4——PIN有误（不再有输入机会）	I	V	N/A	V	V	警告消息，卡予以保留，用例结束

在上面的矩阵中，6 个测试用例执行了 4 个场景。对于基本流，上述测试用例 CJ1 称为正面测试用例。它一直沿着用例的基本流路径执行，未发生任何偏差。基本流的全面测试必须包括反面测试用例，以确保只有在符合条件的情况下才执行基本流。这些反面测试用例由 CJ2 至 CJ6 表示（单元格为“I”表明这种条件下需要执行备选流）。虽然 CJ2 至 CJ6 对于基本流而言都是反面测试用例，但它们相对于备选流 2 至 4 而言是正面测试用例。而且对于这些备选流中的每一个而言，至少存在一个反面测试用例（CJ1-基本流）。

每个场景只具有一个正面测试用例和反面测试用例是不充分的，场景 4 正是这样的一个示例。要全面地测试场景 4——PIN 有误，至少需要 3 个正面测试用例（以激活场景 4）。

- 输入了错误的 PIN，但仍存在输入机会，此备选流重新加入基本流中的步骤 3（输入 PIN）。
- 输入了错误的 PIN，而且不再有输入机会，则此备选流将保留银行卡并终止用例。
- 最后一次输入时输入了“正确”的 PIN。备选流在基本流步骤 6（输入金额）处重新加入基本流。

注：在上面的矩阵中，无须为条件输入任何实际的值。以这种方式创建测试用例矩阵的一个优点在于容易看到测试的是什么条件。由于只需要查看 V 和 I，这种方式还易于判断是否已经确定了充足的测试用例。从表 6-21 中可发现账号和账面金额这 2 个条件中全是 V，这表明测试用例还不完全，如场景 6——账户不存在和场景 7——账户余额不足就缺少测试用例。

一旦确定了所有的测试用例，则应对这些用例进行复审和验证以确保其准确且适度，并取消多余或等效的测试用例。

（4）数据设计

测试用例一经认可，就可以确定实际数据值并且设定测试数据，如表 6-22 所示。

表 6-22 ATM 取款测试用例

用例 ID	场景/条件	PIN	账号	输入（或选择）的金额/元	账面金额/元	ATM 内的金额/元	预期结果
CJ1	场景 1——成功取款	1234	123-456	200.00	500.00	2000.00	成功取款。账户余额被更新为 300.00
CJ2	场景 2——ATM 内没有现金	1234	123-456	100.00	500.00	0.00	取款选项不可用，用例结束
CJ3	场景 3——ATM 内现金不足	1234	123-456	200.00	500.00	100.00	警告消息，返回基本流步骤 6（输入金额），输入金额

续表

用例 ID	场景/条件	PIN	账号	输入（或选择）的金额/元	账面金额/元	ATM 内的金额/元	预期结果
CJ4	场景 4——PIN 有误（还有不止一次输入机会）	1235	123-456	N/A	500.00	2000.00	警告消息，返回基本流步骤 4（验证账户代码和 PIN），输入 PIN
CJ5	场景 4——PIN 有误（还有一次输入机会）	1235	123-456	N/A	500.00	2000.00	警告消息，返回基本流步骤 4（验证账户代码和 PIN），输入 PIN
CJ6	场景 4——PIN 有误（不再有输入机会）	1235	123-456	N/A	500.00	2000.00	警告消息，卡予保留，用例结束

以上测试用例只是在本次迭代中需要用来验证取款用例的一部分。其他测试用例如下。

- 场景 5——账户不存在或账户类型有误：未找到账户或账户不可用。
- 场景 5——账户不存在或账户类型有误：禁止从该账户中取款。
- 场景 6——账户余额不足：请求的金额超出账面金额。

在将来的迭代中，当实施其他事件流时，在下列情况下将需要测试用例：

- 无效卡（所持卡为挂失卡、被盗卡、非承兑银行发卡，磁条损坏等）；
- 无法读卡（读卡机堵塞、脱机或出现故障）；
- 账户已销户、冻结或由于其他原因而无法使用；
- ATM 内的现金不足或不能提供所请求的金额（与 CJ3 不同，在 CJ3 中只是一种币值不足，而不是所有币值都不足）；
- 无法联系银行系统以获得认可。
- 银行网络离线或交易过程中断电。

除了上述情况以外，在实际的提款过程中，还需要从功能、性能、安全等角度去完善测试用例。

6.2.9　本节小结

本节主要介绍了等价类划分法、边界值分析法、错误推测法、判定表法、因果图法、正交分析法、功能图法和场景法，在每一个方法的具体介绍中，都通过一些实际项目中的案例对各个方法加以分析和说明。在实际项目测试过程中，应根据具体的情况灵活选择相应的测试用例设计方法进行设计和测试。

6.3 功能测试用例设计

测试用例场景设计是指在特定的时间条件、数据条件、环境条件下对被测系统的应用功能进行场景化的梳理，测试场景中包含具体测试点，而测试用例则是对这些测试点采用 6.2 节中介绍的测试用例设计方法编写的。一个测试点对应一个或多个测试用例，一个测试用例只能对应某一个测试点。测试场景是由测试人员根据业务需求文档进行分析、梳理构建的可以覆盖一个或多个测试点的独立单元。

在金融软件测试中，功能测试用例场景设计是指围绕金融业务流程、数据、界面、权限、密码、兼容性、接口等，根据四规则进行测试用例场景设计。四规则是设计测试场景的 4 项基本规则，分别是业务规则、交易规则、交互规则和展示规则，从 4 个维度对被测系统/功能进行定义和约束。

本节将通过业务流程测试用例设计、数据测试用例设计、界面测试用例设计、权限测试用例设计、密码测试用例设计、兼容性测试用例设计、接口测试用例设计 7 个方面介绍如何在不同的场景下设计测试用例。它们在实际运用中往往是相互结合的，而非独立的测试环节，其中业务流程测试和界面测试是功能测试中最基本的，也是测试人员必须具备的测试能力。

6.3.1 业务流程测试用例设计

6.3.1.1 业务流程简介

业务流程是指用户为完成某项指定交易而需要进行的一系列有顺序和有逻辑的操作步骤。业务流程测试是指测试人员根据业务需求制定的流程、功能模拟真实用户的操作步骤，覆盖流程所有节点和分支来进行测试的过程。实际工作中通常会使用流程图、思维导图等来对业务流程进行梳理，结合等价类划分法、边界值分析法、正交分析法、错误推测法等设计方法来对业务流程进行测试用例设计。

6.3.1.2 业务流程分类

业务流程一般可分为交易驱动流程和岗位驱动流程。

交易驱动流程可理解为由客户发起的流程，流程走向受客户信息、产品信息、交易规则等影响。例如个人客户购买银行理财产品，系统首先会根据客户的签约情况、风险等级等信息来判断客户是否可以购买理财产品及可以购买哪些产品；然后根据产品的交易期、剩余额度、可购买额度等产品信息来判断产品是否可以被购买；最后根据客户的卡余额、密码校验等交易规则来确认交易是否成功。流程可以以成功结束也可以以失败结束，但所有的流程分支必须形成闭环。

岗位驱动流程可理解为由职员发起的流程，该流程由不同权限的职员在系统中的操作来引导。其根据流经岗位的不同可分为：双岗流程，涉及发起岗和审批岗；三岗流程，涉及发起岗、复核岗或经办岗和审批岗；多岗流程，在整个业务流程中根据职员作用和权限的不同会存在多个经办岗、复核岗和审批岗，如分行复核、分行审批、总行复核、总行审批等。同样，流程的结束无论是成功还是失败，都必须形成闭环。

6.3.1.3 业务流程测试用例设计案例

根据不同流程发起条件可以围绕以下场景设计测试用例，如表6-23所示。

（1）不同渠道是否可以正常触发流程。

（2）不同的功能入口是否可以正常触发流程。

（3）不同的客户类型是否可以正常触发流程。

（4）任务池领用、选取触发流程。

表6-23 根据不同流程发起条件设计的场景测试用例

用例序号	用例名称	用例描述	步骤描述	预期结果	用例设计人员	路径
001	App渠道-理财产品A-购买	个人银行客户可以通过手机银行App、PAD、柜面3种渠道购买理财产品A	1. 有效客户登录手机银行App 2. 进入理财产品列表查询理财产品A 3. 单击“购买”	成功进入理财产品A购买页面	张三	App-理财频道-产品列表
002	PAD渠道-理财产品A-购买	个人银行客户可以通过手机银行App、PAD、柜面3种渠道购买理财产品A	1. 有效客户登录PAD 2. 进入理财产品列表查询理财产品A 3. 单击“购买”	成功进入理财产品A购买页面	张三	PAD-营销专区-产品列表
003	App首页-热门产品-理财产品B-购买	App首页热门产品新增理财产品B，客户可快速访问进行购买	1. 有效客户登录手机银行App 2. 在App首页热门产品中单击“理财产品B” 3. 单击“购买”	成功进入理财产品B购买页面	张三	App首页-热门产品
004	新客专属-理财产品C-购买	新注册用户60天内可在手机银行App购买理财产品C	1. 有效且带有新客标志的客户登录手机银行App 2. 进入理财产品列表查询理财产品C 3. 单击“购买”	成功进入理财产品C购买页面	张三	App-理财频道-产品列表
005	营销活动列表-活动A-发起流程	操作员可通过在营销活动列表中选取活动，发起活动申请流程	1. 营销活动列表已下放活动 2. 操作员A选择活动A 3. 发起活动A申请流程	成功进入活动A申请页面	张三	综合管理端-营销活动-活动申请

根据流程节点中的页面可以围绕以下场景设计测试用例，如表 6-24 所示。

（1）各流程节点中的页面要素展示。

（2）各流程节点中的信息、数据核对。

（3）各流程节点中的字段控制（如必填项/非必填项、下拉选项、日期控件、文本控制、关联字段反显等）。

（4）当前节点中校验错误后的报错提示。

表 6-24 根据流程节点中的页面设计的场景测试用例

用例序号	用例名称	用例描述	步骤描述	预期结果	用例设计人员	路径
001	信用卡申请-卡面选择	信用卡申请页面包括3种卡面（A卡、B卡、C卡）选择、亲友办卡活动广告、基本信息	1. 有效客户登录手机银行App 2. 进入信用卡申请页面 3. 检查页面展示	页面展示3种卡面（A卡、B卡、C卡）选择	张三	App-信用卡申请
002	信用卡申请-身份证	信用卡申请页面基本信息中姓名、身份证号默认反显	1. 有效客户登录手机银行App 2. 进入信用卡申请页面 3. 检查身份证字段	客户身份证号默认反显且信息正确	张三	App-信用卡申请
003	信用卡申请-职业	信用卡申请页面基本信息中职业选择为下拉框，包括学生、职员、自由职业、其他	1. 有效客户登录手机银行App 2. 进入信用卡申请页面 3. 检查职业字段	职业字段为下拉框，展示学生、职员、自由职业、其他	张三	App-信用卡申请
004	信用卡申请-短信验证	信用卡申请通过短信验证和查询密码进行提交	1. 有效客户登录手机银行App 2. 进入信用卡申请页面 3. 选择卡面，完成信息填写 4. 获取短信验证码后正确输入并提交	提交成功	张三	App-信用卡申请

根据流程节点的流转可以围绕以下场景设计测试用例，如表 6-25 所示。

（1）当前节点的待办任务领取、转让和释放。

（2）完成当前节点信息录入后提交至下一节点。

（3）退回至上一节点、指定节点或初始节点。

（4）不同条件触发的分支流程。

（5）查询流程当前所在节点及流经节点。

表 6-25 根据流程节点的流转设计的场景测试用例

用例序号	用例名称	用例描述	步骤描述	预期结果	用例设计人员	路径
001	贷款流程-复核岗-待办-领取	贷款复核岗通过待办任务领取流程进行操作，提交后进入审批岗	1. 复核岗登录管理系统 2. 待办事项选择流程 A 3. 单击“领取”	成功进入流程 A 领取页面	张三	待办事项
002	贷款流程-复核岗-复核提交	贷款复核岗通过待办任务领取流程进行操作，提交后进入审批岗	1. 复核岗登录管理系统 2. 进入流程 A 复核页面 3. 正确录入信息 4. 单击“提交”	提交成功，流程 A 进入审批岗	张三	待办事项-流程复核
003	贷款流程-复核岗-退回发起岗	贷款复核岗可对流程进行提交审批、退回贷款复核、退回发起	1. 复核岗登录管理系统 2. 进入流程 A 复核页面 3. 退回流程，选择发起岗	退回成功，流程 A 进入发起岗	张三	待办事项-流程复核
004	贷款流程-复核岗-流程查询	贷款复核岗可查询已处理的流程状态	1. 复核岗登录管理系统 2. 进入流程 A 复核页面 3. 正确录入信息并提交成功 4. 进入流程状态查询 5. 查看流程 A 状态	流程 A 存在记录且信息正确	张三	待办事项-流程状态查询

根据流程的最终结果可以围绕以下场景设计测试用例，如表 6-26 所示。

（1）流程及分支流程成功。

（2）流程及分支流程失败。

（3）流程及分支流程取消。

（4）流程及分支流程结果页面信息、数据核对。

表 6-26 根据流程的最终结果设计的场景测试用例

用例序号	用例名称	用例描述	步骤描述	预期结果	用例设计人员	路径
001	保险购买-成功	用户正确填写保单信息后交易成功，交易密码校验成功	1. 有效用户登录手机银行 App 2. 购买保险产品 A，正确录入保单信息 3. 提交保单后正确输入交易密码、查询密码	购买成功，页面展示保单信息	张三	财富专区-保险-保险购买
002	保险购买-失败-交易密码错误 3 次	用户正确填写保单信息后交易成功，交易密码错误 3 次后交易失败	1. 有效用户登录手机银行 App 2. 购买保险产品 A，正确录入保单信息 3. 提交保单后交易密码输错 3 次	页面提示交易失败并退出流程	张三	财富专区-保险-保险购买

续表

用例序号	用例名称	用例描述	步骤描述	预期结果	用例设计人员	路径
003	保单取消-购买人放弃投保	当实际承保业务中投保人放弃购买保险-可取消录单流程	1. 有效用户登录手机银行 App 2. 购买保险产品 A 3. 正确录入保单信息 4. 单击保单删除按钮 5. 在查询页面查询该保单	已经删除的保单在查询页面无查询结果	张三	财富专区-保险-保险购买
004	保险购买-保单信息核对	用户购买保险成功后保单信息正确回显	1. 有效用户登录手机银行 App 2. 购买保险产品 A 3. 正确录入保单信息 4. 提交保单后正确输入交易密码、查询密码 5. 查看保单信息	保单信息展示内容与填写内容一致	张三	财富专区-保险-保险购买

业务流程测试用例设计需要覆盖整个业务流程，每个流程节点必须严格按照业务规则进行流转，在流程中各节点展示的信息、内容必须确保其正确性、一致性、合规性。

6.3.2 数据测试用例设计

6.3.2.1 数据测试简介

数据测试是指对测试系统的数据进行测试和验证，以确保数据质量符合预期标准和要求。数据质量是数据应用的核心和基础，如果发生数据偏差甚至错误将会造成不可估量的严重后果。数据测试通常应用在数据仓库、清单报表中。

6.3.2.2 数据测试分类

数据测试可分为数据回显核对、数据计算核对、数据合规检查等。数据回显核对是指核对数据在跨系统显示的过程中其数值、单位、描述是否保持一致；数据计算核对是指核对数据的结果是否符合计算公式；数据合规检查是指检查数据的展示是否符合金融行业规范，如千分位、金额保留小数点后两位并去尾、大写金额等。

6.3.2.3 数据测试用例设计案例

根据数据回显核对可以围绕以下场景设计测试用例，如表 6-27 所示。

（1）数据来源取值是否正确。

（2）数据是否符合筛选条件。

（3）数据仓库目标表和源表的数据条数是否一致。

表 6-27 根据数据回显核对设计的场景测试用例

用例序号	用例名称	用例描述	步骤描述	预期结果	用例设计人员	路径
001	保险购买-基本信息	保险购买页展示用户基本信息，包括姓名、性别、身份证号、所在交易地区	1. 用户 A 购买保险产品 2. 进入保险购买基本信息页面 3. 检查“所在交易地区”字段展示	“所在交易地区”展示内容与客户信息系统展示内容一致	张三	保险-保险购买
002	保险订单查询-渠道	银保通系统保险订单查询可通过渠道、产品、日期、客户号查询对应结果	1. 已有多笔手机渠道的保险订单 2. 登录银保通系统 3. 保险订单查询选择渠道为手机渠道 4. 查看订单列表	订单列表仅展示手机渠道购买的保险订单	张三	银保通-订单查询

根据数据计算核对可以围绕以下场景设计测试用例，如表 6-28 所示。

（1）数据是否符合计算规则。

（2）清单报表数据的各个维度统计是否正确。

（3）日期数据是否存在无效日期。

（4）日期数据统计是否过滤掉闰年。

（5）日期数据统计是否包含被选日期。

（6）清单报表中空值数据是否为 null。

表 6-28 根据数据计算核对设计的场景测试用例

用例序号	用例名称	用例描述	步骤描述	预期结果	用例设计人员	路径
001	基金 H-每日收益	当日收益为基金份额×基金当日万份收益/10000	1. 客户 A 已购买 100 份额的基金 H 2. 查看客户 A 基金 H 的当日收益	当日收益为基金H×基金H当日万份收益/10000	张三	财富专区-基金-持仓
002	基金产品购买清单-订单日期筛选	基金产品购买清单各字段展示符合业务规则	1. 进入基金产品购买清单 2. 订单日期筛选为2020年1月1日至2020年1月15日 3. 生成基金产品购买清单	基金产品购买清单包括2020年1月1日至2020年1月15日所有数据	张三	银基通-清单-基金产品购买清单
003	基金产品统计清单-产品到期日	基金产品统计清单各字段展示符合业务规则	1. 进入基金产品统计清单 2. 生成清单 3. 查看产品到期日	产品到期日展示正常，无异常日期	张三	银基通-清单-基金产品统计清单

根据数据合规检查可以围绕以下场景设计测试用例，如表 6-29 所示。

（1）数据格式是否统一，如小数位、四舍五入、千分位。

（2）金额数据单位、币种是否统一，如元、万元、人民币、美元、日元、欧元。

（3）金额大写是否正确。

表 6-29 根据数据合规检查设计的场景测试用例

用例序号	用例名称	用例描述	步骤描述	预期结果	用例设计人员	路径
001	基金A的2020年报表-交易金额	基金报表包括展示产品的各项报表数据	1. 进入基金报表 2. 生成 2020 年报表 3. 检查交易金额	1. 交易金额与清单金额一致 2. 交易金额保留小数点后两位	张三	银基通-报表

数据测试用例设计主要是为了校验数据的正确性和展示的合规性，对于金额数据，金融业有严格的规范；另外，在数据统计中需要注意不同系统间数据单位的统一及小数位的保留方法，如四舍五入法、去尾法、进一法。

6.3.3 界面测试用例设计

6.3.3.1 界面测试简介

界面测试也叫 UI 测试，是指对系统界面上用户可以看到的所有元素的展现方式和效果进行验证测试，界面元素需要遵循易用性、规范性、合理性、一致性、正确性、完整性和美观性等规范。在功能测试中也会将界面测试称为（用户）友好性测试。

界面测试不同于其他类型的测试，除了明确的输入输出测试场景外，还会涉及一些由测试人员主观判断的测试场景，如视觉效果、整体页面比例、展示位置、单击热区[①]。这些内容往往无法给出明确的预期结果，但需要测试人员从用户的角度出发，在使用的过程中发现问题并提出改善意见。

6.3.3.2 界面测试分类

界面测试主要可以分为两类，展示类场景和操作类场景。展示类场景即在界面中所有直接可见的元素，包括菜单、视频、音频、图片、动效、浮层、信息、列表等；操作类场

① 热区：是在网页上进行了链接的一个区域，是界面中可交互的部分（俗称可单击的地方），与其交互后会引发一个事件，这个事件可以是链接跳转，也可以是提交或者弹出对话框等。

景即执行某项操作后界面展示的元素，包括密码控件、日期控件、时间控件、弹窗提示、信息提示等。

6.3.3.3 界面测试用例设计案例

根据界面展示类场景可以围绕以下场景设计测试用例，如表6-30所示。

（1）功能菜单文字正确、菜单无重复、功能有效、文字及图标展示合理（不存在内容超框、展示不完整、对齐方式不统一等情况）、多级菜单逐级展开/收起。

（2）快捷入口单击热区合理（定位准确、易单击）、图标大小/位置合理、图片比例/清晰度合理。

（3）广告图片比例/清晰度合理、轮播图效果（滚动时间、轮播点切换、广告切换效果）合理、广告文字正确。

（4）字段展示内容正确、必填项有具体标识、字段属性（单选项、多选项、下拉选项、输入、回显、默认值）正确、热键（如剪切、复制、粘贴）支持、特殊字符控制、输入信息时的前后空格控制。

（5）搜索栏默认内容回显、搜索完成后重置搜索内容、文字左对齐且不可超搜索栏展示。

（6）列表排序、纵向/横向滚动条展示、展示数量切换（如加载全部、显示10条、25条等）、页码切换、表内数据格式统一、表内数据行高/列宽自适应或自动换行。

（7）图片缩放比例正常、适应界面。

（8）视频功能（如音量、全屏、亮度、暂停、播放、重播等）图标布局合理、窗口/全屏播放切换展示合理。

（9）音频功能（如音量、暂停、播放、重播等）图标布局合理。

表6-30 根据界面展示类场景设计的场景测试用例

用例序号	用例名称	用例描述	步骤描述	预期结果	用例设计人员	路径
001	首页顶部-菜单-付款	App 首页顶部菜单展示付款	1. 登录手机银行 App 2. 检查首页顶部菜单-付款	付款图标展示合理	张三	App 首页-顶部菜单
002	为您推荐-信息展示	App 首页为您推荐区域展示 3 款产品信息	1. 登录手机银行 App 2. 检查首页为您推荐区域展示信息	为您推荐区域展示 3 款产品，信息展示正确、合理	张三	App 首页-为您推荐

续表

用例序号	用例名称	用例描述	步骤描述	预期结果	用例设计人员	路径
003	首页顶部-轮播广告	App 首页顶部展示 5 张广告图片，轮播展示	1. 登录手机银行 App 2. 检查首页顶部轮播广告	首页顶部广告轮播展示，广告图片展示合理	张三	App 首页-顶部广告
004	理财首页-产品列表-全部	App 理财首页展示产品列表，分别为活期、定期、定期开放、周期开放、全部	1. 登录手机银行 App 2. 进入理财首页 3. 产品列表选择全部 4. 查看产品列表	产品列表展示有理财产品	张三	理财首页-产品列表

根据界面操作类场景可以围绕以下场景设计测试用例，如表 6-31 所示。

（1）控件大小合理无遮挡、控件符合键入值要求（查询金额弹出数字键盘、查询密码弹出字母键盘、查询日期弹出日历控件且默认为当前日期、查询时间弹出时分控件）。

（2）弹窗提示内容正确，报错信息正确。

（3）信息提示内容正确，报错信息正确。

表 6-31　根据界面操作类场景设计的场景测试用例

用例序号	用例名称	用例描述	步骤描述	预期结果	用例设计人员	路径
001	App 登录-查询密码-密码控件	登录 App 单击查询密码，查询密码调用数字键盘，输入反显*	1. 打开手机银行 App 2. 单击“登录”，单击查询密码 3. 查看查询密码调用控件	查询密码弹出数字键盘，数字键盘展示合理	张三	App 登录
002	App 登录-查询密码-密码错误提示信息	登录 App 输入查询密码，校验密码，错误密码提示“密码错误，请重新输入”	1. 打开手机银行 App 2. 单击“登录”，输入错误查询密码 3. 查看提示信息	提示“密码错误，请重新输入”	张三	App 登录

界面测试是功能测试中最基本的测试内容，其测试用例设计需要覆盖所有界面元素，同时要考虑不同情况下不同的展示结果和效果。

6.3.4 权限测试用例设计

6.3.4.1 权限测试简介

权限测试一般是指测试系统是否只允许用户根据配置的角色权限执行操作，是保证系统安全及信息安全的最基本的测试方法之一。

6.3.4.2 权限测试分类

在权限测试中，对角色使用权限有两种方法，即横向越权和纵向越权。横向越权是指相同角色的不同用户可以访问与其拥有相同权限的用户的资源，举个例子，客户经理A和客户经理B仅允许查看各自区域的客户信息，如果客户经理A查询客户信息后切换客户经理B登录，查询信息未重置，客户经理B仍可以看到客户经理A的客户信息，就存在横向越权；纵向越权是指对于不同角色权限的不同用户（如管理员用户、高级管理员用户），存在低级别角色权限用户向上越权使用高级别角色权限进行操作的情况。角色权限的配置可以采用列表勾选，也可以采用权限树（在父权限下包含多个子权限）。

6.3.4.3 权限测试用例设计案例

根据配置角色权限（列表）场景可以围绕以下场景设计测试用例，如表6-32所示。

（1）配置用户的角色权限后登录，系统是否正确生效。

（2）更改用户的角色权限后登录，系统是否正确生效。

（3）删除用户的角色权限后登录，系统是否正确生效。

（4）注销用户后重新注册登录，用户之前拥有的角色权限能否继续使用。

（5）指定角色权限是否有唯一控制或最大数量控制，是否存在超量配置。

表6-32 根据配置角色权限（列表）场景设计的场景测试用例

用例序号	用例名称	用例描述	步骤描述	预期结果	用例设计人员	路径
001	角色权限配置-复核员-新增	综合管理系统可配置角色复核员，复核员可对普通用户发起的流程进行复核	1. 管理员登录综合管理系统 2. 进入权限管理页面 3. 新增用户A为复核员 4. 用户A登录综合管理系统 5. 选择流程，单击“复核”	成功进入复核页面	张三	权限管理-新增权限
002	角色权限配置-复核员-删除	综合管理系统可配置角色复核员，复核员可对普通用户发起的流程进行复核	1. 管理员登录综合管理系统 2. 进入权限管理页面 3. 删除用户A的复核员权限 4. 用户A登录综合管理系统 5. 选择流程，单击“复核”	复核灰显，无法单击	张三	权限管理-删除权限
003	角色权限-复核员-注销后注册	综合管理系统可配置角色复核员，复核员可对普通用户发起的流程进行复核	1. 拥有复核员权限的用户A注销 2. 用户A重新注册成功，且未配置权限 3. 用户A登录综合管理系统 4. 选择流程，单击“复核”	复核灰显，无法单击	张三	权限管理-开户销户

根据配置角色权限（权限树）场景可以围绕以下场景设计测试用例，如表 6-33 所示。

（1）角色权限结构若为权限树，新增父权限，所有子权限是否同步新增。

（2）角色权限结构若为权限树，删除父权限，所有子权限是否同步删除。

（3）角色权限结构若为权限树，新增子权限，其同级权限是否存在误增加。

（4）角色权限结构若为权限树，删除子权限，其同级权限是否存在误删除。

（5）角色权限结构若为权限树，删除父权限下所有子权限，其父权限是否同步删除。

表 6-33 根据配置角色权限（权限树）场景设计的场景测试用例

用例序号	用例名称	用例描述	步骤描述	预期结果	用例设计人员	路径
001	角色权限配置-父权限-新增	综合管理系统可配置项目父权限，项目父权限包括 5 个项目子权限，分别是新增、删除、修改、查看、导出	1. 管理员登录综合管理系统 2. 进入权限管理页面 3. 新增用户 A 的×项目父权限 4. 用户 A 登录综合管理系统 5. 进入项目管理页面 6. 对×项目进行操作	用户 A 可对×项目进行新增、删除、修改、查看、导出操作	张三	权限管理-新增项目父权限
002	角色权限配置-子权限-查看-新增	项目父权限包括 5 个项目子权限，分别是新增、删除、修改、查看、导出	1. 管理员登录综合管理系统 2. 进入权限管理页面 3. 新增用户 A 的×项目“查看”子权限 4. 用户 A 登录综合管理系统 5. 进入项目管理页面 6. 对×项目进行查看操作	用户 A 成功进入×项目信息查看页面	张三	权限管理-新增项目子权限
003	角色权限配置-父权限-删除	项目父权限包括 5 个项目子权限，分别是新增、删除、修改、查看、导出	1. 用户 A 已配置×项目父权限 2. 管理员登录综合管理系统 3. 进入权限管理页面 4. 删除用户 A 的×项目父权限 5. 用户 A 登录综合管理系统 6. 进入项目管理页面 7. 对×项目进行操作	新增、删除、修改、查看、导出各入口灰显，无法单击	张三	权限管理-删除项目父权限

根据横向越权场景可以围绕以下场景设计测试用例，如表 6-34 所示。

（1）切换相同角色权限的用户登录，系统是否重置用户信息。

（2）切换用户登录，系统是否保留上一用户的信息或记录。

（3）同一个用户在不同IP地址处同时登录，是否支持同时登录，是否有重复登录提醒及强制注销。

表6-34 根据横向越权场景设计的场景测试用例

用例序号	用例名称	用例描述	步骤描述	预期结果	用例设计人员	路径
001	切换用户-用户信息	综合管理系统用户信息仅展示当前登录用户信息	1. 用户A登录综合管理系统后退出系统 2. 用户B登录综合管理系统 3. 查看用户信息	用户信息正确展示用户B的相关信息	张三	用户信息
002	切换用户-搜索记录	综合管理系统用户信息仅展示当前登录用户信息	1. 用户A登录综合管理系统 2. 搜索栏搜索流程A、流程B 3. 用户A退出系统 4. 用户B登录综合管理系统 5. 查看搜索记录	搜索栏仅展示用户B搜索记录	张三	搜索

根据纵向越权场景可以围绕以下场景设计测试用例，如表6-35所示。

（1）切换不同角色权限的用户登录，系统能否正确处理。

（2）不同角色权限的用户在同一个IP地址处同时登录，系统能否正确处理。

（3）低级用户是否可以越级修改或删除高级用户的角色权限。

表6-35 根据纵向越权场景设计的场景测试用例

用例序号	用例名称	用例描述	步骤描述	预期结果	用例设计人员	路径
001	角色权限配置-复核员-审批	综合管理系统可配置角色复核员，复核员可对普通用户发起的流程进行复核	1. 已配置用户A复核员权限 2. 用户A登录综合管理系统 3. 选择流程 4. 查看可操作项	用户A可对流程进行复核，无法进行审批	张三	流程列表
002	角色权限配置-复核员-删除管理员权限	综合管理系统可配置角色复核员，复核员可对普通用户发起的流程进行复核	1. 已配置用户A复核员权限 2. 用户A登录综合管理系统 3. 进入权限管理页面 4. 删除管理员用户权限	无法删除管理员用户权限	张三	权限管理-删除权限

横向越权和纵向越权均是系统使用过程中零容忍的操作行为，在测试需求文档中往往不会有完整的篇幅写明具体规则，所以是否能有高覆盖度的权限测试用例是体现测试人员测试能力的重要标准。

6.3.5 密码测试用例设计

6.3.5.1 密码测试简介

密码测试是指对用户的密码录入、密码校验、密码修改等操作进行验证，是保护用户信息安全的重要测试方法。密码类型包括登录密码、查询密码、交易密码等，登录密码通常由大小写字母、数字、符号组成；查询密码和交易密码通常由 6 位纯数字组成。

6.3.5.2 密码测试用例设计案例

密码测试用例设计主要分为密码录入场景、密码校验场景和密码修改场景。

根据密码录入场景可以围绕以下场景进行密码测试用例设计，如表 6-36 所示。

（1）密码录入时字符控制、长度控制。

（2）密码录入时是否加密（如*）。

（3）密码录入后是否支持完全显示。

（4）保存密码后再次加载系统，密码是否自动填入。

（5）密码是否可以复制、粘贴。

表 6-36 根据密码录入场景设计的场景测试用例

用例序号	用例名称	用例描述	步骤描述	预期结果	用例设计人员	路径
001	登录-登录密码-字符控制-非数字	用户登录页面仅支持数字输入	1. 用户访问个人网银系统 2. 单击“登录” 3. 输入登录密码为非数字字符	无法输入非数字字符	张三	登录
002	交易密码-加密	交易密码回显******	1. 用户登录个人网银系统 2. 发起转账交易 3. 输入交易密码 4. 查看交易密码回显	交易密码回显******	张三	转账汇款

根据密码校验场景可以围绕以下场景进行密码测试用例设计，如表 6-37 所示。

（1）修改密码后原先保存的密码是否失效。

（2）密码过期后原先保存的密码是否失效。

（3）密码过期后输入原密码是否失效。

（4）输入错误的密码验证是否失败。

表6-37 根据密码校验场景设计的场景测试用例

用例序号	用例名称	用例描述	步骤描述	预期结果	用例设计人员	路径
001	登录密码-过期登录	用户登录密码60天过期，需要重新设置登录密码	1. 用户A登录密码60天过期 2. 用户A访问个人网银系统 3. 单击“登录” 4. 输入过期密码	登录失败，系统提示密码错误	张三	登录
002	登录密码-修改-旧密码登录	用户登录密码60天过期，需要重新设置登录密码	1. 用户A成功修改登录密码 2. 用户A访问个人网银系统 3. 单击“登录” 4. 输入旧密码	登录失败，系统提示密码错误	张三	登录

根据密码修改场景可以围绕以下场景进行密码测试用例设计，如表6-38所示。

（1）不输入旧密码直接修改是否失败。

（2）不输入新密码直接修改是否失败。

（3）不输入确认密码直接修改是否失败。

（4）输入错误的旧密码是否修改失败。

（5）输入新密码和确认密码不一致是否修改失败。

（6）修改密码时新密码与旧密码相同是否修改失败。

表6-38 根据密码修改场景设计的场景测试用例

用例序号	用例名称	用例描述	步骤描述	预期结果	用例设计人员	路径
001	修改密码-旧密码为空	修改密码必须输入旧密码、新密码和确认密码，确认密码和新密码必须一致，新密码必须不同于旧密码	1. 用户A登录个人网银系统 2. 进入用户信息页面，单击修改密码 3. 输入新密码和确认密码，旧密码为空 4. 单击“提交”	修改失败，提示必须输入旧密码	张三	用户信息-密码修改
002	修改密码-新密码、确认密码不一致	修改密码必须输入旧密码、新密码和确认密码，确认密码和新密码必须一致，新密码必须不同于旧密码	1. 用户A登录个人网银系统 2. 进入用户信息页面，单击修改密码 3. 输入旧密码，新密码和确认密码输入不一致 4. 单击“提交”	修改失败，提示密码错误	张三	用户信息-密码修改

在密码测试用例设计过程中，除了对密码输入规则进行校验，密码的安全性检查也是重

要的环节，不同类型的密码其安全性要求也有所不同。

6.3.6 兼容性测试用例设计

6.3.6.1 兼容性测试简介

兼容性测试是指测试一款软件或系统在不同的运行环境中是否可以正常运行和交互，其目的主要是测试软件或系统对其所处环境的依赖程度，兼容性高的软件或系统依赖度低，兼容性低的软件或系统依赖度高。

6.3.6.2 兼容性测试分类

兼容性测试场景分为硬件兼容场景和软件兼容场景。硬件兼容性测试场景主要是测试用户使用的设备屏幕的样式、大小等是否影响界面展示和操作，如刘海屏、触摸屏、非触摸屏等；软件兼容性测试场景主要是测试用户设备所搭载的操作系统和应用软件，如不同的浏览器及版本、不同的计算机操作系统、不同的智能手机操作系统及不同版本、不同的 App 版本。通常情况下，兼容性测试会根据产品的投产范围约定覆盖主流系统、最低运行版本以及适用设备，如 iOS 10.0、IE 9、Windows XP、Chrome、Safari 等，对于范围外的系统、版本、设备（如不支持屏幕指纹手机、无前置摄像头手机等），则不会保障其系统/功能的正常运行。

6.3.6.3 兼容性测试用例设计案例

根据硬件兼容场景可以围绕以下场景进行兼容性测试用例设计，如表 6-39 所示。

（1）是否可以兼容不同屏幕样式和尺寸，如刘海屏、曲面屏、宽屏、窄屏等。

（2）是否可以兼容不同设备厂家，如华为、小米、OPPO、vivo、苹果等。

表 6-39 根据硬件兼容场景设计的场景测试用例

用例序号	用例名称	用例描述	步骤描述	预期结果	用例设计人员	路径
001	App 首页-顶部搜索栏-刘海屏	App 首页顶部搜索栏支持精确搜索和模糊搜索	1. 用户使用刘海屏手机登录手机银行 App 2. 检查 App 首页顶部搜索栏	App 首页顶部搜索栏展示正常、无遮挡，可正常操作	张三	App 首页

根据软件兼容场景可以围绕以下场景进行兼容性测试用例设计，如表 6-40 所示。

（1）是否可以向前兼容或向后兼容，即是否可以支持软件/系统的未来版本或历史版本。

（2）是否可以兼容不同操作系统（如 Windows、macOS、Linux、Android、iOS 等）及版本。

（3）是否可以兼容不同浏览器（如 IE、Chrome、Firefox、Safari 等）及版本。

表 6-40 根据软件兼容场景设计的场景测试用例

用例序号	用例名称	用例描述	步骤描述	预期结果	用例设计人员	路径
001	用户登录-Chrome	个人网银系统支持 IE、Chrome、Firefox、Safari	1. 用户使用 Chrome 访问个人网银系统 2. 正确输入登录密码	登录成功	张三	登录

兼容性测试用例设计需要覆盖目前市场主流的硬件、软件，确保系统或功能在不同的应用环境中都可以正常运行。

6.3.7 接口测试用例设计

6.3.7.1 接口测试简介

接口测试是指对连接的不同系统模块进行数据传输的一种测试方法，验证模块间、系统间可调用或者连接能力的标准，可以理解为没有界面的系统功能测试，涉及系统模块间的接口、客户端与后台服务间的接口、内部系统与外部系统间的接口。

6.3.7.2 接口测试用例设计案例

接口测试可以围绕以下场景进行测试用例设计，如表 6-41 所示。

（1）参数必填项校验。

（2）参数组合可选参数。

（3）参数分别为有值、空值、null。

（4）参数边界值校验，参数最大值、最小值、字符串长度。

（5）参数特殊字符。

（6）在业务功能点下组合多接口验证。

（7）输入参数后功能逻辑是否处理正确。

（8）输入参数后返回结果是否正确。

（9）传输数据是否加密。

（10）身份权限验证，是否存在越权或访问其他用户信息。

（11）密码规则是否合规。

（12）重复输入参数。

（13）传输不存在的参数值。

表 6-41 接口测试的场景测试用例

接口编号	接口名称/概述	测试用例要点	正/反用例	请求参数	返回码	预期结果	用例设计人员
1000010001	短信平台发送信息-最高请求记录返回条数-交易成功	必填项输入正确数值	正	输入对应数值——AAA-BBB：1234	status:COMPLETE	1. 接口发送成功 2. 返回对应数据：CCC-DDD EEE-FFF	张三
1000010002	短信平台发送信息-最高请求记录返回条数-必填项校验	AAA-BBB 输入为空	反	不输入对应数值——AAA-BBB	status:FAIL	1. 接口发送成功 2. 返回对应的数据	张三
1000010003	短信平台发送信息-最高请求记录返回条数-长度边界值校验-超出最大值	AAA-BBB 输入超过最大数值	反	输入对应数值——AAA-BBB：12345	status:FAIL	1. 接口发送成功 2. 返回对应的数据	张三
1000010004	短信平台发送信息-最高请求记录返回条数-字母字符校验-小写	AAA-BBB 输入为小写字母字符	反	输入对应数值——AAA-BBB：abcd	status:FAIL	1. 接口发送成功 2. 返回对应的数据	张三
1000010005	短信平台发送信息-最高请求记录返回条数-字母字符校验-混合	AAA-BBB 输入为大小写混合字母字符	反	输入对应数值——AAA-BBB：AbCd	status:FAIL	1. 接口发送成功 2. 返回对应的数据	张三
1000010006	短信平台发送信息-最高请求记录返回条数-特殊字符校验	AAA-BBB 输入包含特殊字符	反	输入对应数值——AAA-BBB：123#	status:FAIL	1. 接口发送成功 2. 返回对应的数据	张三
1000010007	短信平台发送信息-最高请求记录返回条数-无效值校验	AAA-BBB 库中不存在	反	输入对应数值——AAA-BBB：0000	status:FAIL	1. 接口发送成功 2. 返回对应的数据	张三

接口测试用例设计主要用于数据传输过程中校验返回参数是否符合请求参数，它的返回结果必须满足业务规则、交易规则，同时在数据传输过程中仍然要关注越权、保密、数据合规等情况。

6.3.8 本节小结

本节重点介绍了几种金融功能测试用例设计场景，通过结合实际的金融测试案例对每种测试场景都进行了详细的介绍，方便读者理解和学习。读者在实际中需要根据具体业务规则加以运用。

6.4 非功能测试用例设计

在软件测试中，除了前面介绍的功能测试用例设计以外，还会涉及一些非功能测试用例的设计。在金融软件测试中，常见的非功能测试包括性能测试、安全测试、自动化测试、可靠性测试、可维护性测试和文档/环境验证测试等，其中性能测试用例设计方法以一个个性能测试场景来体现，那么性能测试场景如何设计？性能测试场景又如何定义？其实我们可以把场景理解为功能测试中的用例，即性能测试场景是性能测试的用例，是为了实现特定的测试目标而对应用系统执行的压测活动。性能测试场景的设计与执行是整个性能测试活动的核心与灵魂，没有完整的场景设计就无法达到我们的测试目的，没有合理的场景设计就无法发现系统的性能缺陷。

在金融软件测试中，非功能测试用例设计通常以不同的测试场景来体现，常见的非功能测试场景包括基准测试场景、单交易负载测试场景、混合交易负载测试场景、峰值测试场景、容量测试场景、稳定性测试场景、可用性测试场景、灾备测试场景、可恢复性测试场景和扩展性测试场景等（详见图6-13），在接下来的内容中我们将对这些测试场景一一介绍。

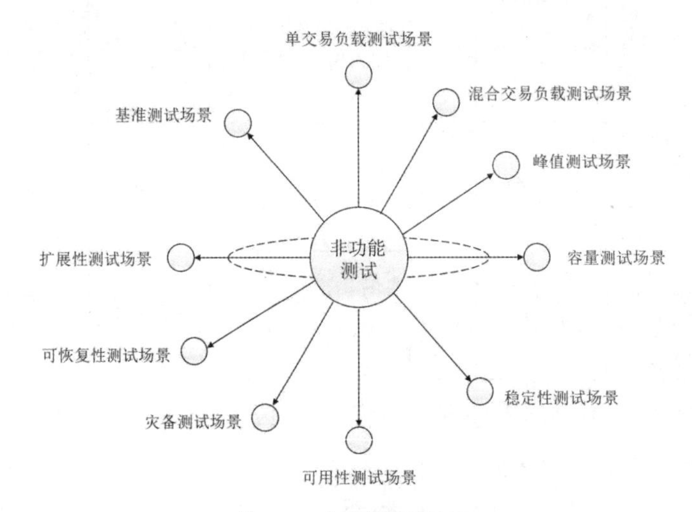

图6-13 非功能测试场景

6.4.1　性能测试场景

性能测试中的场景设计是实施性能测试的基础，性能测试场景通常包括基准测试场景、单交易负载测试场景、混合交易负载测试场景、峰值测试场景、容量测试场景、稳定性测试场景等几种常用的测试场景。

6.4.1.1　基准测试场景

1. 基准测试场景简介

在一个新的项目中有一个必不可少的性能测试场景——基准测试场景。那么什么是基准测试？基准测试是指在一定的软件、硬件以及网络环境下，模拟少量的虚拟用户（Virtual User，VU）对一种或多种业务的测试对象的某项性能指标进行定量的和可对比的测试，将测试结果作为基准数据。在系统调优或者评测的过程中，通过运行相同的业务场景比较测试结果，根据测试结果，初步评价可能成为系统瓶颈的场景，并在后续进行针对性测试，从而为系统的选择提供决策数据。设计基准测试场景的主要目的是获取系统单个交易在服务器无压力的情况下的基准响应时间及环境资源使用情况，以此作为其他场景的参考依据。

2. 基准测试场景样例设置

基准测试场景样例设置如下：每个脚本由 1 个 VU 重复执行 100 次，每次迭代间隔 1s，获取该交易的事务平均响应时间作为衡量指标。该场景可以根据项目实际性能要求进行设置。

3. 基准测试场景样例

基准测试场景样例可参见表 6-42，表中的字段说明如下。

（1）编号：测试场景编号，此编号唯一。

（2）场景名称：场景名称通常由以下几部分组成。

- 系统名称：被测系统的系统名称。
- 基准场景：被测系统的测试场景类型。
- ××交易：被测系统的系统交易名称。
- 迭代次数：测试场景中该脚本执行次数。
- 测试日期：测试场景的执行日期，例如 2021-5-10。
- 测试时间：测试场景执行的具体时间，例如 13:30:00。

（3）VU 数量：场景用户并发数量。

（4）场景描述：场景设计描述。

（5）迭代间隔：该场景脚本迭代执行时间间隔。

表 6-42 基准测试场景样例

编号	场景名称	VU 数量	场景描述	迭代间隔
1	系统名称_基准场景_××交易_迭代次数_测试日期_测试时间	1	迭代 100 次	1s

6.4.1.2 单交易负载测试场景

1. 单交易负载测试场景简介

单交易负载测试是逐一对业务模型中的业务或个别重要交易进行单交易多并发的测试。单交易负载测试的目的是获取系统单交易的最大处理能力，以及几个性能指标之间的关联关系及变化趋势，例如响应时间随系统每秒处理事务数（Transactions Per Second，TPS）变化的趋势，TPS 和响应时间随并发用户数变化的趋势，CPU 利用率随 TPS 变化的趋势，单交易事务的响应时间、吞吐量随负载变化的趋势。通常需要对业务模型中的重要交易、业务占比高的交易、业务流程长的交易以及可能存在性能瓶颈的交易进行单交易多并发测试，考察系统编码是否存在性能隐患。

2. 单交易负载测试场景设置

单交易负载测试场景样例设置如下：某个交易“需求为支持 50 并发”，梯度增加 VU 并发，获取该交易的事务平均响应时间、TPS 和服务器资源负载情况作为衡量指标。该场景可以根据项目实际性能要求进行设置。

3. 单交易负载测试场景样例

单交易负载测试场景样例可参见表 6-43，表中的编号、VU 数量、场景描述和迭代间隔可参见基准测试场景中的字段说明，场景名称字段中的组成部分说明如下。

- 系统名称：被测系统的名称。
- 单交易负载测试场景：被测系统的测试场景类型。
- ××交易：被测系统的交易名称。
- 并发数：测试场景中用户并发数，如 10/20/30/40/50/60/70。

- 运行时间：测试场景运行时间，如 15min。
- 测试日期：测试场景的执行日期，例如 2021-5-10。
- 测试时间：测试场景执行的具体时间，例如 13:30:00。

表 6-43 单交易负载测试场景样例

编号	场景名称	VU 数量	场景描述	迭代间隔
1	系统名称_单交易负载测试场景_××交易_并发数_运行时间_测试日期_测试时间	10/20/30/40/50/60/70	运行 15min	0s

6.4.1.3 混合交易负载测试场景

1. 混合交易负载测试场景简介

混合交易负载测试就是对被测系统设置一定的比例，被测交易按照一定的比例构建与生产中类似的场景，对服务器进行并发性能测试。混合交易负载测试的目的是根据实际系统业务量进行配比，主要考量该场景在不同 VU 并发下，系统处理交易请求的能力，考察整体系统是否存在性能隐患，资源使用是否存在瓶颈。通过该场景可以获得混合交易各事务的响应时间、TPS 和服务器资源消耗等随负载变化的趋势。

2. 混合交易负载测试场景设置

混合交易负载测试场景样例设置如下：混合交易有 50 个 VU 并发执行 30min，每次迭代间隔根据交易比例确定，每个场景依次增加 50 个 VU，最大并发数为 200 个 VU，然后获取每个场景交易的事务平均响应时间、TPS 和服务器资源负载情况作为衡量指标。该场景可以根据项目实际性能要求进行设置。

3. 混合交易负载测试场景样例

混合交易负载测试场景样例可参见表 6-44，表中的编号、VU 数量、场景描述和迭代间隔可参见基准测试场景中的字段说明，场景名称字段中的组成部分说明如下。

- 系统名称：被测系统的名称。
- 混合交易负载测试场景：被测系统的测试场景类型。
- 并发数：测试场景中用户并发数，如 50、100、150 和 200。
- 运行时间：测试场景运行时间，如 30min。
- 测试日期：测试场景的执行日期，例如 2021-5-10。

- 测试时间：测试场景执行的具体时间，例如 13:30:00。

表 6-44 混合交易负载测试场景样例

编号	场景名称	VU 数量	场景描述	迭代间隔
1	系统名称_混合交易负载测试场景 1_并发数_运行时间_测试日期_测试时间	50	运行 30min	根据交易比例确定
2	系统名称_混合交易负载测试场景 2_并发数_运行时间_测试日期_测试时间	100	运行 30min	根据交易比例确定
3	系统名称_混合交易负载测试场景 3_并发数_运行时间_测试日期_测试时间	150	运行 30min	根据交易比例确定
4	系统名称_混合交易负载测试场景 4_并发数_运行时间_测试日期_测试时间	200	运行 30min	根据交易比例确定

6.4.1.4 峰值测试场景

1. 峰值测试场景简介

峰值测试场景的目的是考察在联机情况下，系统在某个峰值时段的系统处理能力。通过该场景可以获得系统峰值情况下交易事务的响应时间、TPS、服务器资源消耗等随负载变化的趋势。

2. 峰值测试场景设置

峰值测试场景样例设置如下：有 300 个 VU 并发执行，每次迭代间隔根据交易比例确定，运行 1h，获取交易的事务平均响应时间、TPS 和服务器资源负载情况作为衡量指标。该场景可以根据项目实际性能要求进行设置。

3. 峰值测试场景样例

峰值测试场景样例可参见表 6-45，表中的编号、VU 数量、场景描述和迭代间隔可参见基准测试场景中的字段说明，场景名称字段中的组成部分说明如下。

- 系统名称：被测系统的名称。
- 峰值测试场景：被测系统的测试场景类型。
- 并发数：测试场景中用户并发数，如 300。
- 运行时间：测试场景运行时间，如 1h。
- 测试日期：测试场景的执行日期，例如 2021-5-10。
- 测试时间：测试场景执行的具体时间，例如 13:30:00。

表 6-45 峰值测试场景样例

编号	场景名称	VU 数量	场景描述	迭代间隔
1	系统名称_峰值测试场景_并发数_运行时间_测试日期_测试时间	300	运行 1h	根据交易比例确定

6.4.1.5 容量测试场景

1. 容量测试场景简介

容量测试的目的是通过不断提高系统并发用户数，测试出该系统核心交易实际的最大和最佳并发处理能力；通过不断提高系统在线用户数，测试出该系统核心交易实际的最大和最佳在线处理能力。

2. 容量测试场景设置

容量测试场景样例设置如下：有 50～400 个 VU 并发执行，每次增加 50 个 VU，每个场景执行 30min，每次迭代间隔根据交易比例确定，预计运行 4h，获取交易的事务平均响应时间、TPS 值和服务器资源负载情况作为衡量指标。该场景可以根据项目实际性能要求进行设置。

3. 容量测试场景样例

容量测试场景样例可参见表 6-46，表中的编号、VU 数量、场景描述和迭代间隔可参见基准测试场景中的字段说明，场景名称字段中的组成部分说明如下。

- 系统名称：被测系统的系统名称。
- 容量测试场景：被测系统的测试场景类型。
- 并发数/在线数：测试场景中用户并发数或在线数，如 50,100,150,…,400，用户并发数/在线数递增。
- 运行时间：每种并发或在线用户测试场景的运行时间，如 30min。
- 测试日期：测试场景的执行日期，例如 2021-5-10。
- 测试时间：测试场景执行的具体时间，例如 13:30:00。

表 6-46 容量测试场景样例

编号	场景名称	VU 数量	场景描述	迭代间隔
1	系统名称_容量测试场景 1_并发数_运行时间_测试日期_测试时间	50～400，每 30min 新增 50	运行 4h	根据交易比例确定
2	系统名称_容量测试场景 2_在线数_运行时间_测试日期_测试时间	50～400，每 30min 新增 50	运行 4h	根据交易比例确定

6.4.1.6 稳定性测试场景

1. 稳定性测试场景简介

稳定性测试的重点是测试系统日常业务在高峰期压力下运行的稳定性。它不会验证正常的行为，而是验证软件崩溃时的临界点，即系统崩溃点。稳定性测试的目的是获得系统长时间不间断运行在正常负载下的处理能力，主要关注系统是否存在内存溢出、CPU利用率过高、服务器拒绝服务/宕机等现象。

2. 稳定性测试场景设置

稳定性测试场景样例设置如下：比如稳定性测试场景有50个VU并发执行8h，每次迭代间隔根据交易比例确定，获取交易的事务平均响应时间、TPS和服务器资源负载情况作为衡量指标。该场景可以根据项目实际性能要求进行设置。

3. 稳定性测试场景样例

稳定性测试场景样例可参见表6-47，表中的编号、VU数量、场景描述和迭代间隔可参见基准测试场景中的字段说明，场景名称字段中的组成部分说明如下。

- 系统名称：被测系统的系统名称。
- 稳定性测试场景：被测系统的测试场景类型。
- 并发数：测试场景中用户并发数，如50。
- 运行时间：测试场景运行时间，如8h。
- 测试日期：测试场景的执行日期，例如2021-5-10。
- 测试时间：测试场景执行的具体时间，例如13:30:00。

表6-47 稳定性测试场景样例

编号	场景名称	VU数量	场景描述	迭代间隔
1	系统名称_稳定性测试场景1_并发数_运行时间_测试日期_测试时间	50	运行8h	根据交易比例确定

6.4.2 可用性测试场景

6.4.2.1 可用性测试场景简介

可用性测试在实际中涉及的范围比较大，可用性测试更像是针对特定架构下系统中的某一种机制进行测试，例如微服务架构中的服务熔断、服务限流、自动恢复、交易超时、多节点部署等。对于这类测试来说，一般是要验证在以上机制出现不可用时对生产交易场景的影响。

6.4.2.2 可用性测试场景设置

可用性测试场景主要有服务熔断、服务限流、自动恢复、交易超时、多节点部署等，每种测试场景的设置各有不同，具体如下。

1. 服务熔断

熔断器一般会有两种阈值，即失败请求率和慢请求率。将熔断规则配置为 10s 滑动时间窗口，5 笔最小请求数，超过 1000ms 的请求达到 50%。选取被测服务发起性能容量场景（TPS 超过 5 即可），注意响应时间不要超过 1s。在被测服务下游服务节点使用 tc 命令将网卡延迟 1100ms，查看 TPS 是否降为 0。删除上一步添加的规则，查看 10s 后 TPS 是否恢复正常，如恢复正常则通过。

2. 服务限流

服务限流一般情况下会通过单位时间、请求数这两个阈值实现。配置 1s 内可以通过 50 笔请求。选取被测服务交易发起性能容量场景，此处以固定 100TPS 发起请求，此时打开限流开关，查看性能容量场景 TPS 是否被限制到 50TPS。如果是，则限流场景通过，符合预期结果；如果不是，则限流场景不通过，通知项目组人员排查问题。

3. 自动恢复

选取被测服务交易发起性能容量场景并监控集群内所有节点资源使用情况，在场景平稳运行后对被测服务集群中一个或多个节点制造故障（可以采用 kill -9），观测压测场景中 TPS 是否出现抖动，观察被 kill -9 终止的应用是否自动拉起并更换进程号，如可以自动恢复则通过。

4. 交易超时

依靠 Ribbon 负载均衡器，修改 ConnectTimeOut 参数，配置超时时间为 1000ms，选取被测服务发起性能容量场景。发起性能容量场景后在被测服务下游服务节点使用 tc 命令将网卡延迟 1100ms，此时查看交易响应信息或业务日志是否抛出 ConnectTimeOut 错误。删除上一步添加的 tc 规则，查看交易是否恢复正常，如正常则通过。

5. 多节点部署

选取被测服务发起性能容量场景，如被测服务集群只有 2 个节点，发起压力建议不要超过 CPU 资源的 50%，在性能容量场景执行过程中对被测服务集群中一个节点制造故障（可以将 kill -9、kill -15 应用于进程），观察性能容量场景的 TPS 是否出现抖动、报错或停止处理等现象，如出现此类异常现象，需进行记录，查看流量是否切换至正常服务节点，从 CPU、MEM、NET 等资源方面判断负载是否依旧处于均衡状态。恢复故障节点，查看流量是否切换至已恢复节点，从 CPU、MEM、NET 等资源方面判断负载是否依旧处于均衡状态。

6.4.2.3 可用性测试场景样例

可用性测试场景样例可参见表 6-48，表中的编号、VU 数量、场景描述和迭代间隔可参见基准测试场景中的字段说明，场景名称字段中的组成部分说明如下。

- 系统名称：被测系统的名称。
- 可用性测试场景：被测系统的测试场景类型，分为服务熔断、服务限流、自动恢复、交易超时、多节点部署等。
- 并发数：测试场景中用户并发数，如 50。
- 测试日期：测试场景的执行日期，例如 2021-5-10。
- 测试时间：测试场景执行的具体时间，例如 13:30:00。

表 6-48 可用性测试场景样例

编号	场景名称	VU 数量	场景描述
1	系统名称_服务熔断测试场景_并发数_测试日期_测试时间	100 线程/VU 发起	在发起性能场景前配置好熔断规则。触发熔断持续 5min，结果符合预期后结束场景
2	系统名称_服务限流测试场景_并发数_测试日期_测试时间	100 线程/VU 发起	发起性能场景触发限流报错持续 5min 后关闭限流开关
3	系统名称_自动恢复测试场景_并发数_测试日期_测试时间	100 线程/VU 发起	性能场景在自动拉起进程后持续到 TPS 趋于平稳性能停止场景
4	系统名称_交易超时测试场景_并发数_测试日期_测试时间	100 线程/VU 发起	发起性能场景触发超时报错后持续 5min 删除网络延迟操作
5	系统名称_多节点部署测试场景_并发数_测试日期_测试时间	100 线程/VU 发起	发起性能场景对其中一个节点制造故障并恢复后持续 5min 停止性能场景

6.4.3 灾备测试场景

6.4.3.1 灾备测试场景简介

灾备测试是要保证出现灾难时的业务连续性，以及保证业务场景及数据不受火灾、断电、设备故障、人为破坏、应用故障等情况影响。一部分灾备测试场景是由被测系统部署方式决定的，例如同城双中心部署、异地部署等，本节通过多节点多活同城切换、多节点多活异地切换、网络带宽对应用的影响、网络时延对应用的影响这 4 个主要的灾备测试场景进行说明并设计测试场景。

6.4.3.2 灾备测试场景设置

灾备测试场景主要有多节点多活同城切换、多节点多活异地切换、网络带宽对应用的影响、网络时延对应用的影响这 4 个主要场景，每个测试场景的设置各有不同，具体如下。

1. 多节点多活同城切换

根据容量规划设计测试场景，从被测服务前端发起性能容量场景，待 TPS 稳定后，模拟同城中任一虚拟数据中心（Virtual Data Center，VDC）内所有服务异常停止（kill -9/kill -19 等）。查看 TPS 是否出现抖动，是否出现业务错误，业务错误根据性能脚本中的检查点（断言）来判断。查看流量是否切换到同城另一 VDC，从系统资源、负载均衡流量等方面判断负载是否均衡，记录各 VDC 的负载值。恢复异常服务节点（重启）。查看 TPS 是否出现抖动，查看流量是否切换到正常服务，从系统资源、负载均衡流量等方面判断负载是否均衡，记录不同节点的负载值。

2. 多节点多活异地切换

根据容量规划设计性能测试场景，从被测服务前端发起性能容量场景，待 TPS 稳定后，模拟异地中任一地域内所有服务异常停止（kill -9/kill -19 等）。查看 TPS 是否出现抖动，是否出现业务错误，业务错误根据性能脚本中的检查点（断言）来判断。查看流量是否切换到异地地域服务，从系统资源、负载均衡流量等方面判断负载是否均衡，记录各地域的负载值。恢复异常服务节点（重启）。查看 TPS 曲线是否抖动，查看流量是否切换到正常服务，从系统资源、负载均衡流量等方面判断负载是否均衡，记录各地域的负载值。

3. 网络带宽对应用的影响

网络带宽对应用的影响为验证带宽波动下对业务的影响。发起业务压测场景，通过命令或工具（tc）模拟被测服务节点网络带宽波动，查看业务场景表现。根据容量规划设计性能测试场景，从被测服务前端发起性能容量场景，待 TPS 稳定后，限制一个节点的网络带宽。查看 TPS 是否出现抖动，响应时间是否出现延迟增加。通过 TPS 和响应时间查看网络带宽对业务服务响应时间的影响并记录。删除网络带宽模拟，查看 TPS 是否恢复，响应时间是否恢复。

模拟限制带宽的命令参考如下：

```
tc qdisc add dev eth0 root handle 1: htb default 2
tc class add dev eth0 parent 1: classid 1:1 htb rate 100Mbps ceil 100Mbps
tc class add dev eth0 parent 1:1 classid 1:2 htb rate 20Mbps ceil 20Mbps
```

```
tc class add dev eth0 parent 1:1 classid 1:3 htb rate 50Mbps ceil 50Mbps
tc class add dev eth0 parent 1:1 classid 1:4 htb rate 20Mbps ceil 20Mbps
tc filter add dev eth0 parent 1:0 protocol ip prio 100 route
tc filter add dev eth0 parent 1:0 protocol ip prio 100 route to 2 flowid 1:2
tc filter add dev eth0 parent 1:0 protocol ip prio 100 route to 3 flowid 1:3
tc filter add dev eth0 parent 1:0 protocol ip prio 100 route to 4 flowid 1:4
ip route add <目标 IP> dev eth0 via <源 IP> realm 2
```

4. 网络时延对应用的影响

根据容量规划设计性能测试场景，从被测服务前端发起性能容量测试，待 TPS 稳定后，模拟一个节点访问延迟（模拟网络延迟 tc qdisc add dev eth0 root netem delay 500ms 10ms 50%）。查看 TPS 是否出现抖动，响应时间是否出现延迟增加。通过 TPS 和响应时间查看网络延迟对业务服务响应时间的影响并记录。删除网络延迟模拟，查看 TPS 是否恢复，响应时间是否恢复。

6.4.3.3 灾备测试场景样例

灾备测试场景样例可参见表 6-49，表中的编号、VU 数量、场景描述和迭代间隔可参见基准测试场景中的字段说明，场景名称字段中的组成部分说明如下。

- 系统名称：被测系统的名称。
- 灾备测试场景：被测系统的测试场景类型，分为多节点多活同城切换、多节点多活异地切换、网络带宽对应用的影响、网络时延对应用的影响。
- 并发数：测试场景中用户并发数，如 50。
- 测试日期：测试场景的执行日期，例如 2021-5-10。
- 测试时间：测试场景执行的具体时间，例如 13:30:00。

表 6-49 灾备测试场景样例

编号	场景名称	VU 数量	场景描述
1	系统名称_多节点多活同城切换测试场景_并发数_测试日期_测试时间	100 线程/VU 发起	选取被测服务交易 100VU/线程发起压力，场景持续到切换结束后 5min
2	系统名称_多节点多活异地切换测试场景_并发数_测试日期_测试时间	100 线程/VU 发起	选取被测服务交易 100VU/线程发起压力，场景持续到切换结束后 5min
3	系统名称_网络带宽对应用的影响测试场景_并发数_测试日期_测试时间	100 线程/VU 发起	发起性能测试，限制带宽后查看性能是否有影响，恢复限制带宽操作后场景持续 5min 停止
4	系统名称_网络时延对应用的影响测试场景_并发数_测试日期_测试时间	100 线程/VU 发起	发起性能测试，模拟网络时延后查看性能是否有影响，恢复网络时延操作后场景持续 5min 停止

6.4.4 可恢复性测试场景

6.4.4.1 可恢复性测试场景简介

可恢复性测试的目的是对系统施加高负载压力，持续运行一段时间，模拟系统在业务高峰期压力下运行的情况，对系统持续进行高强度和普通强度的交叉压力测试，模拟系统在交替高低压混合业务操作的压力下运行的情况，验证服务器资源是否释放和系统是否异常等。

6.4.4.2 可恢复性测试场景设置

可恢复性测试场景样例设置如下：50 个 VU 和 200 个 VU 交替并发 4 次，每个场景执行 30min，总场景执行 4h，每次迭代间隔根据测试交易比例确定，取交易的事务平均响应时间、TPS 和服务器资源负载情况作为衡量指标。该场景可以根据项目实际性能要求进行设置。

6.4.4.3 可恢复性测试场景样例

可恢复性测试场景样例可参见表 6-50，表中的编号、VU 数量、场景描述和迭代间隔可参见基准测试场景中的字段说明，场景名称字段中的组成部分说明如下。

- 系统名称：被测系统的名称。
- 可恢复性测试场景：被测系统的测试场景类型。
- 并发数：测试场景中用户并发数，如 50 和 200。
- 运行时间：测试场景运行时间，如 4h。
- 测试日期：测试场景的执行日期，例如 2021-5-10。
- 测试时间：测试场景执行的具体时间，例如 13:30:00。

表 6-50 可恢复性测试场景样例

编号	场景名称	VU 数量	场景描述
1	系统名称_可恢复性测试场景 1_并发数_运行时间_测试日期_测试时间	50 个 VU 和 200 个 VU 交替并发 4 次	运行 4h

6.4.5 可扩展性测试场景

6.4.5.1 可扩展性测试场景简介

可扩展性测试的主要目的是考察系统硬件环境在横向扩展和纵向扩展的情况下，系统的性能表现出的趋势，以及系统性能是否得到有效提升，是否可满足生产要求。

6.4.5.2 可扩展性测试场景设置

可扩展性测试场景样例设置如下：50 个 VU 并发，场景执行 2h，每次迭代间隔根据测试交易比例确定。在系统硬件环境横向扩展和纵向扩展后，执行 50VU、100VU 等成倍增加并发的场景，分别获取交易的事务平均响应时间、TPS 和服务器资源负载情况作为衡量指标，然后对几次测试场景关键性能指标进行对比。该场景可以根据项目实际性能要求进行设置。

6.4.5.3 可扩展性测试场景样例

可扩展性测试场景样例可参见表 6-51，表中的编号、VU 数量、场景描述和迭代间隔可参见基准测试场景中的字段说明，场景名称字段中的组成部分说明如下。

- 系统名称：被测系统的名称。
- 可扩展性测试场景：被测系统的测试场景类型，分为横向扩展测试和纵向扩展测试。
- 并发数：测试场景中用户并发数，如 50。
- 运行时间：每个并发或在线用户测试场景运行时间，如 2h。
- 测试日期：测试场景的执行日期，例如 2021-5-10。
- 测试时间：测试场景执行的具体时间，例如 13:30:00。

表 6-51 可扩展性测试场景样例

编号	场景名称	VU 数量	场景描述
1	系统名称_横向扩展测试场景 1_扩展前_并发数_运行时间_测试日期_测试时间	50	运行 2h
2	系统名称_横向扩展测试场景 2_扩展后_并发数_运行时间_测试日期_测试时间	50	运行 2h
3	系统名称_纵向扩展测试场景 1_扩展前_并发数_运行时间_测试日期_测试时间	50	运行 2h
4	系统名称_纵向扩展测试场景 2_扩展后_并发数_运行时间_测试日期_测试时间	50	运行 2h

6.4.6 本节小结

本节重点介绍了金融行业常见的几种非功能测试场景，并对每种非功能测试场景的设计目的、设计思路和样例进行了介绍，同时对测试场景的字段进行了解释，方便读者理解和学习。在性能测试场景设计过程中需要重点关注以下内容。

（1）非功能测试场景是逐步深入、循序渐进地设计的。

（2）每种非功能测试场景的目的、设计思路和设计方法。

（3）非功能测试场景命名要简单明了、严谨规范，从场景命名中体现出场景的设计方法和执行时间。

6.5 本章思考和练习题

1. 测试用例有哪些设计方法，每个方法的概念是什么？

2. 输入：用户密码，要求用户密码为6～8位，必须为字母和数字的组合。

输出：如正确，输出正确的信息，否则输出相应的错误信息。

请使用等价类划分法来设计出相应的有效等价类和无效等价类，并根据有效等价类和无效等价类设计出相应的测试用例数据。

3. 银行的ATM取款的增量为50元，每天一共可以提取5000元，每天可以提取3次，每次2000元，请根据这些条件使用等价类划分法和边界值分析法设计ATM取款的测试用例。

4. 银行ATM提供现金存入异地账户的业务，存入金额为1000元～50000元，该业务需收取千分之五的手续费，手续费限额为50元，请使用边界值分析法设计相应的测试用例。

5. 手机接入Wi-Fi或打开4G时，可以使用网络，使用判定表法对是否可以使用网络的情况设计测试用例。

6. 某银行系统用户需要修改账户密码，要求如下：首先输入正确的原始密码，输入两次一致的新密码，并且新密码要具有一定的复杂度（长度为6～10位，包含大写字母、小写字母、数字和特殊字符）。请使用判定表法设计相应的测试用例。

7. A银行为优化各平台的营销话术，研发了平台营销话术审核系统，基本功能如下。操作员通过平台营销话术审核系统配置营销话术，填写信息包括所属机构（必填项）、业务范围、应用场景、话术内容、生效日期（必填项），提交后系统校验话术内容是否存在敏感词，若存在则系统对敏感词标红并提交失败；若系统校验通过则提交复核员。复核员可在待办事项中接收操作员提交的话术审核流程，复核员可决定流程审批通过或拒绝。操作员可在记录查询中对拒绝的话术审核流程进行修改和再次提交。

基于以上功能该如何设计业务流程测试用例?

8. 下载任意一家银行的手机 App，进入 App 首页，根据页面展示的元素，可以如何设计页面测试用例?

9. 除了本章中举例的权限测试场景，您是否可以设计出其他的权限测试场景?

10. 登录密码、查询密码、交易密码根据安全性要求的不同，分别可以用哪些密码测试用例进行覆盖?

07

第7章 金融软件测试执行

本章导读

测试执行是整个测试过程中的核心环节，所有测试分析、测试设计、测试计划的结果都将在测试执行中得到最终的检验。在金融软件测试项目中，测试执行主要包括两个方面，一方面是功能测试执行，另一方面是非功能测试执行。通过对本章的学习，您不仅可以了解和掌握金融软件项目中功能测试执行的具体流程和操作方法，以及在测试执行过程中遇到的常见问题的解决方案；还可以了解和掌握金融软件项目中非功能测试执行的不同类型，非功能测试不同场景下的测试方法、具体操作过程以及配置方式。

7.1 功能测试执行

7.1.1 功能测试执行简介

测试执行是整个功能测试生命周期中至关重要的一环。因为在执行阶段，测试人员将直观地验证和把控被测系统的质量。所谓功能测试执行，则是依照既定的测试策略以及测试用例来逐条验证被测系统，直至全部执行完毕且无遗留缺陷。

在本节中，我们可以学习到功能测试执行的流程以及在测试执行过程中常见问题的解决方案。

7.1.2 功能测试执行流程

功能测试执行流程可参见图7-1。我们在执行功能测试时，需严格按照测试用例中的操作步骤进行系统验证，并将测试结果（通过或者不通过）、问题描述等信息逐条记录在测试用例中。在测试时如果发现被测系统的实际输出结果与预期结果不相符，则视为测试不通过，需在第一时间告知开发人员。在金融测试项目实施中通常会用到一些测试管理工具，比如ATQ、禅道、Jira 等，在告知开发人员后，应将发现的系统缺陷填报至测试管理工具中，以便管理缺陷和跟踪开发进度。

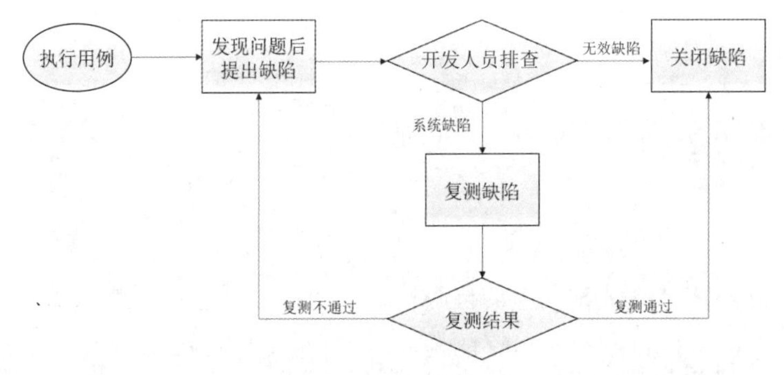

图7-1 功能测试执行流程

在提出缺陷时，需将测试系统的操作步骤、问题描述、问题截图一并提交，供开发人员参考。如果提交的缺陷经确定是由于使用的测试数据有误或测试人员需求理解偏差等造成的，则为无效缺陷，在开发人员拒绝后，需在管理工具中关闭缺陷。如果开发人员经过排查确认是系统缺陷，在开发人员修复缺陷后，测试人员要及时进行此功能点的复测，复测通过后，需在管理工具中关闭此缺陷；如果复测不通过，则需与开发人员沟通后，重新打开缺陷，直至复测通过关闭缺陷。

在此特别说明的是，当我们在测试过程中，发现预期结果与系统实际结果不一致后，可以先对发现的问题做初步的排查，比如通过查阅需求文档，再结合系统输出的结果来确认需求理解是否无偏差，或者通过查看数据库、系统日志的方式，初步定位问题。这样有助于提高开发人员解决问题的效率，也能为测试人员争取更多的时间。

当所有用例全部执行完毕且发现的缺陷均已关闭时，视为功能测试执行结束。

7.1.3 功能测试执行方法

在2.1.3节中我们了解到，功能测试可以通过手工测试以及自动化测试来进行，通常意义上来讲，手工测试与自动化测试执行的效果是一样的，都是对被测系统进行功能测试，但执行的方式不同。手工测试是测试人员通过之前编写的测试用例，以用户的视角登录被测系统，逐条进行系统功能点的验证；而自动化测试则是通过搭建自动化测试框架、编写自动化测试脚本，进而执行脚本来完成系统的验证。下面分别对两种测试方法进行介绍。

7.1.3.1 手工测试执行方法

测试人员在进行手工测试时，需按照测试用例中的操作步骤执行，在需求分析和设计用例阶段，由于对业务理解相对抽象，有些测试点在当时或许存在考虑不完整的情况，有些测试点或因业务需求不合理而未能识别。但在手工测试执行时，测试人员面对被测系统，对业务理解会更加直观和清晰，能够更好地发散测试思维，可以在执行的过程中，对用例设计进行复查，如果发现有遗漏的测试点，可以补充用例来进行测试。如在执行时有需求上的疑问，应第一时间与需求人员进行确认。表 7-1 所示为某金融测试项目中执行的测试用例部分样例。

表 7-1 某金融测试项目测试用例部分样例

用例名称	用例描述	步骤描述	预期结果	实际结果（通过/不通过）
承保流程-核保通过	新保核保通过-生成保单-保单打印-保单批改通过-生成批单-批单打印	1. 登录系统 2. 单击“承保管理-投保管理-投保单录入”选择保单属性、险类产品，单击“下一步”进入投保录入页面，录入相关信息后，单击“保费计算-保存”申请核保 3. 核保员领取任务-核保处理-核保通过-缴费处理-生成保单-保单打印-发票打印-保单批改申请-批核通过-缴费处理-生成批单-批单打印	流程正常	通过
承保流程-复制出单	复制投保单-核保通过	1. 登录系统 2. 单击“综合业务查询-投保单查询”，单击查询投保单，选中投保单信息，单击“复制”按钮，录入相关信息后，单击“保费计算-保存”申请核保	流程正常	通过
承保流程-修改投保单	修改投保单-核保通过	1. 登录系统 2. 单击“综合业务查询-投保单查询”，单击查询投保单，选中投保单信息，单击“修改”，进入修改页面，录入相关信息后，单击“保费计算-保存”申请核保	流程正常	通过
承保流程-个单批量导入	新保个单批量导入-核保通过-生成保单-保单打印-保单批改-核批通过-生成批单-批单打印	1. 登录系统 2. 单击“承保管理-投保管理-个单批量导入”录入核保通过的投保单号，选择“EXCEL”文件上传，单击“导入 EXCEL” 3. 见费出单-缴费处理-生成保单-保单打印-发票打印-保单批改-核批通过-生成批单-批单打印	流程正常	通过
批改流程	批改类型-替换被保险人	1. 登录系统 2. 单击“批改管理-批改录入”，录入核保通过的保单号，批改类型为替换被保险人，进入批改页面，单击“申请批单号”按钮，选择“EXCEL”文件上传，单击“导入 EXCEL”上传资料，提交核保	流程正常	通过

从表 7-1 中的测试用例样例可以看出，测试用例主要由用例名称、用例描述、步骤描述、预期结果、实际结果等构成，而在实际测试执行时，我们可以在被测系统中依照用例中的操作步骤逐条执行测试用例。每一条用例执行完毕后，需在测试用例中标注执行结果。执行结果通常有“通过”“不通过”“无须测试”“无法执行”等。如果用例执行后，被测系统的实际输出与预期结果相符，则视为“通过”，否则视为“不通过”。由于在测试过程中可能会遇到需求变更的情况，导致起初获得的需求与当前获得的需求不一致，当初在编写测试用例时所考虑的功能点已无须测试时，无须删除该条用例，可在用例中标注“无须测试”；对于一些涉及接口的联调测试，由于对接系统的一些原因而无法执行时，可在用例中标注“无法执行”。

7.1.3.2 自动化测试执行方法

除了手工测试以外，我们可以根据项目特点和实际情况，选择自动化测试的方法。自动化测试则是通过搭建测试框架、编写并执行自动化脚本，来达到替代测试人员手工执行测试用例的效果。

自动化测试主要可分为 UI 自动化测试、接口自动化测试、App 自动化测试。

UI 自动化测试也可称作 Web 自动化测试，其原理是使用测试工具识别和定位被测系统页面元素，进而驱动被测系统在预设条件下运行测试脚本，将系统的前端输出结果与预期结果进行比对，判断被测系统的输出结果是否与预期结果一致，如结果一致则视为测试通过，否则视为测试不通过。对于金融行业而言，较为常见的 UI 自动化测试工具为 Selenium，中电金信自主研发的自动化测试平台也应用于多家银行、保险公司的自动化测试项目中。

以中电金信自动化测试平台操作为例，在平台中创建、录入测试用例（预设条件、测试意图、预期结果等）并进行页面元素的识别，通过可视化的方式将操作步骤录入工具后并执行脚本，即可驱动被测系统的自动化操作。

在执行过程中，被测系统会根据事先录制的用例脚本全程实现自动录入、单击、下拉等动作，并留下测试执行的过程截图，自动化测试平台可根据预设条件和系统的实际输出结果进行被测系统正确性的判断。通常情况下，自动化测试执行用例的速度是手工测试执行用例速度的 3 倍左右（手工测试需 10min 执行完的用例，通过自动化测试执行脚本则需 3min 左右）。当脚本全部执行完毕且无遗留缺陷后，本次测试执行结束，自动生成测试报告，以供测试人员查验和比对测试结果。

接口自动化测试则是模拟客户端向服务器发送请求报文，服务器获取报文参数后，将相关数据信息返回给客户端。如此将多个接口进行串联后，生成了完整的交易场景，通过编写并执行自动化测试脚本，来验证系统的正确性。这种方式的优点在于，相比 UI 自动化测试，由于通过报文形式完成数据的传参动作，其操作相对简单，无须像 UI 自动化测试一样逐个识别页面中的元素，能够有效提高测试效率。测试人员在编写测试脚本前，应通过接口文档熟悉系统内部的交互逻辑、协议，在脚本执行时，需关注执行状态，以便随时排查问题。当全部用例执行完毕且无遗留缺陷后，则视为本次测试执行结束。

App 自动化测试是通过服务器连接移动设备（手机、平板电脑等），模拟手工完成移动端 App 的功能验证。在编写脚本时，需要打开移动设备的开发者模式，允许进行 USB 调试，通过 App 自动化工具，调用 Appium 框架驱动，调用连接的移动设备，进行单击、滑动、输入操作。在执行时，需根据既定的测试用例逐条执行测试脚本，并及时收集测试结果，当全部用例执行完毕且无遗留缺陷后，则视为本次测试执行结束。

7.1.4　测试执行中常见问题

我们在测试过程中经常会遇到一些问题，比如测试人员认为是缺陷而开发人员认为没有问题，或者由于开发人员迟迟没有修复阻断性缺陷，导致测试时间被压缩。这些问题都是很常见的，那么我们该如何去应对和解决？以下列出了几类常见的问题以及解决方案。

7.1.4.1　发现缺陷而开发人员认为不是

在测试时，由于与开发人员需求理解不一致，测试人员认为发现了缺陷，而开发人员认为不是。这该如何去处理？这种情况在测试项目实施中比较常见，也经常作为职场应聘的面试题出现。遇到此类问题，首先我们要明确很重要的一点，即功能测试的依据来源于需求规格说明书的内容，需求分析、测试用例设计和测试用例执行均需要紧密围绕业务需求来进行。所以如果我们在测试过程中，发现实际系统输出的结果与业务需求不符，那就要果断提报缺陷，这是测试人员要遵守的原则。如开发人员经过排查后，认为不是缺陷，拒绝修改，那么作为测试人员，就必须及时与需求人员进行沟通和确认，将自己理解的业务需求以及系统输出描述反馈给需求人员确认。若确认测试人员对需求理解正确，则需在测试管理平台中重新打开缺陷并敦促开发人员及时修复缺陷；若确认开发人员理解正确，则需关闭此缺陷；若需求文档中有表述模糊、存在理解有歧义的话术或者业务需求有更新，但需求文档未更新的情况，则需由需求人员完善需求文档内容。此类缺陷处理流程可参见图 7-2。

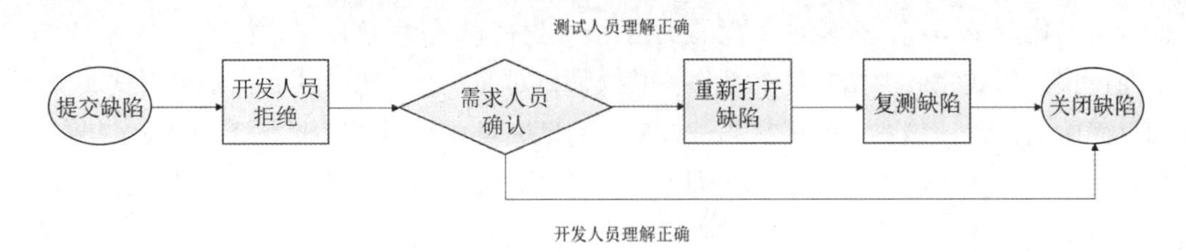

图 7-2 被开发人员拒绝的缺陷处理流程

7.1.4.2 因缺陷阻断而影响测试进度

在测试时，遇到阻断性缺陷导致后续的测试用例无法执行，对于测试人员来说也是比较常见的问题。这类问题如果迟迟未得到解决，不仅会影响到测试进度，也会影响到整体的项目实施进度。所以作为测试人员，也需积极跟进开发人员的修复进度。沟通的方式可以是线下、邮件等。图 7-3 所示为某金融测试项目实施过程中的进度管理流程，可供参考。

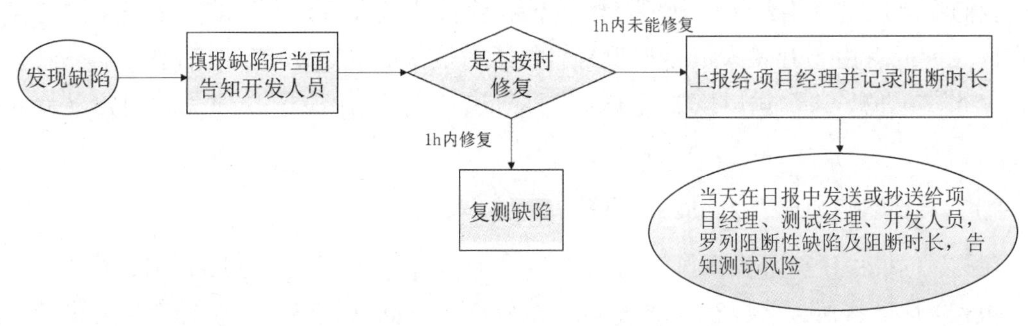

图 7-3 某金融测试项目进度管理流程

如图 7-3 所示，该测试项目为推进测试进度，在发现阻断性缺陷后，第一时间在测试管理工具上填报缺陷并当面告知相关开发人员，如果该缺陷 1h 内能够修复，则需尽快复测缺陷；如果此缺陷导致影响测试 1h 以上，需立刻上报项目经理，并记录阻断时长。在当天的日报中，将相关情况发送或抄送给项目经理、测试经理以及相关开发人员。日报中除列出工作内容外，还需列出阻断性缺陷，以及由于该缺陷而导致无法继续执行用例的时长。

7.1.4.3 执行过程中需求变更

我们在测试过程中也会遇到需求变更的情况，如测试某需求时，正在执行测试用例，需求人员告知需求有变更。遇到此类问题时，我们应先停止测试，查阅最新需求文档，对变更部分进行需求分析，找到变更的测试点从而更新测试用例。在通过需求人员、开发人员和测试人员三方参会的测试用例评审后，依照最新的测试用例执行。

在此需特别说明，若需求人员、开发人员经口头、微信等方式告知最新需求如何展现，不要将其作为测试依据，需敦促需求人员及时更新需求文档，最新的需求文档下发后，方可进行需求分析、测试用例更新和执行。

7.1.5 本节小结

在本节中，我们主要学习和了解了功能测试执行的流程、方法以及在执行过程中常见的问题。从测试执行流程来说，我们需要严格按照测试执行流程来进行功能测试，遇到问题时，需要第一时间和相关人员进行沟通确认，缺陷修复后应及时进行复测，并在测试管理平台中将缺陷关闭。从测试执行方法来说，功能测试可分为手工测试和自动化测试，手工测试是测试人员根据操作步骤，逐条进行系统操作，并判断输出结果是否符合预期标准；而自动化测试则是通过编写、执行自动化脚本来达到代替人工操作的目的。对于常见的一些执行过程中遇到的问题，我们需要把握原则，对于需求不明确或有争议的部分，应及时进行需求确认；对于一些严重影响测试进度的阻断性缺陷，应通过沟通机制进行有效的解决；对于需求变更，则需确认需求文档是否为更新后的文档，并在调整用例、通过测试用例评审后，以最新业务需求为准进行测试。

7.2 非功能测试执行

非功能测试执行，也就是非功能测试用例的执行，在执行过程中需要重点关注两点，一是加压的方式，二是监控的计数器（指标、资源等信息）。

非功能测试用例执行总体原则如下。

- 根据用例的影响程度以及项目的情况按照优先级执行用例。
- 执行过程以及结果数据在整个项目过程中尽量不要删除。
- 测试执行过程中，加压数据与监控数据均需要具备。
- 相互影响的用例，需要串行执行，避免单个用例的测试结果不准确。

在本节接下来的内容中将分类描述各非功能测试对应用例的执行方法。

7.2.1 性能测试执行

性能测试常用的测试用例类型包括单交易基准测试、单交易负载测试、混合交易负载测试以及稳定性测试等。下面分别对各类测试场景及其测试目的、场景配置具体介绍。

7.2.1.1 各类测试场景介绍

单交易基准测试场景：目的是在测试环境确认、脚本预验证之后对业务模型中涉及的服务做基准测试，获得事务平均响应时间，同时为混合交易负载测试中的性能分析提供参考依据。具体操作方法为模拟单用户向目标系统发送服务请求，接收返回结果的脚本，在系统无压力的情况下执行 5min，获取交易的事务平均响应时间。

单交易负载测试场景：目的是针对一笔交易，采用梯度增加 VU 并发进行负载测试，获取其业务处理性能，并验证服务是否存在并发性问题。具体操作方法为每个脚本以梯度增加 VU（并发用户数根据实际测试情况调整）开始，稳定运行一定的时间，同时记录该交易的响应时间。

混合交易负载测试场景：目的是针对多笔交易，按照一定业务比例采用梯度增加 VU 进行负载测试，获取其业务处理性能，并验证服务是否存在并发性问题。具体操作方法为每个梯度根据实际情况，设定 TPS 以及并发用户数，场景执行时间根据场景运行平稳情况确定。

稳定性测试场景：目的是检测系统在一定压力下能否长时间稳定运行，获取各项性能指标的变化趋势，检测是否存在内存泄露等严重性能隐患。具体操作方法为根据设定目标 TPS 及并发用户数，场景执行时长根据服务在生产环境的运行时长确定，稳定性测试执行 24h 或 48h。

7.2.1.2 各类测试场景配置

1. 单交易基准测试场景配置

单交易基准测试场景一般用于验证我们的发压脚本配置是否正确，排除因发压脚本配置错误导致的场景报错。该场景无须对被测服务节点资源进行监控，配置方法如图 7-4 所示。

在执行管理-测试执行中通过一键设置来配置场景，图 7-4 所示的单交易基准测试场景配置方法为 1 个并发用户数，发送频率为 0 次/分钟，执行次数为 100 次。这样配置会实现 1 个线程无间隔执行 100 次。

2. 单交易负载测试场景配置

单交易负载测试场景的意义在于验证被测交易是否可以满足单交易本身的性能需求。单交易负载场景的配置及时间设置如图 7-5、图 7-6 所示。

图 7-4 单交易基准测试场景配置

图 7-5 单交易负载测试场景配置

在执行管理-测试执行中通过一键设置来配置场景的实现，图 7-5 所示的单交易负载测试场景配置方法为 20 个并发用户数，发送频率为 0 次/分钟，执行次数为 0 次；在图 7-6 所示时间设置中将执行时间配置为 10min。这样配置会实现 20 个线程并发不间断执行 10min。

图 7-6　单交易负载测试场景时间设置

3. 混合交易负载测试场景配置

混合交易负载测试场景用于模拟多笔交易同时发压时是否均能满足性能需求指标，场景配置及时间设置如图 7-7、图 7-8 所示。

图 7-7　混合交易负载测试场景配置

图 7-7 所示的混合交易负载测试在测试准备-用例设计界面新增用例，选择我们需要测试的交易并添加，分别设置并发用户数；图 7-8 所示为在执行管理-测试执行界面设置执行时间。

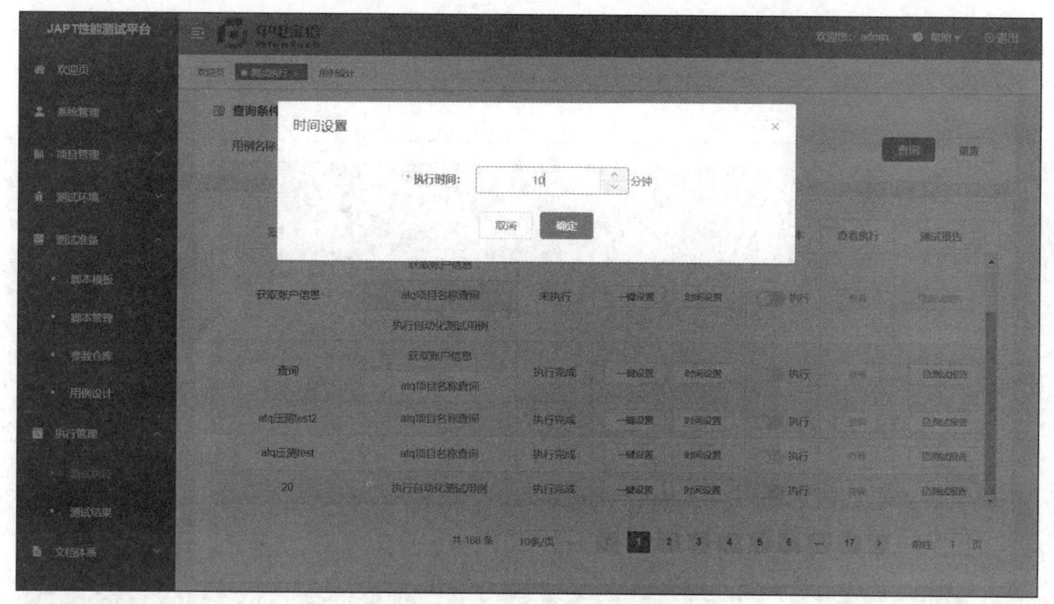

图 7-8 混合交易负载测试场景时间设置

4. 稳定性测试场景配置

稳定性测试场景为模拟多笔交易同时发压，一般会将场景运行 8h 或 24h，验证在长时间的压力下被测系统的稳定情况。其配置方法与混合交易负载测试场景相同，一般将调度器持续时间配置为 8h 或 24h。

7.2.1.3 资源监控

对被测服务节点资源进行监控，一般可以采用工具或者命令，这里采用 nmon 工具。在场景执行开始前执行命令开始监控，场景结束后停止监控，并收取.nmon 资源监控文件。图 7-9 所示为使用 nmon 工具生成的资源监控文件。

./nmon -s 3 -c 300 -F test.nmon 表示 3s 监控 1 次，一共监控 300 次，资源监控文件取名为 test.nmon。

在场景结束后，取出 test.nmon 文件，使用 nmon analyser 解析 test.nmon 文件，如图 7-10 所示。

在解析.nmon 资源监控文件后一般需观察 CPU、Memory、IO/disk、NetWork 等资源使用情况，并将使用情况记录至报告。以下为各指标所在资源监控文件的 Sheet 页名，如图 7-11 所示。

- CPU 对应 CPU_ALL。
- Memory 对应 MEM。
- IO/disk 对应 DISK_SUMM。
- NetWork 对应 NET。

```
1 10.114.10.59:22
Xshell 7 (Build 0090)
Copyright (c) 2020 NetSarang Computer, Inc. All rights reserved.

Type `help' to learn how to use Xshell prompt.
[C:\~]$ ssh 10.114.10.59


Connecting to 10.114.10.59:22...
Connection established.
To escape to local shell, press 'Ctrl+Alt+]'.

Socket error Event: 32 Error: 10053.
Server closed connection. Please close dialog to finalize this session.
Connection closing...Socket close.

Connection closed by foreign host.

Disconnected from remote host(10.114.10.59:22) at 16:09:30.

Type `help' to learn how to use Xshell prompt.
[C:\~]$ ssh 10.114.10.59


Connecting to 10.114.10.59:22...
Connection established.
To escape to local shell, press 'Ctrl+Alt+]'.

WARNING! The remote SSH server rejected X11 forwarding request.
Last login: Fri Feb 18 10:44:44 2022 from 10.43.0.155
[root@bul-vm-svr-59 ~]# ls
anaconda-ks.cfg  atq3.1  atq3.5data  atq3.5_libdata  atq3.6_zr      atqdev      atqweb3.1  atqweb-mysql                                   file        original-ks.cfg
atq3.0                   atq3.5_lib  atq3.5_web_lib  atq3.6_zrdata  atqdevdata  atqweb-dm  dm8_20200907_x86_rh7_64_ent_8.1.1.126.iso  nohup.out   test
[root@bul-vm-svr-59 ~]# find / -name 'nmon'
/root/test/nmon
^Z
[1]+  Stopped                 find / -name 'nmon'
[root@bul-vm-svr-59 ~]# cd test/
[root@bul-vm-svr-59 test]# ls
nmon
[root@bul-vm-svr-59 test]# ./nmon -s 3 -c 300 -F test.nmon
[root@bul-vm-svr-59 test]#
```

图 7-9　使用 nmon 工具生成的资源监控文件

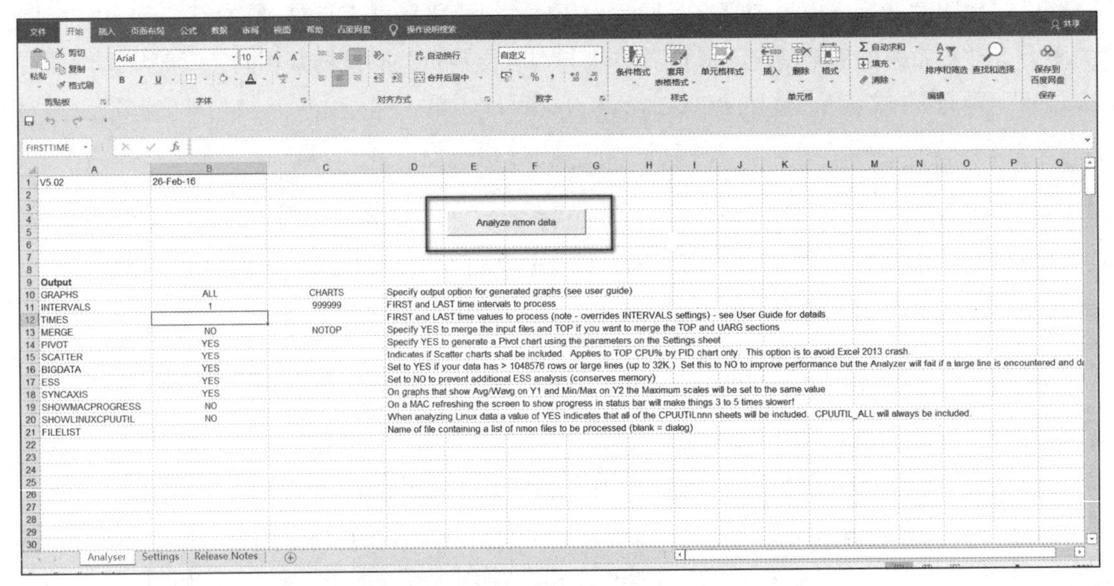

图 7-10　解析 test.nmon 文件

图 7-11　各指标所在资源监控文件的 Sheet 页名

7.2.2　可用性测试执行

可用性测试场景一般是在系统出现故障的情况下，看系统可用性机制是否可以保障系统对外提供服务，因此测试执行包含 3 部分：一是业务发起，二是故障模拟，三是关注点监控。

可用性测试类型包含很多种，与具体的架构设计相关，本节主要介绍常用的测试用例所对应场景的执行方法。

7.2.2.1　分布式架构多节点部署场景

分布式架构多节点部署场景对系统的初始状态和初始数据有以下几点要求。

（1）分布式架构多节点部署环境准备完成。

（2）测试数据准备完成。

（3）铺底数据准备完成。

（4）性能容量场景准备完成。

（5）系统资源、负载均衡监控准备完成。

（6）制造故障点的 root 权限已授权。

针对该场景进行测试时，具体操作步骤参考如下。

（1）根据分布式架构容量规划设计性能测试场景，从被测服务前端发起性能容量场景，等待 TPS 稳定。

（2）模拟一个服务节点进程异常停止（使用 kill -9 和 kill -19 等）。

（3）查看 TPS 是否出现抖动，是否出现业务错误，业务错误可根据性能脚本中的检查点（断言）来判断。

（4）查看流量是否切换到正常服务，从系统资源、负载均衡流量等方面判断负载是否均衡，记录不同节点的负载值。

（5）恢复异常服务节点（重启）。

（6）查看 TPS 是否出现抖动，查看流量是否切换到正常服务，从系统资源、负载均衡流量等方面判断负载是否均衡，记录不同节点的负载值。

（7）对分布式架构内每个服务循环执行第（2）～（6）步。

测试的预期结果应满足行业内标准规范和业务需求对应的指标，针对该场景的测试预期结果参考如下。

（1）服务节点异常时，自动切换至正常节点处理业务。

（2）TPS 轻微抖动，标准差不超过 5%。

（3）有少量业务错误，低于 1%。

（4）异常节点恢复后，业务自动分发到恢复的节点。

7.2.2.2 隔离重启场景

隔离重启场景对系统的初始状态和初始数据有以下几点要求。

（1）多节点部署环境准备完成。

（2）测试数据准备完成。

（3）铺底数据准备完成。

（4）性能容量场景准备完成。

（5）系统资源、负载均衡监控准备完成。

（6）制造故障点的权限已授权。

针对该场景进行测试时，具体操作步骤参考如下。

（1）根据容量规划设计性能测试场景，从被测服务前端发起性能容量场景，等待 TPS 稳定。

（2）模拟一个服务进程重启动作（重启动作使用服务运维重启脚本执行）。

（3）查看 TPS 是否出现抖动，是否出现业务错误，业务错误可根据性能脚本中的检查点（断言）来判断。

（4）查看其他服务节点是否受到重启动作影响。

（5）查看流量是否切换到正常服务，从系统资源、负载均衡流量等方面判断负载是否均衡，记录不同节点的负载值。

测试的预期结果应满足行业内标准规范和业务需求对应的指标，针对该场景的测试预期结果参考如下。

（1）服务进程重启时不影响其他服务进程。

（2）TPS 轻微抖动，标准差不超过 5%。

（3）有少量业务错误，低于 1%。

7.2.2.3 熔断场景

熔断场景对系统的初始状态和初始数据有以下几点要求。

（1）多节点部署环境准备完成。

（2）测试数据准备完成。

（3）铺底数据准备完成。

（4）性能容量场景准备完成。

（5）系统资源、负载均衡监控准备完成。

（6）制造故障点的权限已授权。

针对该场景进行测试时，具体操作步骤参考如下：

（1）登录服务治理平台，设置被测服务熔断慢请求率为当响应耗时为 1000ms 的请求比率达到 50%时触发熔断，同时设置（以下信息应按系统容量评估需求推算出的结果设置）熔断模板为服务模板，隔离级别为服务，滑动时间窗口为 10s，最少请求数为 10 次，开启到半开间隔为 60s，保存并开启熔断规则。

（2）登录每个服务节点，模拟节点访问超时（模拟网络延迟，使用 tc qdisc add dev eth0 root netem delay 1000ms 10ms 50%）。

（3）根据容量规划设计性能测试场景，从被测服务前端发起性能容量场景。

（4）查看熔断规则是否生效。

（5）查看 TPS 是否出现抖动，是否出现业务错误，业务错误可根据性能脚本中的检查点（断言）来判断。

（6）删除网络延迟模拟，删除服务熔断规则。

（7）查看 TPS 是否恢复至 100%，业务错误是否恢复至 0%。

（8）服务级、实例级、API 级熔断重复执行第（1）～（7）步。

测试的预期结果应满足行业内标准规范和业务需求对应的指标，针对该场景的测试预期结果参考如下。

（1）熔断规则生效后，TPS 降到 50%，业务错误达到 50%。

（2）删除网络延迟模拟，删除服务熔断规则后，TPS 恢复至 100%，业务错误恢复至 0%。

7.2.2.4　限流场景

限流场景对系统的初始状态和初始数据有以下几点要求。

（1）多节点部署环境准备完成。

（2）测试数据准备完成。

（3）铺底数据准备完成。

（4）性能容量场景准备完成。

（5）系统资源、负载均衡监控准备完成。

（6）制造故障点的权限已授权。

针对该场景进行测试时，具体操作步骤参考如下。

（1）登录服务治理平台，设置被测试 API 限流阈值（以下信息应按系统容量评估需求推算出的结果设置），其中单位时间为 1s，请求数为 1 次，保存并开启限流规则。

（2）根据容量规划设计性能测试场景为固定值 100TPS，从被测服务前端发起性能容量场景。

（3）查看限流规则是否生效。

（4）查看 TPS 是否为 1TPS，是否出现业务错误，业务错误可根据性能脚本中的检查点（断言）来判断。

（5）删除限流规则。

（6）查看 TPS 是否恢复至 100%，业务错误是否恢复至 0%。

（7）网关级和服务级两种限流方式均按上述步骤验证。

测试的预期结果应满足行业内标准规范和业务需求对应的指标，针对该场景的测试预期结果参考如下。

（1）限流规则生效后，TPS 降到 1TPS，业务错误达到 99%。

（2）删除限流规则后，TPS 恢复至 100TPS，业务错误恢复至 0%。

7.2.2.5 降级场景

降级场景对系统的初始状态和初始数据有以下几点要求。

（1）多节点部署环境准备完成。

（2）测试数据准备完成。

（3）铺底数据准备完成。

（4）性能容量场景准备完成。

（5）系统资源、负载均衡监控准备完成。

（6）制造故障点的权限已授权。

针对该场景进行测试时，具体操作步骤可参考如下。

（1）在应用中打开降级开关。

（2）在代码中添加容错注解。

（3）登录服务治理平台，设置此服务熔断慢请求率为当响应耗时为 1000ms 的请求比率达到 50%时触发熔断，同时设置（以下信息应按系统容量评估需求推算出的结果设置）熔断模板为服务模板，隔离级别为服务，滑动时间窗口为 10s，最少请求数为 10 次，开启到半开间隔为 60s，保存并开启熔断规则。

（4）登录每个服务节点，模拟节点访问超时（模拟网络延迟，使用 tc qdisc add dev eth0 root netem delay 1000ms 10ms 50%）。

（5）根据容量规划设计性能测试场景，从被测服务前端发起性能容量场景。

（6）查看是否出现业务错误，业务错误可根据性能脚本中的检查点（断言）来判断。

（7）查看出错业务是否回滚。

测试的预期结果应满足行业内标准规范和业务需求对应的指标，针对该场景的测试预期结果参考如下。

（1）熔断规则生效后，出现业务报错。

（2）根据容错注解，业务报错可回滚。

7.2.2.6 分布式架构多节点部署（集群）场景

分布式架构多节点部署（集群）场景对系统的初始状态和初始数据有以下几点要求。

（1）分布式架构多节点部署环境准备完成。

（2）测试数据准备完成。

（3）铺底数据准备完成。

（4）性能容量场景准备完成。

（5）系统资源、负载均衡监控准备完成。

（6）制造故障点的权限已授权。

针对该场景进行测试时，具体操作步骤参考如下。

（1）根据分布式架构容量规划设计性能测试场景，从被测服务前端发起性能容量场景，等待 TPS 稳定。

（2）模拟一个服务节点进程异常停止（使用 kill -9/kill -19 等）。

（3）查看 TPS 是否出现抖动，是否出现业务错误，业务错误可根据性能脚本中的检查点（断言）来判断。

（4）查看流量是否切换到正常服务，从系统资源、负载均衡流量等方面判断负载是否均衡，记录不同节点的负载值。

（5）恢复异常服务节点（重启）。

（6）查看 TPS 是否出现抖动，查看流量是否切换到正常服务，从系统资源、负载均衡流量等方面判断负载是否均衡，记录不同节点的负载值。

（7）对分布式架构内每个服务循环执行第（2）～（6）步。

测试的预期结果应满足行业内标准规范和业务需求对应的指标，针对该场景的测试预期结果参考如下。

（1）服务节点异常后，自动切换至正常节点处理业务。

（2）TPS 轻微抖动，标准差不超过 5%。

（3）有少量业务错误，低于 1%。

（4）异常节点恢复后，业务自动分发到恢复的节点。

7.2.2.7 故障恢复场景

故障恢复场景对系统的初始状态和初始数据有以下几点要求。

（1）多节点部署环境准备完成。

（2）测试数据准备完成。

（3）铺底数据准备完成。

（4）性能容量场景准备完成。

（5）系统资源、负载均衡监控准备完成。

（6）制造故障点的权限已授权。

针对该场景进行测试时，具体操作步骤参考如下。

（1）根据容量规划设计性能测试场景，从被测服务前端发起性能容量场景，等待 TPS 稳定。

（2）模拟一个服务节点异常停止（模拟手段为重启节点虚拟化主机等等价类操作策略）。

（3）查看 TPS 是否出现抖动，是否出现业务错误，业务错误可根据性能脚本中的检查点（断言）来判断。

（4）分析业务的 RTO/RPO 指标，判断是否符合灾难恢复标准规范。

（5）如果有不同的报错模拟等价类操作策略，则重复执行第（2）～（4）步。

测试的预期结果应满足行业内标准规范和业务需求对应的指标，针对该场景的测试预期结果参考如下。

（1）服务节点异常后可自动恢复。

（2）TPS 出现轻微抖动，标准差在 5%左右。

（3）业务在 TPS 抖动期间出现少量错误，错误率不超过 1%。

7.2.3 灾备测试执行

灾备测试的测试场景一般是在系统出现故障的情况下，看系统灾备部署是否可以保障系统对外提供服务，因此测试执行包含 3 部分：一是业务发起，二是故障模拟，三是关注点监控。

灾备测试类型包含很多种，与具体的架构设计相关，本节主要介绍常用的测试用例执行方法。

7.2.3.1 RTO/RPO 目标场景

RTO（Recovery Time Objective，复原时间目标）指的是，当发生灾难后，从系统因异常而停顿到系统恢复正常所用的时间。

RPO（Recovery Point Objective，复原点目标）指的是，当发生灾难后，从系统因异常而停顿到系统恢复正常期间的数据丢失量。

RTO/RPO 目标场景对系统的初始状态和初始数据有以下几点要求。

（1）多节点部署环境准备完成。

（2）测试数据准备完成。

（3）铺底数据准备完成。

（4）性能容量场景准备完成。

（5）系统资源、负载均衡监控准备完成。

（6）制造故障点的权限已授权。

针对该场景进行测试时，具体操作步骤参考如下。

（1）根据容量规划设计性能测试场景，从被测服务前端发起性能容量场景，等待 TPS 稳定。

（2）模拟一个服务节点异常停止（模拟手段为重启节点虚拟化主机等价类操作策略）。

（3）查看 TPS 是否出现抖动，是否出现业务错误，业务错误可根据性能脚本中的检查点（断言）来判断。

（4）分析业务的 RTO/RPO 指标，判断是否符合灾难恢复 T1-A 标准规范。

（5）如果有不同的报错模拟等价类操作策略，则重复执行第（2）～（4）步。

测试的预期结果应满足行业内标准规范和业务需求对应的指标，针对该场景的测试预期结果参考如下。

（1）服务节点异常后可自动恢复。

（2）TPS 出现轻微抖动，标准差在 5%左右。

（3）业务在 TPS 抖动期间出现少量错误，错误率不超过 1%。

7.2.3.2　备份数据恢复验证场景

备份数据恢复验证场景对系统的初始状态和初始数据有以下几点要求。

（1）多节点部署环境准备完成。

（2）测试数据准备完成。

（3）铺底数据准备完成。

（4）性能容量场景准备完成。

（5）系统资源、负载均衡监控准备完成。

（6）制造故障点的权限已授权。

针对该场景进行测试时，具体操作步骤为将备份数据恢复至测试环境，查看是否可恢复成功。

测试的预期结果应满足行业内标准规范和业务需求对应的指标，针对该场景的测试预期结果为备份数据可正常恢复并有效。

7.2.3.3　同城异地容灾切换场景

同城异地容灾切换场景对系统的初始状态和初始数据有以下几点要求。

（1）多节点部署环境准备完成。

（2）测试数据准备完成。

（3）铺底数据准备完成。

（4）性能容量场景准备完成。

（5）系统资源、负载均衡监控准备完成。

（6）制造故障点的权限已授权。

针对该场景进行测试时，具体操作步骤参考如下。

（1）根据容量规划设计性能测试场景，从被测服务前端发起性能容量场景，等待 TPS 稳定。

（2）模拟同城或异地中的一个 VDC 异常，查看同城或异地内的另一个 VDC 是否可以实现容灾切换。

测试的预期结果应满足行业内标准规范和业务需求对应的指标，针对该场景的测试预期结果为同城或异地 VDC 可实现容灾切换。

7.2.4 可扩展性测试执行

可扩展性测试主要查看系统扩展的有效性以及扩展后对业务的影响，可扩展性特性包括纵向扩展、横向扩展以及单元化扩展。

7.2.4.1 纵向扩展场景

纵向扩展场景对系统的初始状态和初始数据有以下几点要求。

（1）多节点部署环境准备完成。

（2）测试数据准备完成。

（3）铺底数据准备完成。

（4）性能容量场景准备完成。

（5）系统资源、负载均衡监控准备完成。

（6）纵向扩展资源已准备完成。

（7）操作权限已授权。

针对该场景进行测试时，具体操作步骤参考如下。

（1）根据容量规划设计性能测试场景，从被测服务前端发起性能容量场景，等待 TPS 稳定。

（2）增加应用服务 CPU/MEM 的大小，增加一倍资源。

（3）增加压力工具的线程数，查看纵向扩展后 TPS 是否能等比增加，若不能等比增加，则计算出增加的比例。

（4）对比扩展前后差异。

测试的预期结果应满足行业内标准规范和业务需求对应的指标，针对该场景的测试预期结果为应用服务纵向扩展能力有效。（当前没有扩展能力的具体指标，需要在标准规范中界定。）

7.2.4.2　横向扩展场景

横向扩展场景对系统的初始状态和初始数据有以下几点要求。

（1）多节点部署环境准备完成。

（2）测试数据准备完成。

（3）铺底数据准备完成。

（4）性能容量场景准备完成。

（5）系统资源、负载均衡监控准备完成。

（6）横向扩展资源已准备完成。

（7）操作权限已授权。

针对该场景进行测试时，具体操作步骤参考如下。

（1）根据容量规划设计性能测试场景，从被测服务前端发起性能容量场景，等待 TPS 稳定。

（2）增加横向应用服务点个数。

（3）增加压力工具的线程数，查看横向扩展后 TPS 是否能等比增加，若不能等比增加，则计算出增加的比例。

（4）对比扩展前后差异。

测试的预期结果应满足行业内标准规范和业务需求对应的指标，针对该场景的测试预期结果为应用服务横向扩展能力有效。（当前没有扩展能力的具体指标，需要在标准规范中界定。）

7.2.4.3 单元化扩展场景

单元化扩展场景对系统的初始状态和初始数据有以下几点要求。

（1）多节点部署环境准备完成。

（2）测试数据准备完成。

（3）铺底数据准备完成。

（4）性能容量场景准备完成。

（5）系统资源、负载均衡监控准备完成。

（6）单元化扩展资源已准备完成。

（7）操作权限已授权。

针对该场景进行测试时，具体操作步骤参考如下。

（1）使用混合场景发送压力，逐渐增加压力直到拐点，查看测试结果、系统资源结果。

（2）参考单元化节点对应的服务节点资源横向增加一倍。

（3）使用相同混合场景发送压力，逐渐增加压力直到拐点，查看测试结果、系统资源结果。

（4）对比扩展前后差异。

测试的预期结果应满足行业内标准规范和业务需求对应的指标，针对该场景的测试预期结果为应用服务单元化扩展能力有效。（当前没有扩展能力的具体指标，需要在标准规范中界定）。

7.2.5 安全测试执行

安全测试一般分为功能性安全测试、漏洞扫描以及攻击模拟实验，本书主要针对功能性安全测试的执行进行描述，漏洞扫描以及攻击模拟实验不在本书中介绍。

功能性安全测试主要针对用户权限、认证鉴权以及加密等进行验证。其采用的方法与功能验证方法相同，关注点如下。

（1）明确区分系统中不同用户权限。

（2）系统中是否会出现用户冲突。

（3）系统是否会因用户的权限的改变造成混乱。

（4）用户登录密码是否可见、可复制。

（5）系统的密码策略通常涉及隐私，与钱财相关的或机密性的系统必须设置高可用的密码策略。

（6）是否可以通过绝对途径登录系统（复制用户登录后的链接直接进入系统）。

（7）用户退出系统后是否删除了所有鉴权标记，是否可以使用后退键而不通过输入密码进入系统。

7.2.6 本节小结

在本节中，我们学习了非功能测试执行的各种方法，重点了解了性能测试、可用性测试、灾备测试、可扩展性测试、安全测试执行中各种不同测试场景下的具体操作方法以及相关场景下的配置。对于这些方法，在实际的测试项目中需进一步结合项目实际情况加以灵活运用。

7.3 本章思考和练习题

1. 测试执行的流程是什么？

2. 测试人员认为系统有缺陷，而开发人员表示已和需求人员沟通过，需求变更了，所以系统的结果是正确的，该如何处理？

3. 选取一笔交易的脚本进行单交易基准、单交易负载测试场景的设置及执行。

4. 选取两笔交易进行混合交易负载测试场景的设置及执行，对服务器资源以及数据库资源进行监控，采集结果数据。

08 第 8 章 金融软件测试报告编写

本章导读

测试报告编写是整个测试过程中非常重要的环节，它是对测试过程的总结、概括及分析，更是测试下一步工作开展的基础及指引。测试报告的好坏直接关系到测试过程是否成功。在本章中，我们将学习测试报告的主要内容以及如何编写相应的测试报告。

8.1　测试报告主要内容

8.1.1　测试概要

测试报告是项目测试结束之后，对项目测试过程的总结、概括及分析，其中包含测试数据的统计信息，是对项目的测试质量进行客观评价的文档，是一个项目是否能够结束的重要参考文件。测试报告的阅读对象可以是产品部门、开发部门、测试部门相关成员，也可以是项目高层决策者。测试报告中的数据必须是真实的，每一条结论的得出都要有依据，不能是主观的。

测试报告中的测试概要内容包括测试目的、测试范围、测试方法、测试环境、测试组织。

测试目的：描述×××项目的总体测试目的。例如，项目需要实现的主要功能有哪些，以及需要满足哪些指标。

测试范围：描述×××项目的总体测试范围。例如，×××项目包含××个大模块，共×××个功能点，模块功能可参考表 8-1。

表 8-1 ×××项目模块功能

序号	模块名称	功能点	备注

测试方法：简述×××项目采取的测试方法，可从功能和性能两个方面进行说明。例如，功能测试涉及功能点测试、业务流程测试和界面测试等；性能测试涉及压力测试、负载测试和容量测试等。

测试环境：简述×××项目的总体测试环境，包括测试项目的硬件环境配置、软件环境配置、网络环境配置和其他配置等。

测试组织：简述×××项目的组织架构及组织职责，包括决策者、开发人员、测试人员等的姓名、职位、职责明细、联系方式等。

8.1.2 差异

差异部分的内容需要从实际执行测试的结果与《×××项目测试方案》中要求的测试内容进行对比填写，并对差异部分加以说明，若无差异则写“无”，若有差异则写“有”。差异内容主要从以下几个方面进行分析。

环境差异：实际测试环境软硬件配置与测试方案中测试环境软硬件配置的差异说明，可参见表 8-2 和表 8-3。

表 8-2 测试方案中测试环境软硬件配置

服务器名称	机器型号		硬件配置		软件配置		测试环境网络地址
	生产	测试	生产	测试	生产	测试	
××系统	IBM 9117-570 2 台	IBM 9133-55A 1 台	8 核 16G	4 核 16G	Windows+SQL Server	Windows+SQL Server	108.199.1.42
…	…	…	…	…			…

表 8-3 实际测试环境软硬件配置

服务器名称	机器型号		硬件配置		软件配置		测试环境网络地址
	生产	测试	生产	测试	生产	测试	
××系统	IBM 9117-570 2台	IBM 9133-55A 1台	8核16G	4核8G	Windows+SQL Server	Windows+SQL Server	108.199.1.40
…	…	…	…	…			…

进度差异：描述×××项目的测试实施进度，说明测试实施进度提前或延后的原因，表 8-4 所示是以×××项目的各个测试阶段为例进行说明的测试实施进度。

表 8-4 ×××项目的测试实施进度

测试阶段	计划测试时间	实际测试时间	进度偏差	原因分析
单元测试阶段	2020/5/5—2020/5/15	2020/5/5—2020/5/13	提前	需求功能变更
集成测试阶段	2020/6/5—2020/6/15	2020/6/5—2020/6/15	正常	测试进度加快
系统测试阶段	2020/7/5—2020/7/15	2020/5/5—2020/8/13	延后	测试人员调动
性能测试阶段	2020/7/5—2020/7/15	2020/5/5—2020/8/13	延后	测试人员调动
用户验收阶段	…	…	…	…

可根据表 8-4 对×××项目的测试实施进度进行整体评估，并分析项目测试实施进度提前或延后的原因。例如，我们对×××系统进行了 x 轮的测试，预计实施时间为 4 个月，实际实施时间为 6 个月，测试了 y 个模块，实施阶段比原计划延后了 2 个月，主要原因如下。

（1）在测试开始时，对数据的复用性考虑不够周到，以致后期的数据重新规划和填写占用了过多时间。

（2）测试环境变更和数据重新导入较频繁。

用例覆盖差异：原计划要测试的，由于进度压缩或预算等原因未执行的用例。

测试方法差异：如测试方案中提到要做的测试，实际没有做。

8.1.3 测试结果汇总及分析

测试结果应根据实际工作情况，按单轮次或多轮次进行汇总、分析。本节主要针对测试过程中的各种数据进行统计及展示，它们是测试工作量的重要体现。其中测试用例的几个关键性指标直接反映了此次测试过程是否满足测试方案、测试准出标准中的重要依据，这些指标包括用例覆盖率、执行率、通过率、未执行率、失败率等，可参见表 8-5。

表 8-5 测试用例关键性指标

轮次	需求总数	用例总数	用例覆盖率	执行用例总数	执行率	通过用例总数	通过率	未执行用例总数	未执行率	失败用例总数	失败率

用例覆盖率=用例总数/需求总数×100%，用例覆盖率越高越好，且每个需求点均需有用例覆盖。

执行率=执行用例总数/用例总数×100%，执行率越高越好。

通过率=通过用例总数/执行用例总数×100%，通过率越高越好。

未执行率=未执行用例总数/用例总数×100%，未执行率越低越好。

失败率=失败用例总数/执行用例总数×100%，失败率越低越好。

针对上述测试结果汇总中的各项数据、关键性指标以及接口是否存在问题、整体功能有无错误、界面是否符合设计规范等方面进行测试结果的分析。

举例：通常用例覆盖率在测试方案中要求达到 100%，根据此次测试结果中的实际数据进行对比，若满足则要在测试结果分析中进行说明，其他数据及指标以此类推，分别进行阐述。

8.1.4 缺陷统计

缺陷统计就是对测试过程中所产生的缺陷进行严重程度、状态、类型典型缺陷、遗留缺陷的汇总统计，记录系统测试中所发现的缺陷的情况，可根据实际情况裁剪相应缺陷统计表，也可添加图表来更形象地表现缺陷的总体情况。表 8-6、表 8-7、表 8-8 所示分别为缺陷严重程度统计、缺陷状态统计、缺陷类型统计。

表 8-6 缺陷严重程度统计

程度 / 数量 / 轮次	致命	严重	一般	轻微	建议

表 8-7　缺陷状态统计

状态 / 数量 / 轮次	新建	拒绝	打开	待验证	重新打开	待讨论	关闭	遗留

表 8-8　缺陷类型统计

类别 / 数量 / 轮次	程序问题	版本问题	数据问题	需求问题	…

典型缺陷指的是在此测试阶段某类常出现的、具有一定代表性的缺陷，或影响较大的缺陷。典型缺陷记录格式可参见表 8-9。

表 8-9　典型缺陷记录格式

缺陷编号	简要描述	分析原因	解决方案

遗留缺陷是指在测试过程中不被修复的缺陷，通常这类缺陷由开发人员、测试人员、需求人员以及决策方多方评估后决定，在测试报告中需要针对这类缺陷进行记录并对不修复原因进行说明，针对级别较高的缺陷则需要体现下一步处理意见。遗留缺陷记录格式可参见表 8-10。

表 8-10　遗留缺陷记录格式

缺陷编号	简要描述	分析原因	备注

收集缺陷数据并在其上进行数据分析，将其作为测试质量分析的基础数据。缺陷分析需要对缺陷进行多角度、多维度的分析，比如按测试阶段分析，某个测试阶段产生的缺陷多，那么该阶段质量就需要重点把控。按缺陷严重程度分析，若严重程度的缺陷较多则反映出该阶段质量较低，需要重点关注并改进。按缺陷类型分析，若程序问题类型缺陷较多，则直接反映出开发质量低；若版本问题类型缺陷较多，则需加强版本控制等。按功能模块分布进行分析，哪个功能模块产生的问题多，则反映出该功能模块需要重点关注。表 8-11 中也列举了缺陷的一些关键性指标，每个指标所对应的含义则为需要关注的重点，同时也是开发质量、测试质量的考核依据。

表 8-11 缺陷关键性指标及含义

指标	含义	计算公式
缺陷总数	统计测试周期内发现的全部缺陷的数量	该指标是测试缺陷的直接度量项
缺陷解决率	判断是否解决了关键的缺陷，是考核产品质量的关键性指标。建议参考目标值：缺陷解决率>90%	缺陷解决率=已关闭缺陷/缺陷总数×100%
缺陷遗留率	作为判断依据，评价产品是否可以进入下一阶段测试或者上线。建议参考目标值：缺陷遗留率 < 5%	缺陷遗留率=遗留缺陷数量/缺陷总数×100%
二次故障率	考核开发人员缺陷修复质量和效率的依据。建议参考目标值：二次故障率 < 10%	二次故障率=重新打开缺陷/缺陷总数×100%
缺陷质量系数	用于考核测试人员提交缺陷的质量。建议参考目标值：缺陷质量系数 < 5%	缺陷质量系数=非缺陷（包括被拒绝、测试组内部直接关闭的缺陷）数量/缺陷总数×100%

8.1.5 测试结论与建议

测试报告的最后一部分是对上述过程进行总结，此部分为项目经理、部门经理以及高层经理所关注，需要清晰、扼要地下结论，总结本次测试活动的经验教训，总结主要的测试活动和事件，总结资源消耗数据（如总人员、总工时，每个主要测试活动花费的时间），总结缺陷分布情况。同时需要评价此次测试执行是否充分，对测试风险控制的程度及成效是否满足，测试目标是否完成，测试是否通过，是否可以进入下一阶段，测试准出标准是否满足。

提供对本次测试活动的测试设计和操作的改进建议。每一条建议的分析及其对软件测试的影响也应提供，具体包括如下内容。

（1）可能存在的潜在缺陷、风险以及后续应对措施。

（2）对缺陷修改和产品设计的建议。

（3）对过程改进方面的建议。

8.1.6 本节小结

在本节中，我们主要学习和了解了测试报告的主要内容如何编写。测试报告的编写原则就是客观地体现测试过程中所产生的各类数据，做到真实可信、有据可查。数据汇总全面，才能针对数据进行多角度、多维度的分析，分析得越透彻越全面，越能体现编写者的能力。对于一份高质量的测试报告，不同角色、不同职责的人查阅，都能获得自己想要关注的信息。测试报告是测试阶段最后的产出物，很多人都忽略了这一步的重要性，只是简单地陈述，然而测试报告是需要重点关注的，需要多花时间和精力进行编写，原因是除测试组外，其他各方可能无法实时关注测试过程，他们只能通过测试报告来衡量测试质量和测试相关人员测试能力，特别是高层领导，他们更希望测试报告能给决策者提供直观的决策依据。测试报告也是测试组自身价值体现的重要依据及产出物。

8.2 测试报告编写注意事项

8.2.1 编写格式注意事项

测试报告是体现测试成果全部信息的文档，是基于测试的数据采集及对最终测试结果的分析，是测试阶段最后的文档产出物。为了提供更直观、准确、完整、简洁、一致的测试报告，编写人员在编写时要注意编写格式和版本控制。

测试报告编写格式方面的注意事项主要涉及以下3点。

1. 格式定义

一份专业的测试报告首先要有明确而清晰的逻辑结构，因此对编写时用的字体、段落、图表格式、附件样式等均需使用统一而规范的定义。如标题一般采用大号（如一号）字号、加粗、宋体、居中排列，副标题采用比标题小一号（如二号）字号、加粗、宋体、居中排列，其他内容采用四号字号、宋体、居中排列，如图8-1所示。

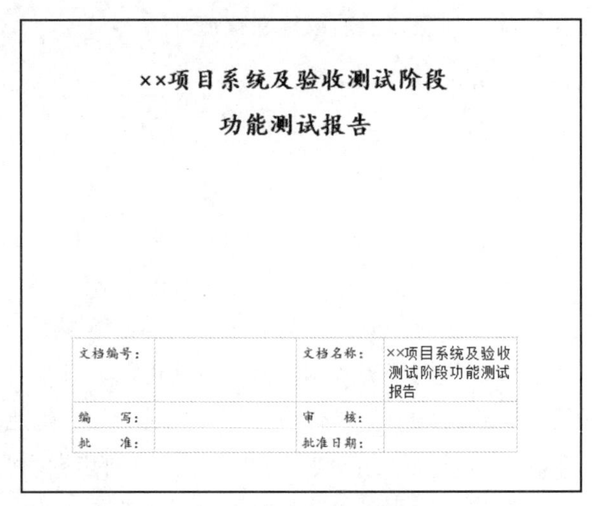
××项目系统及验收测试阶段

功能测试报告

文档编号：		文档名称：	××项目系统及验收测试阶段功能测试报告
编　写：		审　核：	
批　准：		批准日期：	

图8-1 ××项目测试报告

2. 标题次序及命名标准

测试报告标题内容的阐述次序要按照概述、背景，测试过程中的具体测试总结，对测试整体的分析，最终的测试结论及风险等几部分依次阐述，并对阐述过程中运用的图、表等进行规范命名，插入的附件也需要明确图表样式及命名规范。图 8-2 所示为测试报告目录参考。

目录

1 概述..3
1.1 测试对象..4
1.2 组织架构..4
2 测试总结..5
2.1 测试方法及工具..5
2.2 测试过程总结..5
2.2.1 测试时间安排..5
2.2.2 测试用例执行情况..6
2.2.3 测试问题情况..6
3 测试分析..6
3.1 测试覆盖率分析..6
3.2 测试问题分析..7
3.2.1 测试问题汇总..7
3.2.2 测试问题解决情况分析..7
4 测试结论..7

图 8-2 测试报告目录参考

3. 涉密 logo 等需要慎用

测试报告因报告的对象范围不同，对于不同密级测试报告中相关的内容要求也有所不同，尤其对于保密行业和涉及技术版权的项目，报告中提供的图片、logo 等要慎重使用，以防泄密或侵权。

测试报告会根据实际情况进行不同程度的修改，而每次提交的报告都需要有迹可查，并有备份，因此测试报告需要有详细的版本控制。测试报告修改记录主要包括版本号、作者、日期、变更摘要等，而版本状态主要有新建、变更、审核等，如图 8-3 所示。

××项目××测试阶段功能测试报告

测试报告修改记录

修改日期	版本号	修改描述	作者

图 8-3 测试报告修改记录

8.2.2　编写内容注意事项

从前面的几节我们可以看出，测试报告是向相关人员进行反馈的一种文档，而不同类型的测试报告，面向不同的对象（面向开发人员、面向管理层、面向会议等），这就要求我们针对不同的对象分别反馈其重点关注的内容。

面向开发人员、质量人员的测试报告，通常是放到测试管理工具中，流转到开发人员、质量人员处，这时要注意几点。

（1）缺陷的统计分析是开发人员关注的重点，可以客观描述现象，列出具体缺陷数据及分析结果。

（2）可以提供一些分析和建议，但不要做出评价。

（3）对测试中无法复现的现象，也要做出说明，以期引起注意。

（4）对于残留缺陷与未解决的问题，要客观描述缺陷的后果及会造成的影响。

管理层关注测试的时间及人力成本、项目的质量情况，以及其他需要管理层重视的要点，因此面向管理层的测试报告一般是综述性的报告，用于辅助管理层判断质量情况，做出相关决策。这时的报告要注意。

（1）在测试时间中明确成本栏，以便管理者清楚地知道花费的人力及时间成本。

（2）包含分析模型、判断和结论，注意清晰扼要地下定论，可使用饼状图和柱状图，以便管理层直观查看。

（3）与历史数据做比较，评估风险，以便引起部门经理以及高层经理的关注。

（4）可以根据实际情况收集并反映其他项目相关人员的意见，进行汇总报告。

面向会议提供的测试报告，通常由软件测试经理带到会议上，这时项目相关人员较多，就要考虑以下几点。

（1）综述地统计信息，反映全貌。

（2）重点突出，以便软件测试经理能在较短的时间里向参会人员阐述重点事项，同时可使各项目相关人员能清晰了解自己关注的要点情况。

（3）要有分析，并提醒相关问题，使报告更有价值。

（4）要有结论，如是否可以进入下一阶段项目目标，达到会议目的。

8.2.3 本节小结

在本节中，我们主要学习了编写测试报告时所要关注的格式及内容要点。测试报告并不是单一的汇报文档，根据不同的类型及报告范围，其关注点也是不同的，因此在编写测试报告前需要明确编写的目的及所要达到的汇报后的效果，再根据规范的格式进行编写，从而提供准确、完整、简洁、一致的测试报告，并体现出软件测试的专业性及高质量。

8.3 本章思考和练习题

1. 测试报告都包含哪些内容？
2. 请以某个项目为例，根据本节内容编写一份测试报告。
3. 编写测试报告时应注意的事项有哪些？
4. 面向管理层时，测试报告应关注哪些内容，如何阐述才能更有价值？

09

第9章 银行国际业务测试项目实战

本章导读

本章通过银行国际业务测试项目将前面章节的内容串联起来，通过具体测试项目实战，让读者对金融软件项目的测试过程有更清晰的认识。本章将从需求调研，功能测试和非功能测试的准备、执行和报告，以及项目进度的控制等方面展开介绍。通过对本章的学习，您能够对金融软件测试项目的整个测试过程有更加深入的了解，为今后从事金融软件测试工作奠定基础。

9.1 银行国际业务测试项目简介

近年来银行业务大规模发展，随着对新兴技术更深入的探索和运用，提高同行业竞争力，为客户提供更加优质的服务，显得尤为重要。某些银行现有的系统架构已经不能满足该行未来的生产需求，建设新一代银行系统迫在眉睫。本次所涉及的银行国际业务系统改造是新一代银行系统建设中最重要的工作之一，必须按期保质完成项目的系统上线任务。

9.2 需求调研

9.2.1 项目需求调研

在项目实施之初，我们需要对该项目进行深入调研，调研内容包括该项目的项目周期、测试周期、测试范围、测试类型、系统架构、开发进度、测试环境、客户需求、系统业务功能点、业务/技术难易程度等。总之，项目前期的需求调研越详细，项目工作量预估就越准确，资源投放就越精准，项目实施就越有保障，这是项目成功实施的第一步。

本次银行国际业务测试项目的周期近一年，该项目的测试范围包括国际结算系统、外汇资金管理系统、外汇支付清算系统、代客外汇买卖系统和外汇资金中后台系统。

国际结算系统主要包括结算、保函、保理、信用证、贸易融资、跨境人民币、境内外币、申报管理、后台管理、报表管理及其他服务等。

代客外汇买卖系统分为综合前端和代客外汇买卖模块两部分。其中综合前端提供客户外汇买卖、业务状态查询/处理和汇率查询等功能；代客外汇买卖提供业务管理、报表查询、数据维护等后台业务，为客户提供更加符合惯例的报价方式和更加便利的询价方式等。

外汇支付清算系统是该行国际业务的后台系统，包括清算子系统、报文子系统和系统设置 3 部分。其中清算子系统包括头寸管理、来往账管理、同业管理、对账管理、境内外币支付、业务查询和报表统计等功能；报文子系统包括业务查询、报文清分、路由设置、报文监控、报文核对、报表统计和黑名单等功能；系统设置包括机构管理、流程设置、角色设置、录入设置、收发设置、电码设置和用户设置等功能。

外汇资金管理系统为该行提供外汇资金业务，包括综合前端、头寸拆分、报表管理、数据维护、参数维护等功能，综合前端与 BAFE（核心应用前置系统）、BANKS（核心账务系统）、ECIF（企业级客户信息系统）、外汇资金中后台系统交互，提供外汇资金业务。

外汇资金中后台系统提供业务处理、风险管理、会计核算、清算管理和系统维护等业务，该系统与 BANKS、外汇支付清算系统、人民币资金管理系统、中间业务平台以及路透系统等进行交互，提供外汇资金业务。

9.2.2 项目工作量预估

项目经理或者项目专家通过前期的项目需求调研来制定该项目的测试类型、项目阶段和测试阶段，并且根据不同阶段的人员投放时间、人员级别和人员数量来预估该项目的整体工作量和成本。这部分内容是测试方案的重要组成部分。

本章所述的银行国际业务测试项目涉及功能测试和非功能测试两部分，其中功能测试分为绿灯测试、SIT、UAT 和系统上线支持 4 部分，非功能测试分为性能测试和 HA 测试两部分，其中 SIT、UAT 和性能测试又分为测试准备阶段、测试执行阶段和测试报告阶段。该项目预期投放高级测试人员 628 人天、中级测试人员 1071 人天和初级测试人员 1684 人天，预期总投入测试人员 3383 人天。该项目工作量预估可参见表 9-1。

表 9-1　项目工作量预估

测试类型	项目阶段	测试阶段	开始时间	结束时间	工作天数	人员级别			各类人员的预期工时/天			
						高级	中级	初级	高级	中级	初级	汇总
功能测试	绿灯测试		2020/3/23	2020/4/1	7	2	2	3	14	14	21	49
	SIT	测试准备阶段	2020/2/9	2020/4/5	42	2	3	6	84	126	252	462
		测试执行阶段	2020/4/5	2020/5/31	43	2	3	6	86	129	258	473
		测试报告阶段	2020/6/1	2020/6/22	16	2	3	6	32	48	96	176
	UAT（第一轮）	测试准备阶段	2020/6/1	2020/6/19	13	2	3	6	26	39	78	143
		测试执行阶段	2020/6/20	2020/7/31	31	2	3	6	62	93	186	341
		测试报告阶段	2020/8/1	2020/8/17	13	2	3	6	26	39	78	143
	UAT（第二轮）	测试准备阶段	2020/8/1	2020/8/15	13	2	3	6	26	39	78	143
		测试执行阶段	2020/8/16	2020/11/15	66	2	3	6	132	198	396	726
		测试报告阶段	2020/11/16	2020/11/30	11	2	3	6	22	33	66	121
	系统上线支持		2020/12/3	2020/12/31	21	1	2	3	21	42	63	126
非功能测试	性能测试	测试准备阶段	2020/4/5	2020/5/15	31	1	3	0	31	93	0	124
		测试执行阶段	2020/5/16	2020/6/29	33	1	3	2	33	99	66	198
		测试报告阶段	2020/7/2	2020/8/1	23	1	3	2	23	69	46	138
	HA 测试		2020/7/2	2020/7/13	10	1	1	0	10	10	0	20
汇总					373	25	41	64	628	1071	1684	3383

9.2.3　本节小结

在项目实施之前，需要对该项目进行详细和深入的需求调研。通过本节的学习，我们可以了解到项目需求调研中具体需要调研哪些内容，梳理出客户的需求点和关注点及具体所开展的测试业务，针对相应的测试业务去开展功能测试和非功能测试工作。在完成项目需求调研后，对项目工作量进行预估，这也是项目实施之前要进行的一项非常重要的工作。虽然初学金融软件测试的人员在最开始的工作中可能不会接触到这部分内容，但其对于项目测试工作的开展有一定的指导意义。

9.3 功能测试

9.3.1 测试准备阶段

该项目功能测试准备阶段分为业务需求分析、部署测试环境、准备测试数据、制订测试计划、编写测试方案和设计测试用例 6 部分。

9.3.1.1 业务需求分析

在项目测试准备阶段，测试人员应该根据需求文档、需求变更文档、概要设计文档和详细设计文档对该系统业务进行深入分析，分析内容通常包括被分析业务的交易名、业务描述、输入、输出、验收标准、错误信息显示以及其他信息，并根据对业务的理解绘制业务流程图，为设计测试用例做准备。表 9-2 和图 9-1 分别是业务需求分析样例和业务流程图样例，在项目实施过程中，可以进行参考。

表 9-2 业务需求分析样例

交易名	业务描述	输入	输出	验收标准	错误信息显示	备注
信用证预通知	银行收到开证行发来的信开请求或 MT705、MT799 报文时，系统完成信用证预通知的登记和打印预通知面函交易	1. 开证行的信开请求 2. MT705 和 MT799 报文	1. 预通知面函 2. 会计传票 3. 客户回单	1. 正确解析 MT705 和 MT799 报文 2. 正确生成预通知面函 3. 正确打印记账凭证 4. 正确生成会计分录	1. 有效日期必须大于生效日期，请重新输入 2. 有效日期必须大于来证日期，请重新输入 3. 来证金额必须大于零，请重新输入	

9.3.1.2 部署测试环境

在某些银行项目中，需要测试团队根据应用部署文档和数据库部署文档部署测试环境，特别是在性能测试项目中，这种情况相对更多一些。部署测试环境对测试人员的操作系统、数据库、中间件和存储等技术能力要求相对比较高，一般由高级非功能测试工程师来完成这部分工作。

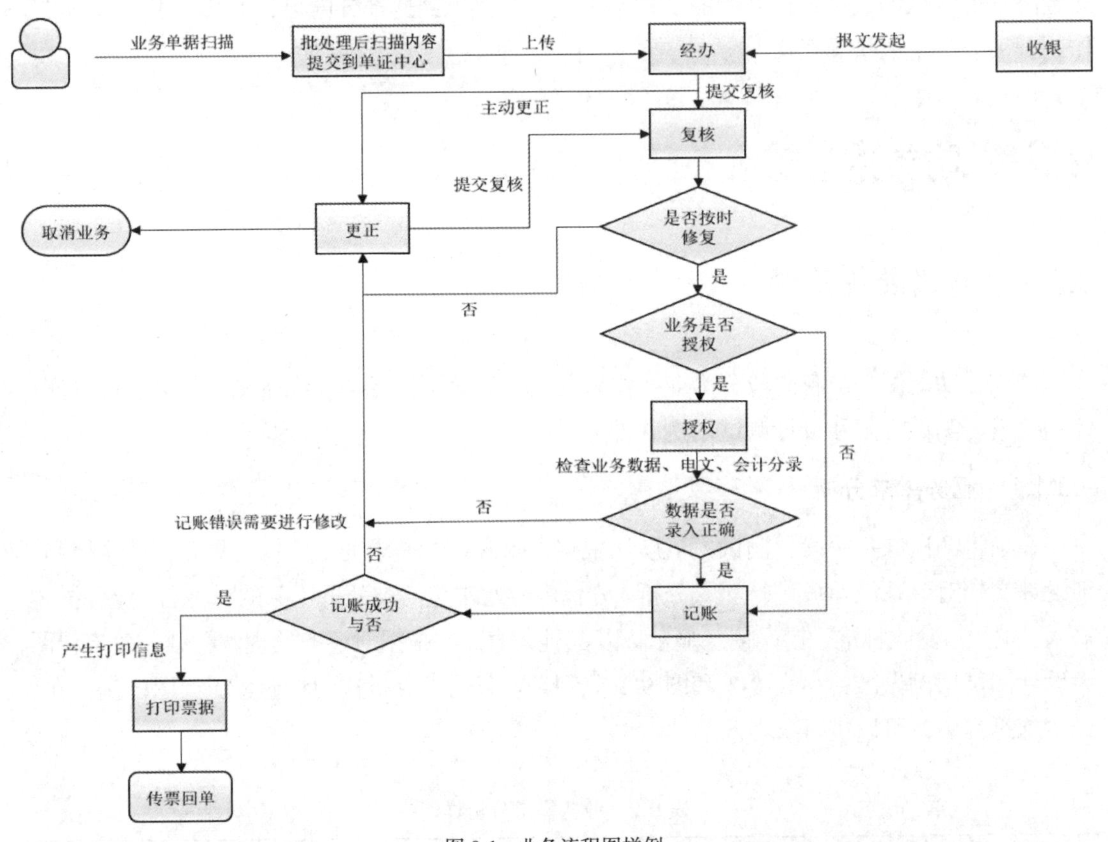

图 9-1 业务流程图样例

9.3.1.3 准备测试数据

测试环境部署完成以后，就需要准备测试数据，有了相关业务数据，才能在该系统上完成相关的测试工作。由于银行业务系统众多，各系统之间相互关联，某系统相关数据可能来源于其他业务系统，需要与其他业务系统的数据相匹配，某系统测试执行过程中，可能需要到其他业务系统进行测试数据准备，这就是测试工作中通常所说的“铺数”，以下是国际业务项目测试数据中的部分样例。

1. 客户账（样例）

客户账泛指客户在银行开立的各类存款账户和贷款账户，一般指存款账户。客户账测试数据样例可参见表 9-3。

表 9-3 客户账测试数据样例

序号	账务类型	币种	公司名称	所属机构	账号	客户号	预存金额/元
1	结算账户	USD		31164	327740145040×××	000000000386×××	5000000
2	出口待核查	USD		31395	324183145140×××	000000000782×××	5000000
3	结算账户	JPY		31003	324772275120×××	000000000778×××	5000000
4	出口待核查	JPY		31164	327740275150×××	000000000774×××	5000000
5	活期账户	CNY		31243	032411208010×××	000000000783×××	5000000
6	结算账户	EUR		31164	327740385040×××	000000000774×××	5000000
7	出口待核查	EUR		31386	324549385140×××	000000000780×××	5000000

2. 内部账（样例）

内部账是指银行内部核算所需要的账户，如现金、固定资产、损益类、其他应收应付等账户。外部账是指客户或其他同业的账户，如存款、贷款、同业存放、同业拆借等账户。内部账测试数据样例可参见表 9-4。

表 9-4 内部账测试数据样例

序号	币种	账号	时间	备注
1	CNY	601000072441×××	2021/1/1	中间业务收入暂收款项
2	USD	614000072441×××		
3	EUR	638000072441×××		
4	HKD	613000072441×××		
5	JPY	627000072441×××		
6	AUD	629000072441×××		
7	GBP	612000072441×××		
8	SGD	618000072441×××		
9	CAD	628000072441×××		

3. CTA 账户（样例）

银行系统的 CTA 账户是指表外账户，表外账户是指用于核算资产负债表以外经济业务的账户。表内账户是指用来核算一个会计主体的资产、负债、所有者权益、收入、费用及经营成果的账户。CTA 账户测试数据样例可参见表 9-5。

表 9-5 CTA 账户测试数据样例

序号	产品大类	产品子类	产品名称	产品描述	对应科目	总行贸易金融部对应CTA账号
1	7203	101	CNY境内远期信用证承兑	人民币境内远期信用证承兑	7301-03-01 承兑-远期信用证承兑-境内远期信用证承兑	7163300000003××××
2	7203	102	CNY境外远期信用证承兑	人民币境外远期信用证承兑	7301-03-02 承兑-远期信用证承兑-境外远期信用证承兑	7154300000003××××
3	7203	201	USD境内远期信用证承兑	美元境内远期信用证承兑	7301-03-01 承兑-远期信用证承兑-境内远期信用证承兑	7364300000003××××
4	7203	202	USD境外远期信用证承兑	美元境外远期信用证承兑	7301-03-02 承兑-远期信用证承兑-境外远期信用证承兑	7143100000003××××
5	7203	301	EUR境内远期信用证承兑	欧元境内远期信用证承兑	7301-03-01 承兑-远期信用证承兑-境内远期信用证承兑	7273500000003××××
6	7203	302	EUR境外远期信用证承兑	欧元境外远期信用证承兑	7301-03-02 承兑-远期信用证承兑-境外远期信用证承兑	7293100000003××××

9.3.1.4 制订测试计划

在项目业务需求分析完成以后，结合项目工作量预估，并对该项目工作量预估中的工作内容进行细化，形成具体项目测试计划。该计划确定了各工作任务的开始时间和完成时间，并且指定工作任务的负责人和协助人，方便测试任务顺利执行。在后续项目实施过程中，如果出现进度偏差，需要及时分析原因，解决相关问题，并且调整测试计划。

9.3.1.5 编写测试方案

在完成该项目需求调研以后，高级测试人员开始编写测试方案，测试方案是指导整体项目实施工作最重要的文档之一，是测试项目实施过程中三大里程碑文档之一，通常需要测试部门、开发部门和业务部门共同参与三方评审。

一份完善的测试方案通常包含以下内容：测试目标、测试范围、组织架构、测试方法、项目计划、人员投放、项目管理方法、项目实施策略、准入准出标准和项目验收标准等。测试方案编写具体要求可以参考第 4 章和第 5 章相关内容。

9.3.1.6 设计测试用例

测试用例是指导项目测试执行的重要文档，也是测试项目实施过程中三大里程碑文档之一，通常需要测试部门、开发部门和业务部门共同参与三方评审。测试用例设计方法请参考第 6 章相关内容。本次银行国际业务项目测试用例设计在 ATQ 中进行统一管理和执行。注意，在测试实施过程中，随着测试人员对系统需求理解越来越深入，通常需要在每轮测试执行阶段有一定量的新增测试用例，往往新增的测试用例更容易发现系统问题，以下是测试用例目录样例和测试用例样例。

1. 测试用例目录（样例）

测试用例目录记录了被测系统各级模块名称、模块编号、用例个数、用例执行人员和路径等信息，以方便测试用例统计和显示，详见表 9-6。

表 9-6 测试用例目录样例

序号	一级模块名称	一级模块编号	二级模块名称	二级模块编号	三级模块名称	三级模块编号	用例个数	用例执行人员	路径
1	汇款业务	003	汇入汇款	001	挂账处理	001	15	测试人员 A	国际结算系统\汇款业务\汇入汇款\挂账处理
2	汇款业务	003	汇入汇款	001	汇入申报修改	002	10	测试人员 A	国际结算系统\汇款业务\汇入汇款\汇入申报修改
3	汇款业务	003	汇入汇款	001	登记解付	003	6	测试人员 A	国际结算系统\汇款业务\汇入汇款\登记解付
4	汇款业务	003	汇入汇款	001	转汇处理	004	76	测试人员 A	国际结算系统\汇款业务\汇入汇款\转汇处理
5	汇款业务	003	汇入汇款	001	退汇处理	005	137	测试人员 A	国际结算系统\汇款业务\汇入汇款\退汇处理
6	汇款业务	003	汇入汇款	001	退汇确认	006	50	测试人员 A	国际结算系统\汇款业务\汇入汇款\退汇确认

2. 测试用例（样例）

测试用例一般包括用例编号、用例编写日期、用例名称、正/反用例、用例描述、步骤编号、前置条件、步骤描述、预期结果、优先级、用例设计人员、用例执行人员、用例负责人、属性、路径、是否纳入 SIT 和计划执行日期等信息，详见表 9-7。（具体用例设计方法请参考第 6 章相关内容。）

表 9-7　测试用例样例

用例编号	用例编写日期	用例名称	正/反用例	用例描述	步骤编号	前置条件	步骤描述	预期结果	优先级	用例设计人员	用例执行人员	用例负责人	属性	路径	是否纳入SIT	计划执行日期
354007001001001	2020/3/1	保函开立	正用例	我行根据申请人的要求向受益人开出的担保申请人正常履行合同义务的书面证明	001	信贷已经审批通过的开证申请，我行依据开证申请进行开证	柜员进入系统后，单击界面上的保函业务-保函开立，在左侧选择想要完成的保函开立，然后录入必输项的信息 1. 是否备用信用证：NO 2. 适用规则（MT700:40E-MT760:40C）：URDG 3. 收报行 SWIFT CODE：CITIAEAD 4. 收报行名称、地址：CITIBANK N.A.,DUBAI KHALID IBN AL WALID STREET,749 DUBAI 5. 报文-信开类型：不发报 6. 是否发送 MT799：NO 7. 境内外：境外 8. 费用承担：境内-我方 9. 保函类型：投标保函 10. 开立-要求日期(:30)：2020-06-11 11. 保函-备用证金额：GBP 1230.00	1. 正确开出保函开立面函 2. 正确生成相应的报文 3. 核心记账成功	高	测试人员A	测试人员B	测试人员C	当前	国际结算系统\保函业务\保函\备用证开立	是	2020/4/10

9.3.2 测试执行阶段

测试执行阶段的主要工作包括：测试用例执行、测试执行记录和提交日报/周报等。一般情况下，一个银行测试项目的功能测试通常分为绿灯测试、SIT、UAT 和系统上线支持 4 阶段，其中 SIT 阶段和 UAT 阶段又可能分为几轮测试。本次银行国际业务测试项目 SIT 阶段只有一轮测试，UAT 阶段有两轮测试，具体参见该项目的测试计划。

本次银行国际业务测试项目测试用例在 ATQ 中执行，关于测试工具的使用请参见第 3 章相关内容。

9.3.2.1 测试用例执行

1. 绿灯测试

绿灯测试，是在软件开发过程中的一种针对软件版本包的基本功能快速验证策略，是对软件基本功能进行确认和验证的手段，并非对软件版本包的深入测试。

本次银行国际业务测试项目绿灯测试阶段的测试用例在 ATQ 中执行，测试执行统计涉及用例设计和用例执行两部分数据，用例设计数据又分为绿灯测试用例数和测试用例完成率，用例执行数据又分为绿灯用例执行数和测试用例执行率。绿灯测试执行统计是项目进度总控表的一部分。

绿灯测试执行统计样例详见表 9-8。

表 9-8 绿灯测试执行统计样例

银行国际业务测试项目	用例设计		用例执行	
	绿灯测试用例数	测试用例完成率	绿灯用例执行数	测试用例执行率
国际结算系统	300	100%	300	100%
外汇支付清算系统	131	100%	131	100%
代客外汇买卖系统	38	100%	38	100%
外汇资金管理系统	207	100%	207	100%
外汇资金中后台系统	547	100%	482	100%
汇总	1223	100%	1158	100%

2. SIT 阶段测试

本次银行国际业务测试项目 SIT 阶段的测试用例在 ATQ 中执行，测试执行统计数据包括用例设计、用例执行和缺陷统计 3 部分，用例设计又分为预计用例数、目前用例数和用例完成率；用例执行又分为用例执行数、执行百分比、本周计划执行率和本周执行偏差；缺陷统计又分为缺陷数、解决数和拒绝数，并自动计算出缺陷解决率、缺陷拒绝率和缺陷发现率。另外，根据项目各系统现阶段未执行用例数、剩余天数和项目加班规则自动计算出哪些系统进度延后比较大，需要安排人员加班。SIT 阶段测试执行统计是项目进度总控表的一部分。

SIT 阶段测试执行统计样例详见表 9-9。

表 9-9 SIT 阶段测试执行统计样例

SIT 阶段测试项目	用例设计			用例执行				缺陷统计						是否需要加班
	预计用例数	目前用例数	用例完成率	用例执行数	执行率	本周计划执行率	本周执行偏差	缺陷数	解决数	拒绝数	缺陷解决率	缺陷拒绝率	缺陷发现率	
国际结算系统	1800	1937	108%	140	7%	25%	18%	4	0	0	0%	0	3%	加班
外汇支付清算系统	1800	1800	100%	253	14%	25%	11%	3	0	0	0%	0	1%	加班
代客外汇买卖系统	500	488	98%	99	20%	25%	5%	1	0	0	0%	0	1%	正常班
外汇资金管理系统	2000	1986	99%	368	19%	25%	6%	13	1	0	8%	0	4%	正常班
外汇资金中后台系统	300	252	84%	27	11%	25%	14%	0	0	0	0%	0	0%	加班
汇总	6400	6463	101%	887	14%	25%	11%	21	1	0	5%	0	2%	加班

3. UAT 阶段测试

本次银行国际业务测试项目 UAT 阶段的测试用例在 ATQ 中执行，测试执行统计数据包括用例设计、用例执行和缺陷统计 3 部分，用例设计又分为预计总用例数、目前总用例数和用例完成率；用例执行又分为执行用例总数、执行百分比；缺陷统计又分为缺陷数、解决数和拒绝数，并自动计算出缺陷的解决率、拒绝率和发现率。UAT 阶段测试执行统计是项目进度总控表的一部分。

本项目现阶段加班规则（样例）：目前用例执行百分比低于 50%，或需要执行数/日大于 100，则需要安排人员加班，否则是正常班，加班标准可以根据不同项目和不同项目进度进行制定。

UAT 阶段测试执行统计样例详见表 9-10。

表 9-10 UAT 阶段测试执行统计样例

UAT 阶段测试项目	用例设计			用例执行		缺陷统计						是否需要加班
	预计总用例数	目前总用例数	用例完成率	执行用例总数	执行率	缺陷数	解决数	拒绝数	解决率	拒绝率	发现率	
国际结算系统	5800	5113	88%	3451	60%	151	38	33	25%	22%	4%	正常班
外汇支付清算系统	3000	2557	85%	840	28%	40	4	0	10%	0%	5%	加班
代客外汇买卖系统	1200	1136	95%	495	41%	17	4	0	24%	0%	3%	加班
外汇资金管理系统	4000	4080	102%	2223	56%	109	27	0	25%	0%	5%	正常班
外汇资金中后台系统	1000	786	79%	521	52%	0	0	0	0%	0%	0%	正常班
汇总	15000	13672	91%	7530	50%	317	73	33	23%	10%	4%	正常班

9.3.2.2 测试执行记录

该项目测试执行记录分为组员级别测试执行情况和系统级别测试执行情况两部分，测试执行记录分别统计了每个组员和该项目各系统目前阶段的执行效率和质量，这些数据会自动汇总到项目进度总控表，是项目进度总控表的一部分。

1. 组员级别测试执行情况

该项目组员级别测试执行情况又分为用例设计、用例执行、缺陷提交、缺陷解决和缺陷拒绝 5 部分，反映该项目每个组员的执行效率和质量。

（1）测试用例设计表（样例）

测试用例设计表统计了项目组每个组员每天的用例设计数量，详细可参考图 9-2。

测试人员	用例设计																													
	6/1	6/2	6/3	6/4	6/5	6/6	6/7	6/8	6/9	6/10	6/11	6/12	6/13	6/14	6/15	6/16	6/17	6/18	6/19	6/20	6/21	6/22	6/23	6/24	6/25	6/26	6/27	6/28	6/29	6/30
	Mon	Tue	Wed	Thu	Fri	Sat	Sun	Mon	Tue	Wed	Thu	Fri	Sat	Sun	Mon	Tue	Wed	Thu	Fri	Sat	Sun	Mon	Tue	Wed	Thu	Fri	Sat	Sun	Mon	Tue
测试人员A	6	0	0	0	0			0	0	0	70	0			0	0	0	0	0			0	0	0				0	0	0
测试人员B	0	0	0	0	0			0	0	0	43	40			0	0	0	0	0			0	0	0				0	0	0
测试人员C	0	0	0	0	0			0	106	37	117	58			0	0	0	0	0			0	0	0				0	0	0
测试人员D	0	0	0	0	0			0	92	54	138	187			0	0	0	0	0			0	0	0				0	0	0
测试人员E	0	0	51	0	0			0	58	65	108	150			44	0	0	0	0			0	0	0				0	0	0
测试人员F	0	0	52	0	0			0	0	0	0	0			0	0	0	0	0			0	0	0				0	0	0
测试人员G	0	19	0	18	0			0	0	0	0	70			20	0	0	0	0			0	0	20				0	0	0
测试人员H	69	53	30	75	147			46	85	75	80	72			0	0	0	0	0			0	0	0				0	0	0
测试人员I	0	0	10	0	147			0	0	0	100	72			0	0	0	71	0			0	0	0				0	0	0
测试人员J	0	24	10	18	10			12	0	0	44	0			0	0	0	0	0			0	0	0				0	0	0
测试人员K	0	20	19	22	25			0	0	0	0	0			0	0	0	0	0			0	0	0				0	0	0
统计	75	116	172	133	329	0	0	58	341	231	700	649	0	0	64	0	0	71	0	0	0	0	0	20	0	0	0	0	0	0

图 9-2 测试用例设计表（样例）

（2）测试用例执行表（样例）

测试用例执行表统计了项目组每个组员每天的用例执行数量，详细可参考图 9-3。

用例执行																														
测试人员	6/1	6/2	6/3	6/4	6/5	6/6	6/7	6/8	6/9	6/10	6/11	6/12	6/13	6/14	6/15	6/16	6/17	6/18	6/19	6/20	6/21	6/22	6/23	6/24	6/25	6/26	6/27	6/28	6/29	6/30
	Mon	Tue	Wed	Thu	Fri	Sat	Sun	Mon	Tue	Wed	Thu	Fri	Sat	Sun	Mon	Tue	Wed	Thu	Fri	Sat	Sun	Mon	Tue	Wed	Thu	Fri	Sat	Sun	Mon	Tue
测试人员A	0	0	0	0	0			0	0	0	0	0			0	76	0	0	0			0	0	0				0	0	0
测试人员B	0	0	0	0	0			0	0	0	0	0			0	0	0	0	0			0	0	0				0	0	0
测试人员C	116	0	0	127	0			0	0	0	0	0			0	0	0	0	0			0	0	0				0	0	0
测试人员D	86	0	0	87	0			0	0	0	0	0			0	0	0	0	0			0	0	0				0	0	0
测试人员E	0	0	0	0	0			0	0	0	0	0			0	33	20	45	0			0	0	0				0	0	0
测试人员F	0	0	0	0	0			0	0	0	0	0			0	0	0	0	0			0	0	0				0	0	0
测试人员G	0	0	0	0	0			0	0	0	0	0			0	0	23	0	0			52	0	0				0	0	0
测试人员H	0	0	0	0	0			0	0	0	0	0			0	51	21	42	44			70	40	3				70	0	0
测试人员I	70	61	35	0	0			0	0	0	0	0			0	54	63	45	43			70	15	0				70	0	0
测试人员J	0	0	0	0	0			0	0	0	0	0			0	0	0	4	0			8	0	0				0	0	0
测试人员K	0	0	0	0	0			0	0	0	0	0			0	0	0	0	0			0	0	0				0	0	0
统计	272	61	35	214	0	0	0	0	0	0	0	0	0	0	0	214	127	136	87	0	0	200	55	3	0	0	0	140	0	0

图 9-3 测试用例执行表（样例）

（3）测试缺陷提交表（样例）

测试缺陷提交表统计了项目组每个组员每天的缺陷提交数量，详细可参考图 9-4。

缺陷提交																														
测试人员	6/1	6/2	6/3	6/4	6/5	6/6	6/7	6/8	6/9	6/10	6/11	6/12	6/13	6/14	6/15	6/16	6/17	6/18	6/19	6/20	6/21	6/22	6/23	6/24	6/25	6/26	6/27	6/28	6/29	6/30
	Mon	Tue	Wed	Thu	Fri	Sat	Sun	Mon	Tue	Wed	Thu	Fri	Sat	Sun	Mon	Tue	Wed	Thu	Fri	Sat	Sun	Mon	Tue	Wed	Thu	Fri	Sat	Sun	Mon	Tue
测试人员A	0	1	1	0	0			2	3	3	1	4			0	1	4	3	1			5	3	2				0	0	0
测试人员B	0	0	0	0	0			0	0	0	6	4			5	5	0	0	0			0	0	0				0	0	0
测试人员C	0	0	0	0	0			0	0	0	0	0			0	0	0	0	0			0	0	0				0	0	0
测试人员D	0	0	0	0	0			0	0	0	0	0			0	0	0	0	0			0	0	0				0	0	0
测试人员E	0	0	0	0	0			0	0	0	0	0			0	2	0	0	0			0	3	0				0	3	0
测试人员F	0	0	0	0	0			0	0	0	1	0			0	0	0	0	0			0	0	0				0	0	0
测试人员G	0	0	0	0	0			1	0	0	0	2			0	0	0	0	0			0	0	1				1	0	0
测试人员H	0	0	1	0	0			0	0	3	0	2			0	0	2	1	2			3	2	1				2	5	0
测试人员I	0	0	0	0	0			0	0	0	0	0			0	0	1	0	2			3	2	2				1	3	0
测试人员J	0	0	0	0	0			0	0	0	0	0			0	0	0	0	0			0	0	0				0	0	0
测试人员K	0	0	0	0	0			0	0	0	0	0			0	0	0	0	0			0	0	0				0	0	0
统计	0	1	2	0	0			3	3	6	8	12	0	0	5	8	7	4	5	0	0	11	10	6	0	0	0	4	11	0

图 9-4 测试缺陷提交表（样例）

（4）测试缺陷解决表（样例）

测试缺陷解决表统计了项目组每个组员对应缺陷的解决数量，详细可参考图 9-5。

缺陷解决																														
测试人员	6/1	6/2	6/3	6/4	6/5	6/6	6/7	6/8	6/9	6/10	6/11	6/12	6/13	6/14	6/15	6/16	6/17	6/18	6/19	6/20	6/21	6/22	6/23	6/24	6/25	6/26	6/27	6/28	6/29	6/30
	Mon	Tue	Wed	Thu	Fri	Sat	Sun	Mon	Tue	Wed	Thu	Fri	Sat	Sun	Mon	Tue	Wed	Thu	Fri	Sat	Sun	Mon	Tue	Wed	Thu	Fri	Sat	Sun	Mon	Tue
测试人员A	0	1	1	0	0			2	2	3	1	4			0	1	4	3	1			5	3	2				0	0	0
测试人员B	0	0	0	0	0			0	0	0	6	2			5	5	0	0	0			0	0	0				0	0	0
测试人员C	0	0	0	0	0			0	0	0	0	0			0	0	0	0	0			0	0	0				0	0	0
测试人员D	0	0	0	0	0			0	0	0	0	0			0	0	0	0	0			0	0	0				0	0	0
测试人员E	0	0	0	0	0			0	0	0	0	0			0	2	0	0	0			0	2	0				0	2	0
测试人员F	0	0	0	0	0			0	0	0	1	0			0	0	0	0	0			0	0	0				0	0	0
测试人员G	0	0	0	0	0			1	0	0	0	2			0	0	0	0	0			0	0	1				1	0	0
测试人员H	0	0	1	0	0			0	0	2	0	2			0	0	2	1	2			3	2	1				2	5	0
测试人员I	0	0	0	0	0			0	0	0	0	0			0	0	1	0	2			3	2	2				1	3	0
测试人员J	0	0	0	0	0			0	0	0	0	0			0	0	0	0	0			0	0	0				0	0	0
测试人员K	0	0	0	0	0			0	0	0	0	0			0	0	0	0	0			0	0	0				0	0	0
统计	0	1	2	0	0	0	0	3	2	5	8	10	0	0	5	8	7	4	5	0	0	11	9	6	0	0	0	4	10	0

图 9-5 测试缺陷解决表（样例）

（5）测试缺陷拒绝表（样例）

测试缺陷拒绝表统计了项目组每个组员对应缺陷的拒绝数量，详细可参考图 9-6。

测试人员	缺陷拒绝																													
	6/1	6/2	6/3	6/4	6/5	6/6	6/7	6/8	6/9	6/10	6/11	6/12	6/13	6/14	6/15	6/16	6/17	6/18	6/19	6/20	6/21	6/22	6/23	6/24	6/25	6/26	6/27	6/28	6/29	6/30
	Mon	Tue	Wed	Thu	Fri	Sat	Sun	Mon	Tue	Wed	Thu	Fri	Sat	Sun	Mon	Tue	Wed	Thu	Fri	Sat	Sun	Mon	Tue	Wed	Thu	Fri	Sat	Sun	Mon	Tue
测试人员A	0	0	0	0	0			0	1	0	0	0			0	0	0	0	0			0	0	0				0	0	0
测试人员B	0	0	0	0	0			0	0	0	0	1			0	0	0	0	0			0	0	0				0	0	0
测试人员C	0	0	0	0	0			0	0	0	0	0			0	0	0	0	0			0	0	0				0	0	0
测试人员D	0	0	0	0	0			0	0	0	0	0			0	0	0	0	0			0	0	0				0	0	0
测试人员E	0	0	0	0	0			0	0	0	0	0			0	0	0	0	0			0	1	0				1	0	0
测试人员F	0	0	0	0	0			0	0	0	0	0			0	0	0	0	0			0	0	0				0	0	0
测试人员G	0	0	0	0	0			0	0	0	0	0			0	0	0	0	0			0	0	0				0	0	0
测试人员H	0	0	0	0	0			0	0	1	0	0			0	0	0	0	0			0	0	0				0	0	0
测试人员I	0	0	0	0	0			0	0	0	0	0			0	0	0	0	0			0	0	0				0	0	0
测试人员J	0	0	0	0	0			0	0	0	0	0			0	0	0	0	0			0	0	0				0	0	0
测试人员K	0	0	0	0	0			0	0	0	0	0			0	0	0	0	0			0	0	0				0	0	0
统计	0	0	0	0	0	0	0	0	1	1	0	1	0	0	0	0	0	0	0	0	0	0	1	0	0	0	0	1	0	0

图 9-6　测试缺陷拒绝表（样例）

2. 系统级别测试执行情况

该项目系统级别测试执行情况又分为用例设计、用例执行、缺陷提交、缺陷解决和缺陷拒绝 5 部分，该数据来源于组员级别测试执行情况的数据汇总，反映该项目各系统的执行效率和质量。

（1）测试用例设计表（样例）

测试用例设计表自动汇总组员测试执行情况中的测试用例提交数据，统计该项目各个系统测试用例提交数量，详细可参考图 9-7。

系统名称	用例设计																														当月汇总	上月汇总	汇总
	6/1	6/2	6/3	6/4	6/5	6/6	6/7	6/8	6/9	6/10	6/11	6/12	6/13	6/14	6/15	6/16	6/17	6/18	6/19	6/20	6/21	6/22	6/23	6/24	6/25	6/26	6/27	6/28	6/29	6/30			
	Mon	Tue	Wed	Thu	Fri	Sat	Sun	Mon	Tue	Wed	Thu	Fri	Sat	Sun	Mon	Tue	Wed	Thu	Fri	Sat	Sun	Mon	Tue	Wed	Thu	Fri	Sat	Sun	Mon	Tue			
国际结算	6	0	0	0	0	0	0	0	198	91	368	285	0	0	0	0	0	0	0	0	0	0	0	0	0	0	0	0	0	0	948	4165	5113
外汇支付清算	0	0	103	0	0	0	0	0	58	65	108	150	0	0	44	0	0	0	0	0	0	0	0	0	0	0	0	0	0	0	528	2029	2557
代客外汇买卖	0	19	0	18	0	0	0	0	0	0	0	70	0	0	20	0	0	0	0	0	0	0	0	20	0	0	0	0	0	0	147	989	1136
外汇资金管理	69	53	40	75	294	0	0	46	85	75	180	144	0	0	0	0	0	71	0	0	0	0	0	0	0	0	0	0	0	0	1132	2948	4080
外汇资金中后台	0	44	29	40	35	0	0	12	0	0	44	0	0	0	0	0	0	0	0	0	0	0	0	0	0	0	0	0	0	0	204	582	786
汇总	75	116	172	133	329	0	0	58	341	231	700	649	0	0	64	0	0	71	0	0	0	0	0	20	0	0	0	0	0	0	2959	10713	13672

图 9-7　测试用例设计表（样例）

（2）测试用例执行表（样例）

测试用例执行表自动汇总组员测试执行情况中的测试用例执行数据，统计该项目各个系统测试用例执行数量，详细可参考图 9-8。

（3）测试缺陷提交表（样例）

测试缺陷提交表自动汇总组员测试执行情况中的系统缺陷提交数据，统计该项目各个系统缺陷提交数量，详细可参考图 9-9。

系统名称	用例执行																														当月汇总	上月汇总	汇总
	6/1	6/2	6/3	6/4	6/5	6/6	6/7	6/8	6/9	6/10	6/11	6/12	6/13	6/14	6/15	6/16	6/17	6/18	6/19	6/20	6/21	6/22	6/23	6/24	6/25	6/26	6/27	6/28	6/29	6/30			
	Mon	Tue	Wed	Thu	Fri	Sat	Sun	Mon	Tue	Wed	Thu	Fri	Sat	Sun	Mon	Tue	Wed	Thu	Fri	Sat	Sun	Mon	Tue	Wed	Thu	Fri	Sat	Sun	Mon	Tue			
国际结算	202	0	0	214	0	0	0	0	0	0	0	0	0	0	0	76	0	0	0	0	0	0	0	0	0	0	0	0	0	0	492	2819	3311
外汇支付清算	0	0	0	0	0	0	0	0	0	0	0	0	0	0	0	33	20	45	0	0	0	0	0	0	0	0	0	0	0	0	98	489	587
代客外汇买卖	0	0	0	0	0	0	0	0	0	0	0	0	0	0	0	0	23	0	0	0	0	0	52	0	0	0	0	0	0	0	75	321	396
外汇资金管理	70	61	35	0	0	0	0	0	0	0	0	0	0	0	0	105	84	87	87	0	0	0	140	55	0	0	0	140	3	0	867	988	1855
外汇资金中后台	0	0	0	0	0	0	0	0	0	0	0	0	0	0	0	0	0	4	0	0	0	0	8	0	0	0	0	0	0	0	12	482	494
汇总	272	61	35	214	0	0	0	0	0	0	0	0	0	0	0	214	127	136	87	0	0	0	200	55	0	0	0	140	3	0	1544	5099	6643

图 9-8　测试用例执行表（样例）

系统名称	缺陷提交																														当月汇总	上月汇总	汇总
	6/1	6/2	6/3	6/4	6/5	6/6	6/7	6/8	6/9	6/10	6/11	6/12	6/13	6/14	6/15	6/16	6/17	6/18	6/19	6/20	6/21	6/22	6/23	6/24	6/25	6/26	6/27	6/28	6/29	6/30			
	Mon	Tue	Wed	Thu	Fri	Sat	Sun	Mon	Tue	Wed	Thu	Fri	Sat	Sun	Mon	Tue	Wed	Thu	Fri	Sat	Sun	Mon	Tue	Wed	Thu	Fri	Sat	Sun	Mon	Tue			
国际结算	1	1	0	0	3	0	0	2	3	7	8	6	0	0	5	4	3	1	5	0	0	3	2	0	0	0	0	0	0	0	54	93	147
外汇支付清算	0	0	0	0	0	0	0	0	0	1	0	2	0	0	0	0	0	0	0	0	0	3	0	0	0	0	0	3	0	0	9	28	37
代客外汇买卖	0	0	0	0	0	0	0	1	0	0	2	0	0	0	0	0	0	0	0	0	0	0	1	1	0	0	0	0	0	0	5	11	16
外汇资金管理	0	1	0	0	0	0	0	0	3	0	2	0	0	0	0	3	1	4	6	0	0	4	3	3	0	0	0	8	0	0	38	58	96
外汇资金中后台	0	0	0	0	0	0	0	0	0	0	0	0	0	0	0	0	0	0	0	0	0	0	0	0	0	0	0	0	0	0	0	0	0
汇总	1	2	0	0	3	0	0	3	6	8	12	8	0	0	5	7	4	5	11	0	0	10	6	4	0	0	0	11	0	0	106	190	296

图 9-9　测试缺陷提交表（样例）

（4）测试缺陷解决（样例）

测试缺陷解决表自动汇总组员测试执行情况中的系统缺陷解决数据，统计该项目各个系统缺陷解决数量，详细可参考图 9-10。

系统名称	缺陷解决																														当月汇总	上月汇总	汇总
	6/1	6/2	6/3	6/4	6/5	6/6	6/7	6/8	6/9	6/10	6/11	6/12	6/13	6/14	6/15	6/16	6/17	6/18	6/19	6/20	6/21	6/22	6/23	6/24	6/25	6/26	6/27	6/28	6/29	6/30			
	Mon	Tue	Wed	Thu	Fri	Sat	Sun	Mon	Tue	Wed	Thu	Fri	Sat	Sun	Mon	Tue	Wed	Thu	Fri	Sat	Sun	Mon	Tue	Wed	Thu	Fri	Sat	Sun	Mon	Tue			
国际结算	1	1	0	0	2	0	0	2	3	7	6	6	0	0	5	4	3	1	5	0	0	3	2	0	0	0	0	0	0	0	51	38	89
外汇支付清算	0	0	0	0	0	0	0	0	0	1	0	2	0	0	0	0	0	0	0	0	0	2	0	0	0	0	0	2	0	0	7	4	11
代客外汇买卖	0	0	0	0	0	0	0	1	0	0	2	0	0	0	0	0	0	0	0	0	0	0	1	1	0	0	0	0	0	0	5	4	9
外汇资金管理	0	1	0	0	0	0	0	0	2	0	2	0	0	0	0	3	1	4	6	0	0	4	3	3	0	0	0	8	0	0	37	26	63
外汇资金中后台	0	0	0	0	0	0	0	0	0	0	0	0	0	0	0	0	0	0	0	0	0	0	0	0	0	0	0	0	0	0	0	0	0
汇总	1	2	0	0	2	0	0	3	5	8	10	8	0	0	5	7	4	5	11	0	0	9	6	4	0	0	0	10	0	0	100	72	172

图 9-10　测试缺陷解决表（样例）

（5）测试缺陷拒绝（样例）

测试缺陷拒绝表自动汇总组员测试执行情况中的缺陷拒绝数据，统计该项目各个系统缺陷的拒绝数量，详细可参考图 9-11。

系统名称	缺陷拒绝																														当月汇总	上月汇总	汇总
	6/1	6/2	6/3	6/4	6/5	6/6	6/7	6/8	6/9	6/10	6/11	6/12	6/13	6/14	6/15	6/16	6/17	6/18	6/19	6/20	6/21	6/22	6/23	6/24	6/25	6/26	6/27	6/28	6/29	6/30			
	Mon	Tue	Wed	Thu	Fri	Sat	Sun	Mon	Tue	Wed	Thu	Fri	Sat	Sun	Mon	Tue	Wed	Thu	Fri	Sat	Sun	Mon	Tue	Wed	Thu	Fri	Sat	Sun	Mon	Tue			
国际结算	1	0	0	0	0	0	0	0	0	0	1	0	0	0	0	0	0	0	0	0	0	0	0	0	0	0	0	0	0	0	2	33	35
外汇支付清算	0	0	0	0	0	0	0	0	0	0	0	0	0	0	0	0	0	0	0	0	0	0	0	1	0	0	0	1	0	0	2	0	2
代客外汇买卖	0	0	0	0	0	0	0	0	0	0	0	0	0	0	0	0	0	0	0	0	0	0	0	0	0	0	0	0	0	0	0	0	0
外汇资金管理	0	0	0	0	0	0	0	0	0	0	1	0	0	0	0	0	0	0	0	0	0	0	0	0	0	0	0	0	0	0	1	0	1
外汇资金中后台	0	0	0	0	0	0	0	0	0	0	0	0	0	0	0	0	0	0	0	0	0	0	0	0	0	0	0	0	0	0	0	0	0
汇总	1	0	0	0	0	0	0	0	0	0	2	0	0	0	0	0	0	0	0	0	0	0	0	1	0	0	0	1	0	0	5	33	38

图 9-11　测试缺陷拒绝表（样例）

9.3.2.3 提交日报/周报

1. 工作日报

工作日报需要每天提交，一般包括标题、项目基本情况、今日工作内容、测试情况统计和风险情况统计等信息。其中，项目基本情况又分为系统版本、项目阶段、阶段起始时间、项目经理、汇报人和日报时间等信息；今日工作内容记录今日主要工作任务；测试情况统计分为基本信息、汇总信息和当天信息 3 部分，其中基本信息分为系统名称、测试内容、计划开始时间和计划完成时间等信息，汇总信息分为预计总用例数、目前总用例数、执行用例总数和新增用例总数等信息，当天信息分为计划执行用例数、实际执行用例数、新增用例数、缺陷数和问题数等信息；风险情况统计分为序号、风险描述、风险类型、风险级别、提交人和解决人等信息。详细内容可参见图 9-12。

<table>
<tr><td colspan="13">银行国际业务测试项目工作日报</td></tr>
<tr><td colspan="13">项目基本情况：</td></tr>
<tr><td>系统版本：</td><td></td><td>项目阶段：</td><td></td><td colspan="2">阶段起始时间：</td><td></td><td>项目经理：</td><td></td><td>汇报人：</td><td></td><td>日报时间：</td><td></td></tr>
<tr><td>今
日
工
作
内
容</td><td colspan="12"></td></tr>
<tr><td colspan="13">测试情况统计：</td></tr>
<tr><td colspan="4">基本信息</td><td colspan="4">汇总信息</td><td colspan="5">当天信息</td></tr>
<tr><td>系统名称</td><td>测试内容</td><td>计划开始时间</td><td>计划完成时间</td><td>预计总用例数</td><td>目前总用例数</td><td>执行用例总数</td><td>新增用例总数</td><td>计划执行用例数</td><td>实际执行用例数</td><td>新增用例数</td><td>缺陷数</td><td>问题数</td></tr>
<tr><td></td><td></td><td></td><td></td><td></td><td></td><td></td><td></td><td></td><td></td><td></td><td></td><td></td></tr>
<tr><td></td><td></td><td></td><td></td><td></td><td></td><td></td><td></td><td></td><td></td><td></td><td></td><td></td></tr>
<tr><td colspan="13">风险情况统计：</td></tr>
<tr><td>序号</td><td colspan="8">风险描述</td><td>风险类型</td><td>风险级别</td><td>提交人</td><td>解决人</td></tr>
<tr><td>1</td><td colspan="8"></td><td></td><td></td><td></td><td></td></tr>
<tr><td>2</td><td colspan="8"></td><td></td><td></td><td></td><td></td></tr>
<tr><td>3</td><td colspan="8"></td><td></td><td></td><td></td><td></td></tr>
</table>

图 9-12 工作日报

2. 工作周报

工作周报需要每周提交，一般包括标题、项目基本信息、项目实施进度、本周工作内容、下周工作计划、项目缺陷统计和风险管理等信息。

（1）项目基本信息模板

项目基本信息部分包括项目名称、系统版本、目前里程碑、下个里程碑、里程碑起始时间、周报起始时间、项目经理、开发经理、业务负责人、汇报人和本周工作概述等信息，模板如表 9-11 所示。

表 9-11 项目基本信息模板

国际业务项目工作周报									
项目基本情况：									
项目名称：		目前里程碑：		里程碑起始时间：		项目经理：		业务负责人：	
系统版本：		下个里程碑：		周报起始时间：		开发经理：		汇报人：	
本周工作概述									

（2）项目实施进度模板

项目实施进度部分包括序号、测试类型、项目阶段、里程碑名称、计划开始时间、实际开始时间、预计完成时间、实际完成时间、里程碑完成率/%、任务状态和备注等信息，模板如表 9-12 所示。

表 9-12 项目实施进度模板

序号	测试类型	项目阶段	里程碑名称	计划开始时间	实际开始时间	预计完成时间	实际完成时间	里程碑完成率/%	任务状态	备注

（3）本周工作内容模板

本周工作内容部分包括序号、系统名称、测试类型、项目阶段、本周工作任务、计划完成时间、目前完成率/%、负责人和备注等信息，模板如表 9-13 所示。

表 9-13 本周工作内容模板

序号	系统名称	测试类型	项目阶段	本周工作任务	计划完成时间	目前完成率/%	负责人	备注

（4）下周工作计划模板

下周工作计划部分包括序号、系统名称、测试类型、项目阶段、下周工作任务、计划完成时间、目前完成率/%、负责人和备注等信息，模板如表 9-14 所示。

表 9-14　下周工作计划模板

序号	系统名称	测试类型	项目阶段	下周工作任务	计划完成日期	目前完成率/%	负责人	备注

（5）项目缺陷统计模板

项目缺陷统计部分包括汇总缺陷情况、上周缺陷情况和本周缺陷情况 3 个部分，汇总缺陷情况分为总提交缺陷数、总解决缺陷数、总拒绝缺陷数和总遗留缺陷数等信息；上周缺陷情况分为上周新增缺陷数、上周解决缺陷数、上周拒绝缺陷数和上周遗留缺陷数等信息；本周缺陷情况分为本周新增缺陷数、本周解决缺陷数、本周拒绝缺陷数和本周遗留缺陷数等信息，模板如表 9-15 所示。

表 9-15　项目缺陷统计模板

汇总缺陷情况		上周缺陷情况		本周缺陷情况	
总提交缺陷数		上周新增缺陷数		本周新增缺陷数	
总解决缺陷数		上周解决缺陷数		本周解决缺陷数	
总拒绝缺陷数		上周拒绝缺陷数		本周拒绝缺陷数	
总遗留缺陷数		上周遗留缺陷数		本周遗留缺陷数	

（6）风险管理模板

风险管理部分包括序号、系统名称、项目阶段、风险描述、风险类型、严重程度、期望解决时间、提交人和解决人等信息，模板如表 9-16 所示。

表 9-16　风险管理模板

序号	系统名称	项目阶段	风险描述	风险类型	严重程度	期望解决时间	提交人	解决人

9.3.3 测试报告阶段

该项目测试报告阶段为项目收尾阶段，该阶段分为统计测试数据、编写测试报告、项目资料归档/基线和项目经验总结4部分。

9.3.3.1 统计测试数据

该项目测试执行阶段完成以后，就需要统计相关测试数据，绘制相关图表，为编写测试报告做准备。测试数据统计包括系统需求点统计、测试用例投放统计、系统缺陷统计和问题分析统计4部分。

1. 系统需求点统计（样例）

系统需求点统计包括初始需求点、增加需求点、减少需求点和修改需求点等信息，需要重点关注被测系统的需求点覆盖情况，如果不是全部覆盖，需要记录对应需求版本和来源等信息。系统需求点统计样例可参见表9-17。

表9-17 系统需求点统计样例

类别	需求点总量	测试覆盖需求点	测试未覆盖需求点	对应需求版本	来源
初始需求点					
增加需求点					
减少需求点					
修改需求点					

2. 测试用例投放统计（样例）

测试用例投放统计需要统计被测系统不同测试阶段和不同测试轮次的测试用例投放情况，统计内容包括系统名称、模块名称、交易名称，正/反用例、计划执行用例数、实际执行用例数、用例通过数、用例未通过数和通过率等信息。测试用例投放统计样例可参见表9-18。

表9-18 测试用例投放统计样例

系统名称	模块名称	交易名称	正/反用例	计划执行用例数	实际执行用例数	用例通过数	用例未通过数	通过率

3. 系统缺陷统计（样例）

系统缺陷统计需要统计被测系统不同测试阶段和不同测试轮次的缺陷情况，统计内容包括缺陷等级、缺陷提交数、缺陷修复数、缺陷未修复数和修复率等信息。系统缺陷统计样例可参见表 9-19。

表 9-19　系统缺陷统计样例

缺陷等级	缺陷提交数	缺陷修复数	缺陷未修复数	修复率
A——严重影响系统				
B——影响系统运行				
C——不影响运行但需修改				
D——建议提高				
总计				

4. 问题分析统计（样例）

问题分析统计需要统计被测系统不同测试阶段和不同测试轮次的问题情况，统计内容包括项目名称、项目阶段、问题提交数、问题修复数、问题修复率和备注等信息。问题分析统计样例可参见表 9-20。

表 9-20　问题分析统计样例

项目名称	项目阶段	问题提交数	问题修复数	问题修复率	备注

9.3.3.2　编写测试报告

在完成该项目测试执行阶段的工作以后，开始收集该项目不同被测系统、不同测试阶段、不同测试轮次的测试数据，可参见统计测试数据相关内容。在完成统计测试数据工作以后，项目经理或高级测试人员就开始编写测试报告，测试报告是项目实施验收时最重要的文档，是测试项目实施过程中三大里程碑文档之一，通常需要经过测试部门、开发部门和业务部门三方评审。

一份完善的测试报告通常包含以下内容：编写目的、系统介绍、参考资料、测试环境、测试工具、测试方法、测试范围、测试情况分析以及测试总结等。测试报告的编写可以参考第 8 章相关内容。

9.3.3.3　项目资料归档/基线

项目实施到这里就已经基本结束了，我们需要将项目资料进行归档/基线，作为项目资产进行保存。项目实施相关资料通常包括：

- 系统需求文档；
- 系统需求变更文档；
- 系统概要设计文档；
- 系统详细设计文档；
- 系统部署文档；
- 项目测试方案；
- 项目测试计划；
- 项目测试用例；
- 项目测试数据；
- 项目测试脚本；
- 项目测试记录；
- 日报和周报；
- 测试报告；
- 评审报告。

9.3.3.4 项目经验总结

该项目测试实施相关工作完成以后，项目经理组织项目经验分享会议，经验分享一般分为个人经验分享和项目经验分享两部分，目的是总结项目实施问题和提升项目组整体项目实施能力，为下一个项目实施工作做准备。

9.3.4 本节小结

在本节中，我们主要学习到在实际银行国际业务测试项目中如何开展功能测试工作，本节从功能测试准备阶段，到测试执行阶段，再到最后的测试报告阶段，详细介绍了功能测试各阶段的测试工作内容，并通过实际银行国际业务测试项目中的功能测试样例来加深读者对整个功能测试流程的理解，读者可以在今后的实际金融测试项目中将其作为参考并灵活运用。

9.4 非功能测试

9.4.1 测试准备阶段

该项目非功能测试准备阶段分为系统架构调研、测试环境调研、测试范围调研、性能指标调研、设计测试计划、编写测试方案、设计测试场景、部署测试环境、开发测试脚本、准备测试数据和性能测试监控等部分。

9.4.1.1 系统架构调研

系统架构调研有利于增强性能测试人员对被测系统与其他系统交互的理解，在很多性能测试环境中，外围系统可能没有部署在测试环境中，这时候就需要根据系统接口文档来开发挡板，保证性能测试工作顺利实施。系统架构图样例可参考图 9-13。

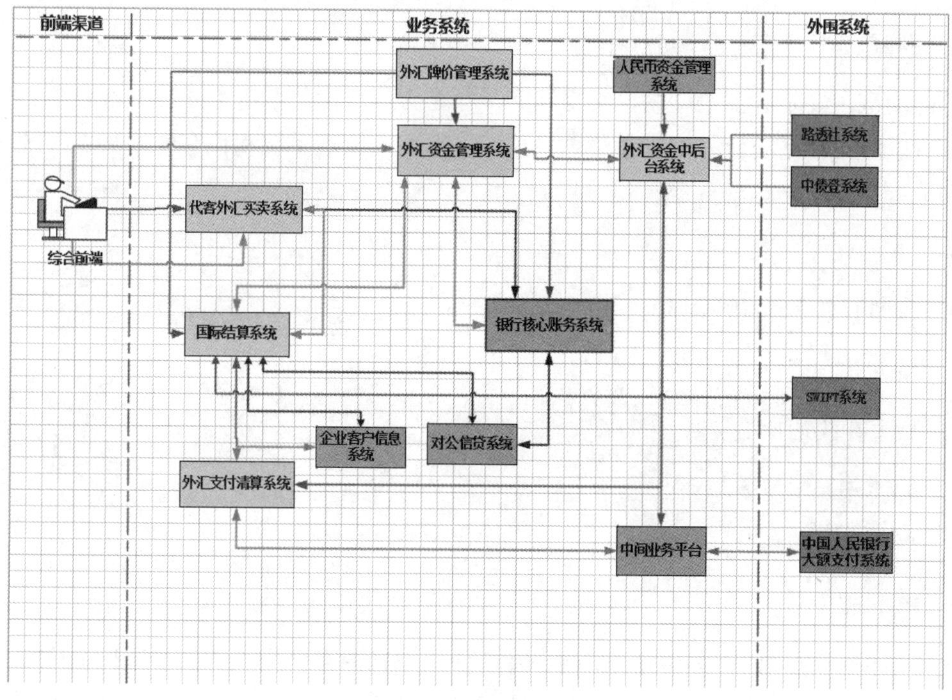

图 9-13 系统架构图样例

9.4.1.2 测试环境调研

测试环境调研有利于增强性能测试人员对被测系统软件/硬件的理解，方便后续性能测试环境部署、性能监控和其他非功能测试的实施。测试环境调研样例可参考表 9-21。

表 9-21 测试环境调研样例

硬件设备名称	型号	操作系统	硬件资源	软件版本	备注
应用服务器	P750	AIX 6.1 TL7	8 核 32GB	WAS 7.0.0.15 MQ 7.0.1.4 JDK 1.5	1 台主机 1 台备机
数据库服务器	P750	AIX 6.1 TL7	8 核 64GB	Db2 9.7.0.3A	1 台主机 1 台备机
内存					300GB 可用空间，RAID 10
压力服务器		Windows Server 2008	4 核 8GB	JAPT	1 台压力机 1 台监控机

9.4.1.3 测试范围调研

该项目测试范围包括性能测试和 HA 测试两部分，其中性能测试系统包括代客外汇买卖、外汇资金管理、外汇支付清算和国际结算 4 个系统，每个系统选取 4 笔典型联机交易。

1. 性能测试

性能测试主要是验证典型联机交易性能指标是否可以满足系统上线的基本要求，所涉及的系统有国际结算系统、外汇支付清算系统、外汇资金管理系统和代客外汇买卖系统。验证内容如下。

- TPS。
- 典型业务平均响应时间。
- 最大并发用户数。
- 最大在线用户数。
- 最佳并发用户数。
- 最佳在线用户数。
- 事务成功率。
- 硬件资源使用率（相关指标包括 CPU 使用率、内存使用率和磁盘繁忙程度）。

2. HA 测试

HA 测试是为了检验应用服务器和数据库服务器 HA 机制是否可用。所涉及的系统有国际结算系统、代客外汇买卖系统、外汇支付清算系统、外汇资金管理系统。验证内容包括应用服务器和数据库服务器 HA 机制是否可用及对系统性能的影响，具体如下。

- 主服务器出现异常后，备份服务器是否正常接管，业务处理是否正常。
- 主服务器恢复后，主服务器、备份服务器切换是否正常，业务处理是否正常。
- 主服务器网络异常，网卡切换是否正常，业务处理是否正常。
- 主服务器网络恢复后，网卡切换是否正常，业务处理是否正常。
- 主服务器双网卡异常，Service IP 是否从主服务器切换到备份服务器，业务处理是否正常。
- 主服务器双网卡恢复后，Service IP 是否从备份服务器切换到主服务器，业务处理是否正常。
- 主服务器与共享 VG（Volume Group，卷组）的网络连接断开，主服务器、备份服务器切换是否正常，业务处理是否正常。

测试范围调研样例可参见表 9-22。

表 9-22 测试范围调研样例

项目名称	系统名称	交易名
银行国际业务测试项目	代客外汇买卖系统	对公外汇买卖
		对私外汇买卖
		询价交易
		汇率查询
	外汇资金管理系统	即期询价
		远期申请
		掉期申请
		银行间交易
	外汇支付清算系统	支付类报文查询
		对账单查询
		报文记账查询
		对账单记账查询
	国际结算系统	汇入汇款
		汇出汇款
		出口信用证押汇
		进口 T/T 押汇

9.4.1.4 性能指标调研

联机交易性能指标调研包括系统名称、交易名称、所占比例、最大并发数、预期响应时间、预期 TPS 值、硬件资源使用率和事务成功率等信息。联机交易性能指标调研样例可参考表 9-23。

表 9-23　联机交易性能指标调研样例

系统名称	交易名称	所占比例	最大并发数	预期响应时间	预期 TPS 值	硬件资源使用率			事务成功率
						CPU 使用率	内存使用率	磁盘繁忙程度	

9.4.1.5　设计测试计划

在项目业务需求分析完成以后，结合项目工作量预估，并对该项目工作量预估中的工作内容进行细化，形成具体项目测试计划。该计划确定了各工作任务的开始时间和完成时间，并且指定工作任务的负责人和协助人，方便测试任务顺利执行。在后续项目实施过程中，如果出现进度偏差，需要及时分析原因，解决相关问题，并且调整测试计划。

9.4.1.6　编写测试方案

在完成该项目需求调研以后，高级测试人员开始编写测试方案，测试方案是指导整体项目实施工作最重要的文档之一，是测试项目实施过程中三大里程碑文档之一，通常需要经过测试部门、开发部门和业务部门三方评审。

一份完善的性能测试方案通常包含以下内容：编写目的、参考文档、项目简介、系统架构、业务情况、测试目的、测试范围、非功能测试方法、测试内容、项目计划、人员投放、项目管理方法、项目实施策略、准入准出标准、项目验收标准和风险控制等。测试方案编写具体要求可以参考第 4 章和第 5 章相关内容。

9.4.1.7　设计测试场景

该项目性能测试场景包括基准测试场景、单交易负载测试场景、混合交易负载测试场景、峰值测试场景、容量测试场景、稳定性测试场景、可恢复性测试场景和可扩展性测试场景等，具体测试场景设计请参见 6.4 节。

单交易负载测试场景样例可参考表 9-24。

表 9-24　单交易负载测试场景样例

序号	用例编号	场景名称	计划执行日期	实际执行日期	用例状态	业务/脚本名称	并发用户数		加压方式			执行时间预估	备注
							第一组	第二组	加载方式	持续时间	退出方式		
1	×××A001	对公外汇买卖	2020/7/5		待测试	登录	30	60	第一组：1u/1s 第二组：1u/1s	10min	同时退出	15min	
						外汇买卖							
						提交							
						退出							
2	×××A002	对私外汇买卖	2020/7/5		待测试	登录	30	60	第一组：1u/1s 第二组：1u/1s	10min	同时退出	15min	
						外汇买卖							
						提交							
						退出							

混合交易负载测试场景样例可参考表 9-25。

表 9-25　混合交易负载测试场景样例

序号	用例编号	场景名称	计划执行日期	实际执行日期	用例状态	业务分类	业务/脚本名称	优先级（测试）	并发用户数		加压方式			执行时间预估	备注
									第一组	第二组	加载方式	持续时间	退出方式		
1	×××B001	混合场景1	2020/11/22		待测试	对公外汇买卖	登录	高	7	14	第一组：1u/2s 第二组：1u/1s	15min	同时退出	20min	
							外汇买卖								
							提交								
							退出								
						对私外汇买卖	登录		9	18					
							外汇买卖								
							提交								
							退出								
						询价交易	登录		5	10					
							外汇买卖								
							提交								
							退出								
						汇率查询	登录		9	18					
							汇率查询								
							查询								
							退出								

9.4.1.8 部署测试环境

该项目测试环境部署分为应用系统环境部署和性能测试环境部署两部分，其中应用系统环境部署由环境组负责，性能测试环境部署由测试部门负责。性能测试环境包括压力机部署和监控软件部署两部分，本次性能测试压力工作采用 JAPT 工具；操作系统监控采用 IBM nmon 工具和 topas 命令；数据库监控采用 db2top 工具；中间件监控采用控制台和 IBM PTT 工具。

9.4.1.9 开发测试脚本

该项目性能测试采用 JAPT，通过录制生成脚本，然后在脚本中进行参数化来强化测试脚本。JAPT 脚本开发请参见 3.3 节相关内容。

9.4.1.10 准备测试数据

性能测试数据准备是性能测试工作中对测试人员技术能力要求相对比较高的任务，一般情况下，系统中的基础数据来源于生产环境，需要对生产数据进行脱敏和漂白。另外，生产数据的规模一般不能达到性能测试要求，需要对现有基础生产数据进行扩容，常见的数据扩容方法有：

（1）通过性能测试工具快速生成扩容数据。

（2）通过第三方工具快速向数据库批量插入来扩容数据。

（3）通过存储过程快速向数据库批量插入来扩容数据。

9.4.1.11 性能测试监控

1. 主机监控

本次性能测试对主机的监控主要采用 AIX 自带的命令和 IBM nmon 工具，将两者相互结合对主机的资源进行监控。主机监控信息如表 9-26 所示。

表 9-26 主机监控信息

工具名称	命令	描述
AIX 系统自带命令	topas 命令	该命令以 2s 更新一次的默认时间间隔监控主机的 CPU、网络、磁盘、内存、进程和文件系统等统计信息
	sar 命令	该命令根据不同参数监控主机的 CPU、磁盘、缓冲区、文件读写和运行队列等统计信息
	vmstat 命令	该命令监控主机的内核线程、虚拟内存、磁盘和 CPU 等统计信息
	iostat 命令	该命令监控主机的磁盘和 CPU 等统计信息
	netstat 命令	该命令监控主机网络发送和接收的信息包数等统计信息
IBM nmon 工具		该工具全面、实时监控主机的 CPU、内存、磁盘和网络等资源使用情况，并生成报告

2. 数据库监控

本次性能测试对数据库的监控主要采用 db2top、db2pd 和 Spotlight on Oracle。数据库监控信息如表 9-27 所示。

表 9-27 数据库监控信息

工具名称	命令参数	描述
db2top	session	该参数监控 Db2 数据库会话相关信息
	tables	该参数监控 Db2 数据库表相关信息
	tablespace	该参数监控 Db2 数据库表空间相关信息
	bufferpools	该参数监控 Db2 数据库缓冲池相关信息
	dynsql	该参数监控 Db2 数据库动态 SQL 相关信息
	locks	该参数监控 Db2 数据库锁相关信息
	utilities	该参数监控 Db2 数据库利用率相关信息
db2pd		该工具监控 Db2 数据库事务、表空间、表统计信息、动态 SQL、数据库配置和其他很多数据库相关信息
Spotlight on Oracle		该工具实时对 Oracle 数据库进行性能监控，监控内容很全面，监控页面也非常美观

3. 中间件监控

本次性能测试对中间件 WebSphere 的监控主要采用 WebSphere 自带的控制台和 IBM WebSphere Application Server Performance Tuning Toolkit 进行。中间件监控信息如表 9-28 所示。

表 9-28 中间件监控信息

工具名称	监控点	描述
控制台	连接池	监控连接池相关信息
	线程池	监控线程池相关信息
	会话	监控会话相关信息
	JVM	监控 JVM 相关信息
	请求数	监控对象的请求数
	响应时间	监控对象的响应时间
IBM PTT	Servlet 响应时间	监控 Servlet 响应时间
	JDBC 响应时间	监控 JDBC 响应时间
	Servlet 流量	监控 Servlet 流量
	事务流量	监控事务流量
	EJB 流量	监控 EJB 流量
	并发线程数	监控并发数
	线程池	监控线程池
	HTTP 会话	监控 HTTP 会话
	CPU 利用率	监控 CPU 利用率
	Java Heap	监控 Java Heap

9.4.2 测试执行阶段

9.4.2.1 性能测试执行

1. JAPT 性能场景执行

图 9-14 所示是 JAPT 性能场景执行情况，该工具的详细使用方法请参见 3.3 节。

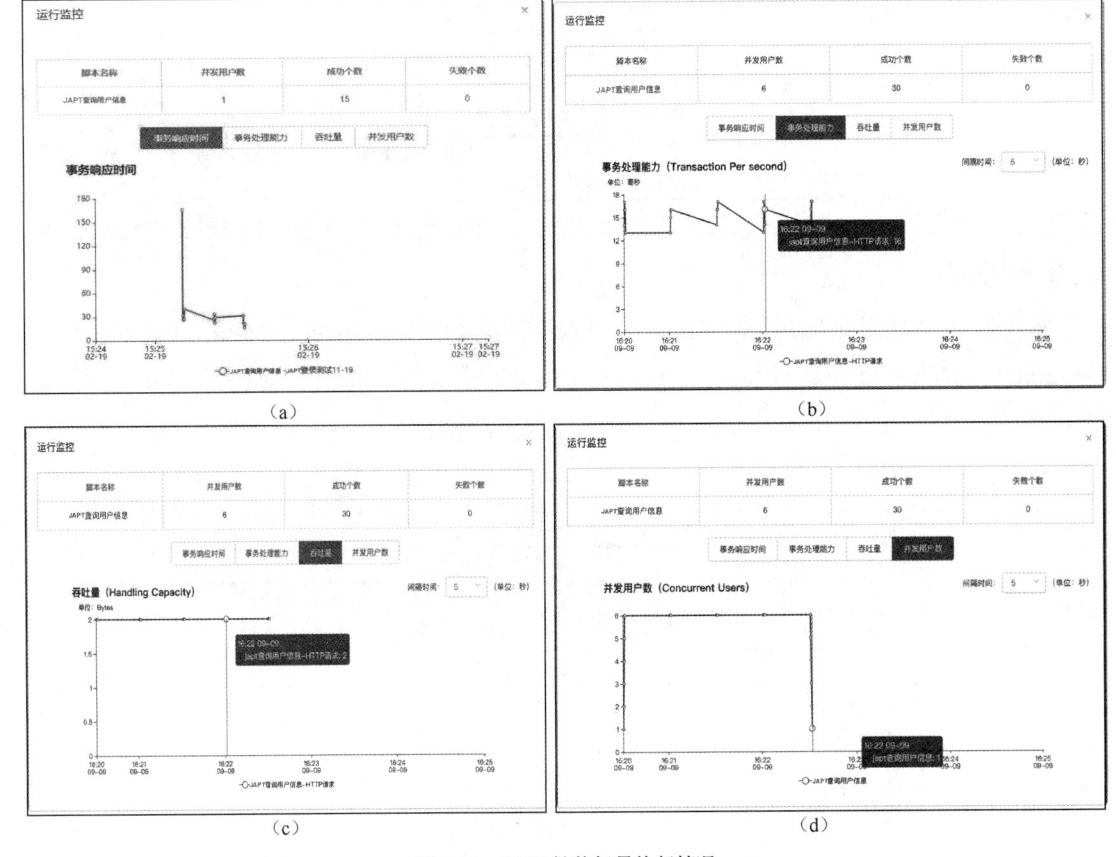

图 9-14 JAPT 性能场景执行情况

2. 性能测试记录

性能测试记录可参考表 9-29。

表 9-29 性能测试记录

测试场景				测试执行		性能结果			应用服务器			数据库服务器			是否通过
测试类型	用例编号	场景名	并发数	轮次	执行日期	事务名	平均响应时间/s	每秒事务数（TPS值）	CPU利用率/%	内存使用率/%	I/O繁忙程度/%	CPU利用率/%	内存使用率/%	I/O繁忙程度/%	
单交易测试场景	×××A003	汇入汇款	20	第 2 轮	2021/1/28	挂账处理……	0.028	37.047	4.5	33.2	5	11.5	25.1	6	通过
						挂账处理……	0.02	37.047							
						账务报文……	0.026	37.047							
						账务报文……	0.043	37.05							

3. 性能测试监控

应用服务器监控如图 9-15、图 9-16 所示。

图 9-15 应用服务器监控 1

```
Disk-KBytes/second-(K=1024,M=1024*1024)
Disk      Busy  Read  Write 0----------25-----------50-----------75--------100
 Name           KB/s  KB/s |           |            |             |          |
hdisk0     0%     0     0|                                                  >
hdisk1     0%     0     0|                                                  >
hdisk12    0%     0     0|                                                  >
hdisk24    0%     0     0|                                                  |
hdisk15    0%     0     0|                                                  |
hdisk25    0%     0     0|                                                  |
hdisk13    0%     0     0|                                                  |
hdisk9     0%     0     0|                                                  |
hdisk14    0%     0     0|                                                  |
hdisk4     0%     0     0|                                                  |
hdisk16    0%     0     0|                                                  |
hdisk2     0%     0     0|                                                  |
hdisk11    0%     0     0|                                                  >
hdisk6     0%     0     0|                                                  |
hdisk5     0%     0     0|                                                  |
-----Warning: Some Statistics may not be shown-----------------------------------
```

图 9-16 应用服务器监控 2

数据库服务器监控如图 9-17、图 9-18 所示。

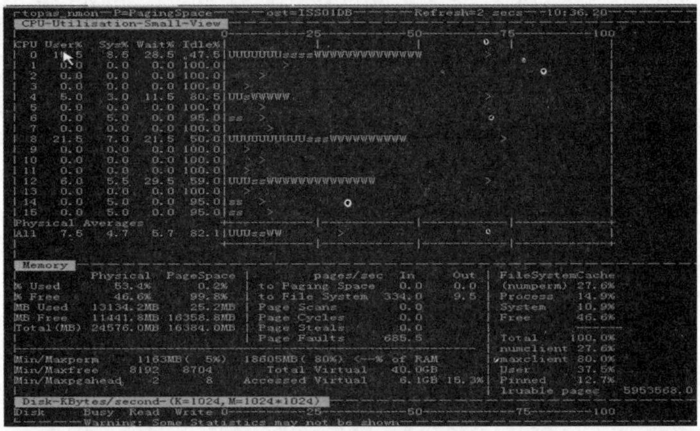

```
topas_nmon  P=PagingSpace  ost=ISS01DB  Refresh=2 secs  10:36.20
CPU-Utilisation-Small-View
                                  0----------25-----------50----------75----------100
CPU User%   Sys%  Wait%  Idle%|
  0  1 .5    8.5   28.5   47.5|UUUUUUUUssssWWWWWWWWWWWWWWWW
  1   0.0    0.0    0.0  100.0|
  2   0.0    0.0    0.0  100.0|
  3   0.0    0.0    0.0  100.0|
  4   5.0    3.0   11.5   80.5|UUsWWWWW
  5   0.0    0.0    0.0  100.0|
  6   0.0    5.0    0.0   95.0|ss
  7   0.0    0.0    0.0  100.0|
  8  21.5    7.0   21.5   50.0|UUUUUUUUUUUsssWWWWWWWWWWW
  9   0.0    0.0    0.0  100.0|
 10   0.0    0.0    0.0  100.0|
 11   0.0    0.0    0.0  100.0|
 12   6.0    5.5   29.5   59.0|UUUssWWWWWWWWWWWWWWW
 13   0.0    0.0    0.0  100.0|
 14   0.0    5.0    0.0   95.0|ss
 15   0.0    5.0    0.0   95.0|ss
Physical Averages
All   7.6    4.7    5.7   82.1|UUUssWW

Memory
            Physical  PageSpace |        pages/sec  In     Out | FileSystemCache
% Used         53.4%      0.2%  | to Paging Space   0.0    0.0 | (numperm) 27.6%
% Free         46.6%     99.8%  | to File System  334.0    9.5 | Process   14.9%
MB Used    13134.2MB    25.2MB  | Page Scans        0.0        | System    10.9%
MB Free    11441.8MB 16358.8MB  | Page Cycles       0.0        | Free      46.6%
Total(MB)  24576.0MB 16384.0MB  | Page Steals       0.0        |
                                | Page Faults     685.5        | Total    100.0%
                                                               | numclient 27.6%
Min/Maxperm     1163MB( 5%)  18605MB( 80%) <--% of RAM         | maxclient 80.0%
Min/Maxfree     8192   8704      Total Virtual    40.0GB       | User      37.5%
Min/Maxpgahead     2      8    Accessed Virtual    6.1GB 15.3% | Pinned    12.7%
                                                               | lruable pages  5953568.0
Disk-KBytes/second-(K=1024,M=1024*1024)
Disk      Busy  Read  Write 0----------25-----------50----------75----------100
Warning: Some Statistics may not be shown
```

图 9-17 数据库服务器监控 1

```
Disk-KBytes/second-(K=1024,M=1024*1024)
Disk      Busy  Read      Write 0----------25-----------50----------75----------100
 Name           KB/s      KB/s |
hdisk0    100%         0  22818|WWWWWWWWWWWWWWWWWWWWWWWWWWWWWWWWWWWWWWWWWWWWWWWWW>
hdisk1    100%         0  22818|WWWWWWWWWWWWWWWWWWWWWWWWWWWWWWWWWWWWWWWWWWWWWWWWW>
hdisk11     0%         0      0|
hdisk16   100%         0 102683|WWWWWWWWWWWWWWWWWWWWWWWWWWWWWWWWWWWWWWWWWWWWWWWWW>
hdisk14     0%         0      0|
hdisk15     0%       713      0| >
hdisk5    100%  23816687   2852RRRRRRRRRRRRRRRRRRRRRRRRRRRRRRRRRRRRRRRRRRRRRRRRR>
hdisk17   100%  23688503       RRRRRRRRRRRRRRRRRRRRRRRRRRRRRRRRRRRRRRRRRRRRRRRRR>
hdisk10     0%         0      0|
hdisk7    100%  16862785       RRRRRRRRRRRRRRRRRRRRRRRRRRRRRRRRRRRRRRRRRRRRRRRRR>
hdisk4    100%         0  68455|WWWWWWWWWWWWWWWWWWWWWWWWWWWWWWWWWWWWWWWWWWWWWWWWW>
hdisk9    100%  23714004       RRRRRRRRRRRRRRRRRRRRRRRRRRRRRRRRRRRRRRRRRRRRRRRRR>
hdisk8    100%  19509717       RRRRRRRRRRRRRRRRRRRRRRRRRRRRRRRRRRRRRRRRRRRRRRRRR>
hdisk2      0%         0      0|
hdisk19   100%  16531918       RRRRRRRRRRRRRRRRRRRRRRRRRRRRRRRRRRRRRRRRRRRRRRRRR>
Warning: Some Statistics may not be shown
```

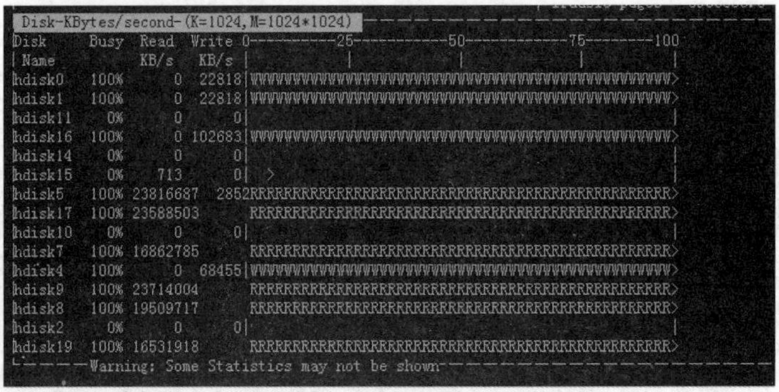

图 9-18 数据库服务器监控 2

通过 AIX 系统自带的 topas 命令对应用服务器和数据库服务器的硬件资源进行监控，发现应用服务器硬件资源使用正常，而数据库服务器存在大量磁盘读写操作，该性能问题可能与数据库有关，需要对 Db2 数据库进行进一步监控和分析。

4. 性能测试分析

通过 db2top 工具对 Db2 数据库进行进一步分析，发现数据库存在大量锁升级、死锁和锁等待的情况，进一步确认执行次数最多的 SQL 语句。Db2 db2top 监控分析如图 9-19、图 9-20 所示。

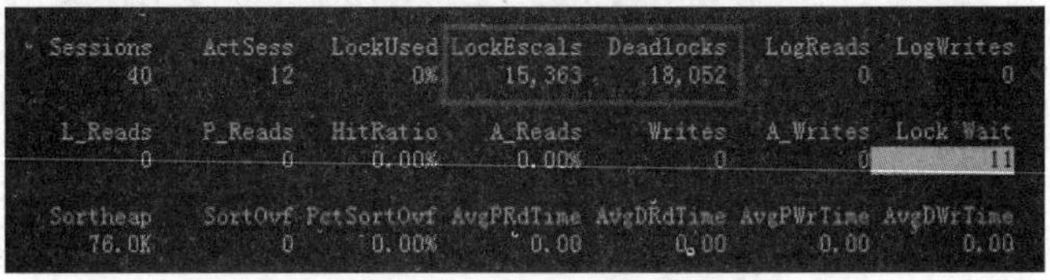

```
Sessions   ActSess  LockUsed  LockEscals  Deadlocks  LogReads  LogWrites
      40        12        0%      15,363     18,052         0          0

 L_Reads   P_Reads  HitRatio    A_Reads     Writes   A_Writes  Lock Wait
       0         0     0.00%      0.00%          0          0         11

Sortheap   SortOvf PctSortOvf AvgPRdTime AvgDRdTime AvgPWrTime AvgDWrTime
   76.0K         0      0.00%       0.00       0.00       0.00       0.00
```

图 9-19 Db2 db2top 监控分析 1

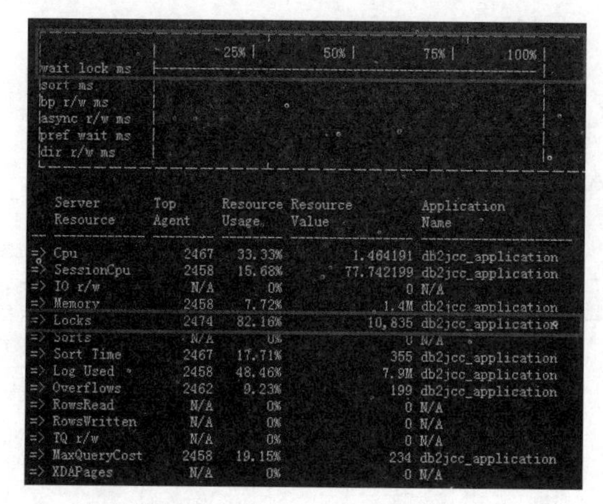

图 9-20 Db2 db2top 监控分析 2

5. 系统性能优化

（1）性能问题分析

在测试执行过程中，由于数据库锁相关参数的设置不满足业务要求，导致 SQL 语句执行时间过长，并伴随着大量的锁等待和死锁情况，最后导致 WAS（应用服务器挂起）。由于经办用户保存汇出汇款交易时产生的业务标号是不断号的，所以在并发测试的时候，会出现锁等待超时状态，导致系统无响应。

（2）调整系统性能设置

通过前面系统性能测试过程中的监控和分析，找到该系统性能问题的主要原因，本次系统性能优化采用调整 Db2 相关参数、问题 SQL 增加索引、调整 WAS 相关参数、删除历史数据和对柜员权限进行限制等手段，然后准备对优化后系统进行性能复测。

6. 性能优化后复测

性能优化前后响应时间对比可参见表 9-30。

表 9-30 性能优化前后响应时间对比

交易名称	事务名称	第 1 轮测试/s	第 2 轮测试/s
汇入汇款	挂账处理_复核_通过_确认	5.159	0.028
	挂账处理_经办_保存_确认	4.277	0.02
	账务报文清分_复核_通过_确认	5.083	0.026
	账务报文清分_经办_保存_确认	4.716	0.043

观察优化前后对比，交易操作响应时间的性能提升超过 100 倍，锁等待、死锁和 SQL 运行时间很长的问题得到很好的解决。没有出现 WAS 服务宕机的情况，满足该项目上线要求。

9.4.2.2 HA 测试执行

1. 应用服务器 HA 测试

（1）应用服务器 HA 切换结果如图 9-21 所示。

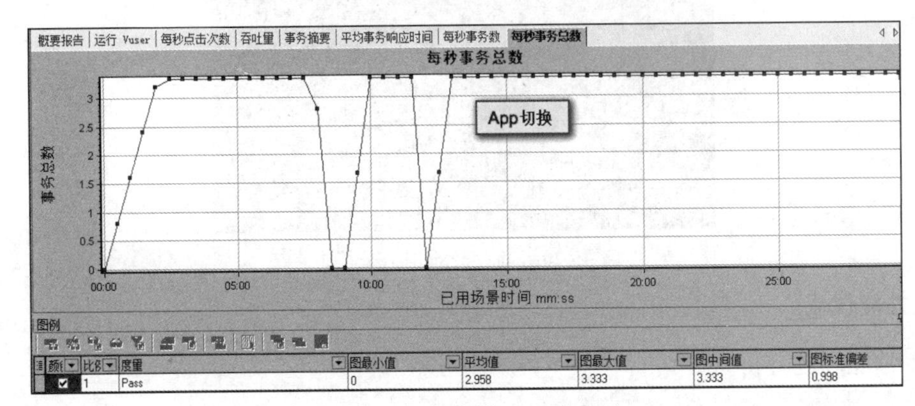

图 9-21 应用服务器 HA 切换结果

（2）应用服务器 HA 回切结果如图 9-22 所示。

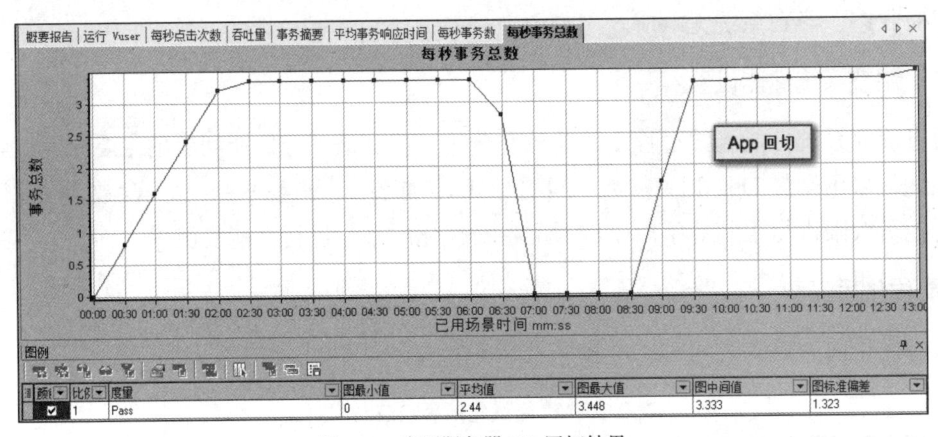

图 9-22 应用服务器 HA 回切结果

（3）应用服务器网卡切换结果如图 9-23 所示。

2. 数据库服务器 HA 测试

（1）数据库服务器 HA 切换结果如图 9-24 所示。

（2）数据库服务器 HA 回切结果如图 9-25 所示。

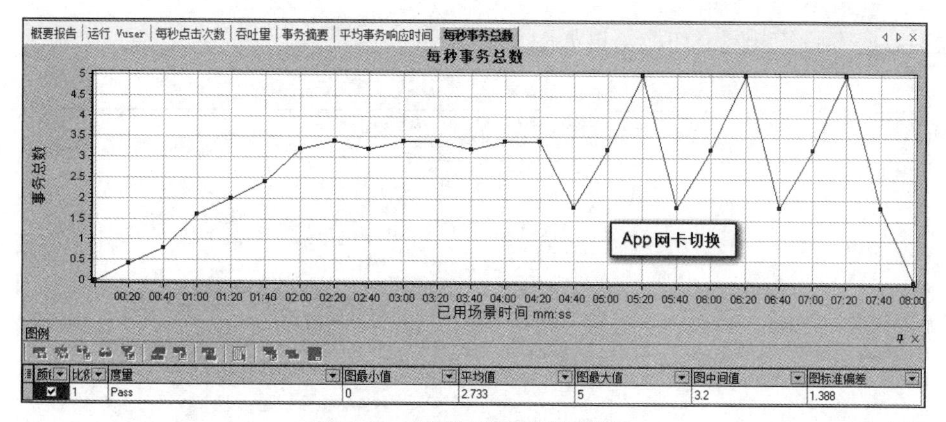

图 9-23　应用服务器网卡切换结果

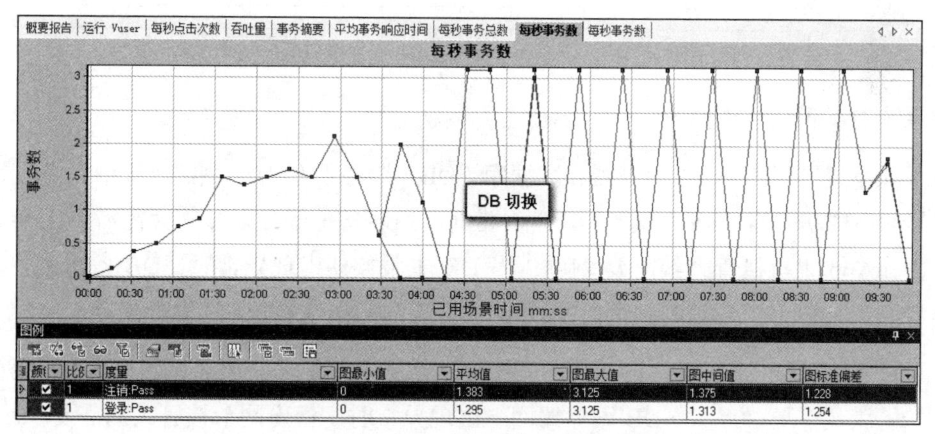

图 9-24　数据库服务器 HA 切换结果

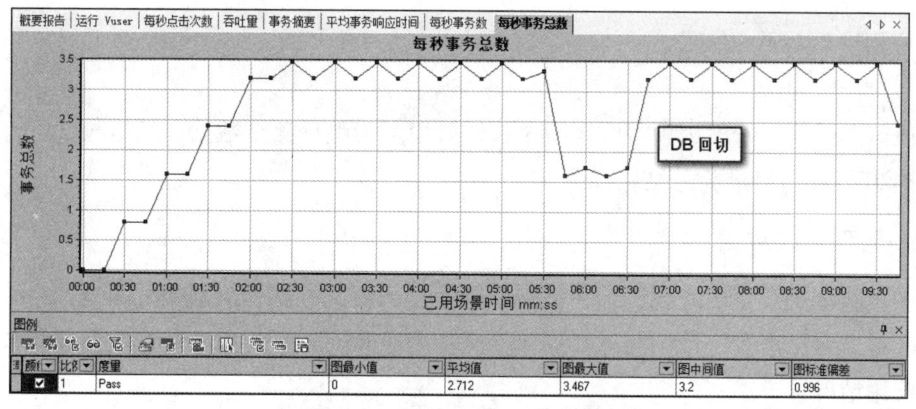

图 9-25　数据库服务器 HA 回切结果

（3）数据库服务器网卡切换结果如图 9-26 所示。

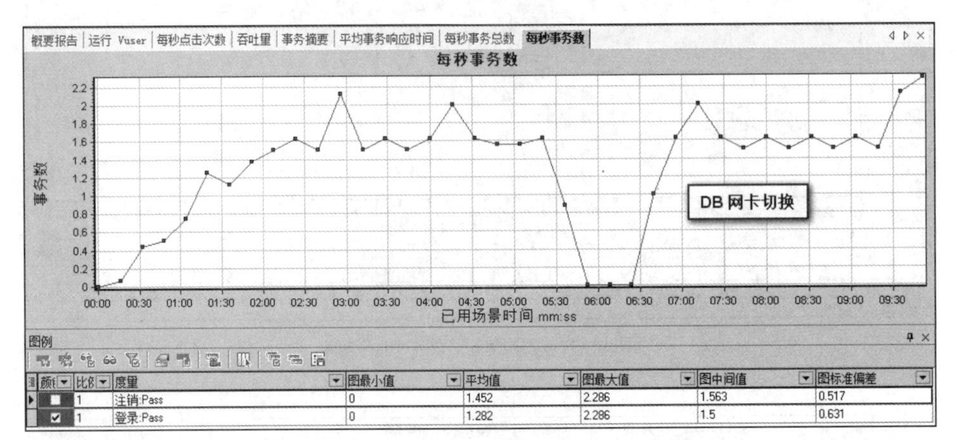

图 9-26　数据库服务器网卡切换结果

该系统 HA 测试结果如下。

（1）该系统应用（App）服务器和数据库（DB）服务器在 HA 测试过程中，主服务器/备份服务器切换成功。当 App 主服务器出现异常时，App 备份服务器接管大约需要 150s，在回切过程中，App 主机接管大约需要 210s；当 DB 主服务器出现异常时，DB 备份服务器接管大约需要 96s，在回切过程中，DB 主服务器接管大约需要 75s，满足生产要求。

（2）该系统 App 服务器和 DB 服务器网卡切换成功。当 App 服务器网卡出现异常时，备份网卡接管大约需要 20s；当 DB 服务器网卡出现异常时，备份网卡接管大约需要 76s，满足生产要求。

9.4.3 测试报告阶段

该项目测试报告阶段为项目收尾阶段，该阶段分为整理测试数据、编写测试报告、项目资料归档/基线和项目经验总结 4 部分。

9.4.3.1 整理测试数据

该项目测试执行阶段完成以后，就需要统计相关测试数据，绘制相关图表，为编写测试报告做准备。常见需要统计的测试数据包括交易响应时间、TPS 值、并发数、在线数和服务器资源使用情况等。

交易响应时间对比样例可参见表 9-31。

表 9-31 交易响应时间对比样例

交易名称	事务名称	第 1 轮测试/s	第 2 轮测试/s
汇入汇款	挂账处理_复核_通过_确认	5.159	0.028
	挂账处理_经办_保存_确认	4.277	0.02
	账务报文清分_复核_通过_确认	5.083	0.026
	账务报文清分_经办_保存_确认	4.716	0.043

交易响应时间对比图样例如图 9-27 所示。

交易 TPS 值对比统计样例如图 9-28 所示。

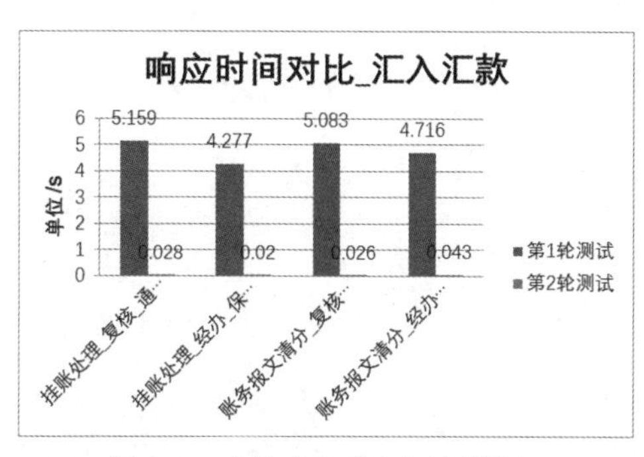

图 9-27 交易响应时间对比图样例

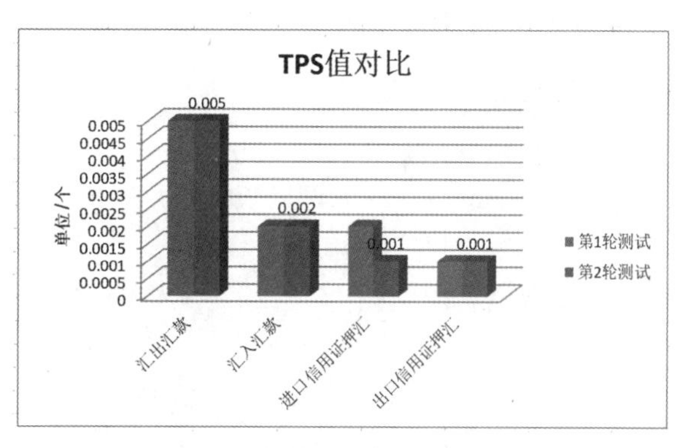

图 9-28 交易 TPS 值对比统计样例

9.4.3.2 编写测试报告

在完成该项目测试执行阶段的工作以后，开始收集该项目不同被测系统、不同测试阶段、不同测试轮次的测试数据，具体参见 9.3.3.1 小节相关内容。在完成统计测试数据工作以后，项目经理或高级测试人员就开始编写测试报告。测试报告是项目实施验收时最重要的文档之一，是测试项目实施过程中三大里程碑文档之一，通常需要经过测试部门、开发部门和业务部门三方评审。

一份完善的测试报告通常包含以下内容：项目背景、项目目标、系统介绍、参考资料、测试环境、测试工具、测试方法、测试范围、测试结果分析以及测试总结等。编写测试报告具体可以参考第 8 章相关内容。

9.4.3.3 项目资料归档/基线

项目实施到这里就已经基本结束了，我们需要将项目资料进行归档/基线，将其作为项目资产进行保存。项目实施相关资料通常包括：

- 系统需求文档。
- 系统需求变更文档。
- 系统概要设计文档。
- 系统详细设计文档。
- 系统部署文档。
- 项目非功能测试方案。
- 项目非功能测试计划。
- 项目非功能测试场景。
- 项目测试数据。
- 项目测试脚本。
- 项目测试记录。
- 服务器资源截图。
- 日报和周报。
- 测试报告。
- 评审报告。

9.4.3.4 项目经验总结

该项目测试实施相关工作完成以后，测试经理组织项目经验分享会议，经验分享分为个人经验分享和项目经验分享两部分，目的是总结项目实施问题和提升项目组整体项目实施能力，为下一个项目实施工作做准备。

9.4.4 本节小结

在本节中，我们主要学习了在实际银行国际业务测试项目中如何开展非功能测试工作。本节从非功能测试准备阶段到测试执行阶段，再到最后的测试报告阶段，详细介绍了非功能测试各阶段的测试工作内容，并通过实际银行国际业务测试项目中非功能测试的一些样例来加深读者对整个非功能测试流程的理解，读者可以在今后实际的金融测试项目中将其作为参考并灵活运用。

9.5 项目进度总控

在项目实施过程中，由于外部环境和条件的影响，实际进度与计划进度往往会有所偏差，如不能及时发现这些偏差并加以纠正，项目进度管理目标的实现就可能会受到影响，同时项目的质量也可能会受到影响，所以在项目实施过程中必须实行项目进度总控和项目的质量管理。

对于该项目的测试经理来说，测试进度管理是测试管理的重要组成部分，贯穿产品需求调研到产品发布的整个测试活动。测试进度管理的目的就是在当前团队测试人力、环境、工具等资源条件下，按照产品质量目标在版本发布时间内交付既定的版本。对于本项目，为了保证测试进度和测试质量，针对所测试的系统以及所参与的测试人员设定了相应的质量考核标准。

9.5.1 系统进度和质量考核

为了保证该项目的测试进度和测试质量，对系统中的不同模块，分别从用例设计、用例执行和缺陷统计 3 个大的方面设置了进度和质量考核标准。表 9-32 所示为系统进度和质量考核标准样例，考核标准需要根据不同项目难易程度、整体项目周期、整体测试周期、测试准备情况、开发/业务配合情况、目前项目整体测试进度、项目人员投放情况，以及客户方要求等具体情况来进行制定和实时调整。

表 9-32 系统进度和质量考核标准样例

SIT 阶段测试项目	用例设计			用例执行				缺陷统计						是否需要加班
	预计用例数	目前用例数	用例完成率	用例执行数	执行率	本周计划执行率	本周执行偏差	缺陷数	解决数	拒绝数	缺陷解决率	缺陷拒绝率	缺陷发现率	
国际结算系统	1800	1937	108%	140	7%	25%	18%	4	0	0	0%	0	3%	加班
外汇支付清算系统	1800	1800	100%	253	14%	25%	11%	3	0	0	0%	0	1%	加班
代客外汇买卖系统	500	488	98%	99	20%	25%	5%	1	0	0	0%	0	1%	正常班
外汇资金管理系统	2000	1986	99%	368	19%	25%	6%	13	1	0	8%	0	4%	正常班
外汇资金中后台系统	300	252	84%	27	11%	25%	14%	0	0	0	0%	0	0%	加班
汇总	6400	6463	101%	887	14%	25%	11%	21	1	0	5%	0	2%	加班

系统进度和质量考核将从用例设计进度、用例执行进度、缺陷解决率、缺陷拒绝率和缺

陷发现率这几个方面展开，具体标准如下。

1. 用例设计进度考核

（1）用例编写完成率≥100%：说明该项目目前用例设计进度超过预期。考核结果：优秀，绿色。

（2）用例编写完成率≥90%且<100%：说明该项目目前用例设计进度偏高于预期。考核结果：良好，浅绿色。

（3）用例编写完成率≥80%且<90%：说明该项目目前用例设计进度正常。考核结果：正常，橙色。

（4）用例编写完成率<80%：说明该项目目前用例设计进度与预期存在一定偏差，需要重点关注。考核结果：不合格，红色。

2. 用例执行进度考核

（1）用例执行完成率≥60%：说明该项目目前用例执行进度超过预期。考核结果：优秀，绿色。

（2）用例执行完成率≥50%且<60%：说明该项目目前用例执行进度偏高于预期。考核结果：良好，浅绿色。

（3）用例执行完成率≥40%且<50%：说明该项目目前用例执行进度正常。考核结果：正常，橙色。

（4）用例执行完成率<40%：说明该项目目前用例执行进度与预期存在较大偏差，需要重点关注。考核结果：不合格，红色。

3. 缺陷解决率考核

（1）缺陷解决率≥30%：说明该项目目前缺陷解决情况高于开发部门、业务部门和测试部门的三方约定。考核结果：优秀，绿色。

（2）缺陷解决率≥25%且<30%：说明该项目目前缺陷解决情况偏高于开发部门、业务部门和测试部门的三方约定。考核结果：良好，浅绿色。

（3）缺陷解决率≥20%且<25%：说明该项目目前缺陷解决情况满足开发部门、业务部门和测试部门的三方约定。考核结果：正常，橙色。

（4）缺陷解决率<20%：说明该项目目前缺陷解决情况与开发部门、业务部门和测试部门

的三方约定存在一定偏差，需要重点关注。考核结果：不合格，红色。

4. 缺陷拒绝率考核

（1）缺陷拒绝率=0%：说明该项目目前缺陷拒绝情况低于开发部门、业务部门和测试部门的三方约定。考核结果：优秀，绿色。

（2）缺陷拒绝率>0%且≤10%：说明该项目目前缺陷拒绝情况偏低于开发部门、业务部门和测试部门的三方约定。考核结果：良好，浅绿色。

（3）缺陷拒绝率>10%且≤20%：说明该项目目前缺陷拒绝情况满足开发部门、业务部门和测试部门的三方约定。考核结果：正常，橙色。

（4）缺陷拒绝率>20%：说明该项目目前缺陷拒绝情况与开发部门、业务部门和测试部门的三方约定存在一定偏差，需要重点关注。考核结果：不合格，红色。

5. 缺陷发现率考核

（1）缺陷发现率≥5%：说明该项目缺陷很多或者用例编写质量很高。考核结果：优秀，绿色。

（2）缺陷发现率≥4%且<5%：说明该系统缺陷较多或者用例编写质量较高。考核结果：良好，浅绿色。

（3）缺陷发现率≥3%且<4%：说明该系统缺陷数与用例执行数的百分比满足开发部门、业务部门和测试部门的三方约定。考核结果：正常，橙色。

（4）缺陷发现率<3%：说明该系统缺陷偏少或者用例编写质量偏低，百分比低于开发部门、业务部门和测试部门的三方约定，需要重点关注。考核结果：不合格，红色。

9.5.2 人员进度和质量考核

除了对所测系统设置质量考核以外，为了保证测试进度和测试质量，对于测试人员的日常测试工作也需要设置相应的考核标准。在本节中，也分别从用例设计、用例执行和缺陷统计 3 个大的方面对人员设置了进度和质量考核标准。表 9-33 所示为人员进度和质量考核标准样例，考核标准需要根据不同项目难易程度、整体项目周期、整体测试周期、测试准备情况、开发/业务配合情况、目前项目整体测试进度、项目人员投放情况、人员能力以及客户方要求等具体情况来进行制定和实时调整。

表 9-33 人员进度和质量考核标准样例

姓名	用例设计			用例执行			缺陷统计		
	设计总数	本月设计数	日均设计数	执行总数	本月执行数	日均执行数	缺陷总数	本月缺陷数	日均缺陷数
测试人员 A	2193	0	30	284	25	6	130	3	2.6
测试人员 B	0	0	0	27	27	1	0	0	0.0
测试人员 C	2152	0	86	1031	23	21	0	0	0.0
测试人员 D	1604	0	27	387	127	7	12	1	0.2
测试人员 E	1372	0	18	610	23	12	36	0	0.7
测试人员 F	907	0	29	360	126	7	3	2	0.1
测试人员 G	2512	0	34	855	368	16	58	13	1.1
测试人员 H	1315	0	60	1016	99	19	43	1	0.8
测试人员 I	709	0	9	554	23	11	15	1	0.3
测试人员 J	339	0	14	185	23	4	0	0	0.0
测试人员 K	214	0	9	350	23	7	0	0	0.0

人员进度和质量考核将从用例日均设计数、用例日均执行数和日均缺陷数这几个方面展开，具体标准如下。

1. 用例日均设计数考核

（1）日均设计数≥50：说明目前测试阶段，人员日均用例设计进度超过预期。考核结果：优秀，绿色。

（2）日均设计数≥30 且<50：说明目前测试阶段，人员日均用例设计进度偏高于预期。考核结果：良好，浅绿色。

（3）日均设计数≥10 且<30：说明目前测试阶段，人员日均用例设计进度正常。考核结果：合格，橙色。

（4）日均设计数<10：说明目前测试阶段，人员日均用例设计进度与计划存在一定偏差，需要重点关注。考核结果：不合格，红色。

2. 用例日均执行数考核

（1）日均执行数≥15：说明目前测试阶段，人员日均用例执行进度超过预期。考核结果：优秀，绿色。

（2）日均执行数≥10 且<15：说明目前测试阶段，人员日均用例执行进度偏高于预期。

考核结果：良好，浅绿色。

（3）日均执行数≥5 且<10：说明目前测试阶段，人员日均用例执行进度正常。考核结果：合格，橙色。

（4）用例执行数<5：说明目前测试阶段，人员日均用例执行进度与计划存在一定偏差，需要重点关注。考核结果：不合格，红色。

3. 日均缺陷数考核

（1）日均缺陷数≥2：说明目前测试阶段，人员日均缺陷提交数超过预期。考核结果：优秀，绿色。

（2）日均缺陷数≥1 且<2：说明目前测试阶段，人员日均缺陷提交数偏高于预期。考核结果：良好，浅绿色。

（3）日均缺陷数≥0.5 且<1：说明目前测试阶段，人员日均缺陷提交数正常。考核结果：合格，橙色。

（4）日均缺陷数<0.5：说明目前测试阶段，人员日均缺陷提交数与计划存在一定偏差，需要重点关注。考核结果：不合格，红色。

9.5.3 本节小结

金融科技的快速发展加快了金融业信息化系统的建设，金融业信息化系统越来越复杂，规模也越来越大，测试管理的复杂程度也随之加大。规模化的测试使得测试管理难度呈指数级增长，测试效率和测试质量把控越来越难。在本节中，我们主要学习了在开展金融项目测试过程中，如何对项目进行进度把控和质量管理，在测试项目中，我们可通过设置系统进度和质量考核标准与人员进度和质量考核标准进行相应的考核，从而保证项目进度，提升测试效率，确保测试质量。

需要注意的是，本章旨在帮助读者将前面所学的知识点和实际项目进行整合，从项目实战的角度洞察软件测试的核心价值，并未设置配套的思考和练习题。

参考资料

- 图书

[1]《软件测试的艺术》(原书第 3 版)

[2]《软件测试技术指南》

[3]《敏捷软件开发：原则、模式与实践》

[4]《敏捷软件开发》

[5] *Test Maturity Model Integration TMMi (Guidelines for Test Process Improvement)*

[6] *IEEE Standard for Software Reviews and Audits*

- 文章

[1] 梁永幸的文章“浅谈敏捷开发与其他传统开发方式的区别”

[2] 邬德云的文章“中国金融 IT 的发展”

[3] 冯文亮和曹栋的文章“金融科技时代银行业软件测试的思考与实践”

[4] 陈广山的文章“金融科技时代银行业的软件测试技术发展”

[5] 曹咏春和刘小君的文章“基于金融行业的软件测试分析”

- 文件

[1]《关于促进互联网金融健康发展的指导意见》

[2]《金融科技（FinTech）发展规划（2019—2021 年）》